외행성계 미스터리

THE MYSTERY OF EXOPLANET SYSTEMS

외행성계 미스터리

THE MYSTERY OF EXOPLANET SYSTEMS

김종태 지음

렛츠북

INTRO

　태양계 내부의 미스터리를 모아서 《달의 미스터리》, 《화성의 미스터리》, 《지구의 미스터리》 순으로 출간하였는데, 이 천체들은 미스터리가 많아서 천체별로 묶기가 적합했으나, 다른 천체들은 그런 소재가 풍부하지 않아서, 천체별로 묶어서 단행본으로 출간하기가 어려울 것 같다.

　하나의 행성이나 위성을 집중적으로 분석해서 그 속에 감추어진 미스터리를 서술하는 게 가장 적합하다는 생각에는 변함이 없으나, 저자의 지식이 부족한 탓인지, 공개된 정보가 부족한 탓인지, 한 권의 책으로 묶을 만큼 풍부한 미스터리를 가진 천체가 없어 보인다는 뜻이다.

　그래서 여러 개의 천체를 묶어서 한꺼번에 살펴보기로 했다. 다루지 않은 천체 중 내행성에는 수성과 금성이 있고, 외행성에는 목성, 토성, 천왕성, 해왕성이 있는데, 수성과 금성에는 지상에서 오래전부터 관측해 왔고, 데이터도 비교적 풍부하지만, 미스터리 요소가 거의 없어서, 적어도 이 시리즈에서는 주제로 삼을 수 없을 것 같다.

　그래서 관측의 역사가 길지 않아, 아직 그 신비가 안갯속에 감춰져 있는 외행성들을 주제로 삼아 원고를 써보았다. 지구에서 너무 멀고, 직접 탐사하기도 난해할 뿐 아니라, 비용도 많이 들어서, 존재 자체가 신비로워 보이는 외행성들을 향해 조심스레 망원경의 초점을 맞춰본다.

CONTENTS

1. 토성

2. 타이탄

제3장 천왕성계

第4장 ===== **해왕성계** =====

제 1 장

목성계

Jupiter System

1. 목성

평균 지름	142,984km (적도) 133,709km (극)
표면적	6.1419 × 10^{10}km²
질량	1.899 × 10^{27}kg
궤도 장반경	5.2026AU 778,298,674km
원일점	5.45492AU
근일점	4.95029AU
이심률	0.048 498
궤도 경사각	1.303° (황도면 기준) 6.09° (태양 적도 기준)
공전 주기	약 11.8618년 4332.59일 10,491 목성일
자전 주기	약 9시간 55분
자전축 기울기	3.13°
대기압	20~200kPa(구름층 기준)
대기 조성	수소 89.8% 헬륨 10.2% 메테인 0.3% 암모니아 0.026%
평균 온도	165K(-108°C) / 3×10^{4}K(중심핵 기준)
최고 온도	4.5×10^{4}K
표면 중력	2.528G
겉보기 등급	-1.66~-2.94
위성	92개

목성은 태양계의 행성 중 가장 부피가 크고 무겁다. 반지름이 지구의 11.2배이고, 부피는 지구의 1,300배가 넘으며, 질량은 지구의 318배나 된다.

태양계에서 태양이 전체 질량의 99.86%를 차지하고, 목성은 나머지 0.14% 중에서 약 2/3인 0.095%를 차지한다. 뒤를 이어 토성이 0.029%를 차지하며, 나머지 행성들을 모두 합쳐도 태양계 질량의 0.016% 정도밖에 되지 않는다.

그래서 목성이 조금만 더 컸다면 태양계가 쌍성계가 됐을 수도 있었을 것이라는 주장이 있으나, 사실은 그렇지 않다. 목성이 적색왜성이라도 되려면 현재보다 80배는 더 무거워져야 한다. 설령 목성이 적색왜성이 되었더라도, 현재의 목성 궤도라면, 지구에 도달할 빛이 고작 햇빛의 0.02%에 불과해서 지구에 별다른 영향을 미치지 못했을 것이다.

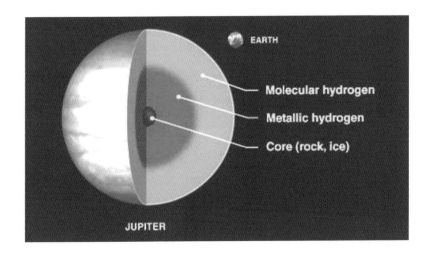

목성은 내부에 액체화된 가스질 맨틀과 거대한 금속-암석질 핵을 갖고 있다. 강력한 중력과 자기장은 그 거대한 핵과 맨틀에서 나오며, 만약 목성이 가스만으로 이루어졌다면, 거대한 덩치를 가져보지도 못한 채 카이퍼 벨트로 쓸려나가 버렸을 것이다.

목성이 가스 행성으로 불리고 있으나, 그것은 가스만으로 이뤄져 있다는 의미가 아니라, 가스가 많다는 뜻이고, 가스가 많이 있으려면 그것을 붙잡고 있을 무거운 핵이 있어야만 한다. 그리고 목성이 가스질이어서, 대기권과 액체 면의 경계가 없을 것으로 오해하는 경향이 있는데, 이는 사실과 다르다. 어떠한 물질이든 액체는 특정 밀도에 도달하면 입자 간에 상호결합력과 장력이 강해져서 덩어리를 형성하려 하기에, 특정 깊이 이상으로 들어가면 액체로 구성된 바다 표면이 나타나기 마련이다.

그런데 주노 탐사선의 관측 결과에 의하면, 목성의 핵은 구형의 고체가 아니라 고체와 가스가 혼합된 형태로, 목성 지름의 절반이 될 정도로 넓게 퍼져있다고 한다.

왜 이런 구조를 갖게 되었을까? 학자들은 지구 질량의 대략 10배인 슈퍼지구와 충돌한 뒤 서로의 핵이 합쳐지면서 이렇게 되었을 가능성이 높다고 한다. 정말 그럴까? 그렇다면, 토성의 경우는 어떻게 설명할 것인가. 핵이 큰 것은 토성도 마찬가지여서 무려 행성 전체의 60%가 핵이다. 그렇기에 목성에서 그런 사건이 일어났다면, 토성에서도 그런 사건이 일어났다고 봐야 하지 않을까?

한편, 목성이 태양계에 미치는 영향력은 엄청나게 거대하다. 화성-목성 간 소행성대 천체의 대부분이 목성의 영향권에 있으며, 라그랑주점에 위치하여 공전하는 소행성들도 있다. 이들 전부가 직간접적으로 목성의 중력권에 묶여있는 것이다.

이러한 강력한 목성의 중력은 지구의 생존과도 관계가 있다. 어느 행성이든 가끔 카이퍼 벨트에서 흘러온 천체들과 충돌하기도 하는데, 일부 천체들은 거대해서 지구 생태계에 심각한 위협이 된다. 예를 들면 20세기 최대 혜성인 헤일-밥 혜성이 있는데, 그 핵의 크기가 최소 40km이며 이는 지구 접근 천체 중 가장 큰 소행성보다도 더 큰 수준이다. 하지만 목성이 그 거대한 인력으로 태양계 내부에 접근하는 천체들을 끌어당기는 덕분에 지구로 접근하는 천체들이 비교적 적다.

하지만 이러한 방패 역할에 관한 주장은 논란의 여지가 있는데, 오히려 목성의 강한 중력이 소행성이나 혜성을 스윙바이 시켜 내행성계 쪽으로 끌어당기기도 해서, 최근의 시뮬레이션에서는 목성이 있을 때와 없을 때 지구로 향하는 천체의 수는 차이가 없다고도 한다.

한편, 목성의 자기장은 지구의 자기장보다 14배나 강해 멀리 떨어진 토성 궤도까지 이른다. 이렇게 강력한 자기장이 발생하는 원인은 목성 내부에 있는 액체금속 수소의 순환 때문이다. 이 외에 목성의 위성인 이오의 영향도 적지 않은데, 이오에서 분출된 황화 이온과 같은 물질이 목성 주위에 거대한 전하 토러스를 형성하여, 자기권의 유지와 확산에 영향을 준다.

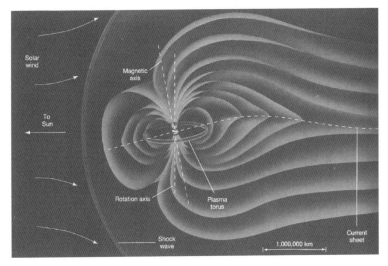

목성 자기장 모식도

목성의 자기극은 자전축에 비해 기묘하게 뒤틀려 있는데, 이는 내부에 방향이 다른 다이나모 드라이브가 존재하기 때문인 것으로 추측된다.

그리고 목성도 토성처럼 고리를 가지고 있으나, 먼지가 대부분이고 그것조차 워낙 가늘고 희미해서 지상에서 관측하기 어렵다. 그래서 오랫동안 고리가 없는 것처럼 알려져 있었으며, 1979년 보이저 1호가 목성에

근접하여 촬영한 후에야 그 존재가 알려지게 되었다. 하지만 천문 관측 기술이 고도로 발전한 현재도 허블 망원경이나 제임스 웹 망원경을 동원하지 않으면 관측하기가 어렵

다.

그리고 얼마 전까지는 고리가 1개인 것으로 여겼으나 현재는 추가로 더 발견되어 3개에 이르고 있다.

한편, 목성의 나이와 크기는 그동안 태양계를 연구하던 천문학자들의 최대 수수께끼 중 하나였다. 태양의 현재 질량으로는 목성만 한 행성을 자체적으로 만들기엔 에너지가 부족하다고 여겼기 때문이다. 항성이 생성되고 남은 잔해에서 목성만 한 행성이 생성되려면, 최소한 태양 질량 3배 이상의 항성이 있어야 하기에, 목성은 그 존재 자체가 미스터리였다.

그런데 2017년에 미국 로렌스-리버모어 국립연구소(LLNL) 소속 연구진이 〈Age of Jupiter inferred from the distinct genetics and formation times of meteorites〉라는 논문을 발표하면서 목성이 태양 생성 100만 년 이내에 이미 지구 질량 20배 이상의 거대 행성이었고, 태양 생성 500만 년 이내에 현재 크기로 성장했다고 선언해 버렸다. 이에 대한 학계의 반론은 거의 없었다. 이것이 사실이라면 목성의 나이는 태양과 거의 같은 46억 년이다.

참고로 지구의 나이는 목성이나 태양보다 약간 적은 45억 6,700만 살이고, '현생' 지구의 나이는 38억 년으로 본다. 하지만 지구에는 38억 년 전 명왕누대(冥王累代. Hadean Eon)의 지질 구조를 알 수 있는 증거가 없는 상황이다.

어쨌든 목성은 이미 태양 생성 500만 년 이내에 현재 모습이 되었다는 데, 지구는 최초 형성 이후 완성되기까지 무려 7억 7천만 년이나 걸렸다. 그런데 지구가 형성될 때 그렇게 긴 시간이 걸렸고, 목성은 상대적으로 아주 짧은 시간 만에 현재 모습이 되었다면, 목성은 다른 행성들과는 완전히 다른 방법으로 현재의 모습이 되었을 가능성이 크다.

사실 목성은 현재의 태양이 생성되고 남은 잔해에서 탄생한 것이 아닌, 태양 위치에 태양 이전에 있던 퍼스트 스타나 세컨드 스타 같은 초거대 질량 항성이 폭발하면서, 그 항성이 남긴 잔해에서 태양과 목성이 거의 같이 탄생했을 개연성이 높다.

이 가설이 맞는다면, 목성은 태양의 장남이 아니라 동생이다. 즉, 기존의 쌍성계 주장과는 다른 형태지만, 목성은 또 다른 방식으로 항성으로 발전할 가능성을 가진 천체였다는 것이다. 물론 거기까지는 이르지 못하고 행성에 머물고 말았지만 말이다.

늙은 항성이 폭발하면 그 잔해에서 새 항성이 태어나는데, 그 잔해가 중력붕괴 과정에서 한쪽으로 쏠리면 항성이 1개만 있는 단성계가 탄생하고, 잔해가 모이는 곳이 두 군데 이상으로 나눠질 경우, 쌍성계나 다중성계가 된다.

이 중에서 태양과 비슷하거나 더 큰 주계열성 단계의 항성이 만들어질 정도의 환경이면, 태양계와 같은 단성계보다는 다중성계가 만들어질 가능성이 훨씬 더 크다. 사실, 우주에 매우 흔한 편인 갈색왜성들도 항성들과 비슷한 과정으로 자체 생성되었다가, 주변에 물질이 부족해서 적색왜성이 되기도 전에 성장이 멈춰버린 경우인데, 목성의 경우도 이와 유사하다. 갈색왜성과 다른 점이 있다면, 질량이 좀 더 작아서 핵융합이 일어날 정도로 질량이 크진 않다는 것 정도뿐이다.

그렇다면 목성이 태양계에서 태양 다음으로 압도적인 질량을 가지고 막강한 궤도 지배력을 행사하는 것, 특이할 정도로 무지막지한 자기장과 방사선을 내뿜는 이유 등이 다른 목성형 행성들과 탄생 과정이 달랐기 때문이라는 결론이 나온다.

스웨덴 룬드대학의 천문학과 안데르스 요한센 교수가 이끄는 연구팀에 따르면, 원래 목성은 현재보다 4배 떨어진 지금의 천왕성 자리 근처인 18AU 지점에서 생성되었다고 한다. 그 후에 얼음 소행성들이 더 합쳐졌고, 200만~300만 년이 더 지난 다음에, 다시 태양 쪽으로 70만 년에 걸쳐서 지금의 위치로 옮겨왔다고 한다.

한편, 목성의 남반구에는 대적반이 있는 것으로 유명하다. 학자들이 지구에서 망원경으로 대적반을 처음 발견하고 나서는 오랫동안 목성의 거대분지라고 생각했다. 그 후에 보이저 2호가 탐사한 후에야 거대 소용돌이 구조임을 알게 되었다. 대적반의 소용돌이 속도는 시속 500km 이상이고, 지구 3개가 들어갈 정도로 크다. 카시니호가 1665년에 망원경으로 처음 발견한 것으로 기록되어 있으나 아마 그전에도 대적반은 존재했을 것이다.

현재까지도 막강한 위력을 보여주고 있는 대적반이 유지되는 것은, 목성이 가진 에너지가 엄청나게 큰 데다가 브레이크를 잡아줄 암석 표면이 없기 때문이다.

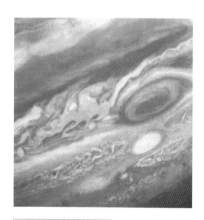

2014년 워싱턴포스트지에 따르면, 이 대적반의 크기가 줄어드는 것으로 관측되었다고 하는데 일시적인 현상인지 대세인지는 알 수 없다.

하지만 19세기 후반까지만 하더라도 대적반의 지름이 41,038km에 달했다는 점을 고려하면, 우주적 시간 개념에서는 급속한 축소라고 할 수 있을지 모르지만, 대적반 주변에 소적반이 생기는 것으로 보아, 대적반이 사라지는 과정에 접어들었다기보다는 폭풍들이 합쳐지고 쪼개지는 과정으로 볼 수도 있기에, 확실한 판단을 내릴 수 없는 상황이다.

대적반

한편, NASA의 전문가들은 2014년에 목성 대기 상층부에 있는 암모니아와 아세틸렌 가스가 태양 자외선의 영향을 받아 붉은 물질을 내놓는데, 대적반의 소용돌이 폭풍이 이것의 확산을 막으면서 대적반 부근만 연한 붉은색을 띤다는 결론을 내렸다. 이전에는 대적반의 원인이 목성 심층부의 화학물질이라는 이론이 주류였으나 반전된 것이다.

그리고 '목성' 하면 바로 떠올리게 되는 게 표면의 독특한 줄무늬인데, 이것은 변화무쌍한 목성의 기류로 인해 생기는 것으로 추정하고 있을 뿐, 구체적인 메커니즘은 알 수 없다.

대적반뿐만 아니라 작은 소용돌이 흐름도 상당히 많이 관측되는데 강력한 소용돌이 흐름이 계속 유지되는 이유는 목성의 엄청나게 빠른 자전 속도 때문이다. 목성의 자전 주기는 10시간으로, 덩치에 비해서 너무도 빠르다.

목성은 태양으로부터 받는 열보다 더 많은 열을 내부에서 복사하고 있다. 내부에 만들어진 열량은 목성이 받는 태양 복사에너지와 맞먹는다. 이런 열은 수축을 통한 켈빈-헬름홀츠 기작(Kelvin-Helmholtz 機作, 항성이나 행성의 표면이 냉각될 때 일어나는 천문학적 과정으로, 냉각으로 압력이 낮아지면, 항성이나 행성은 움츠러들게 되고, 이러한 압축이 천체의 중심부를 가열한다.)에 의해 발생한 것이다. 이 과정 때문에 목성은 연간 약 2cm씩 수축한다. 처음 형성됐을 때 목성은 더 뜨거웠을 것이기에 현재 지름의 두 배 정도로 컸을 것으로 보인다.

✳ 형성과 이동에 관한 미스터리

행성은 생성 초기에 대부분 미행성 상태에서 출발하기에 크기는 물론이고 궤도 위치가 바뀌는 경우가 많다. 목성의 경우는, 설선(Snow Line) 또는 그 너머에서 형성되었을 것으로 보인다. 물과 같은 휘발성 물질이 고체로 응축될 수 있을 정도로, 온도가 충분히 차가웠던 곳에서 형성되었을 것이기 때문이다.

'그랜드 택 가설(Grand Tack Hypothesis)'에 따르면, 목성은 태양으로부터 약 3.5AU 떨어진 곳에서 형성되기 시작했다. 그 후에 가스 원반과의 상호 작용과 토성과의 궤도 공명으로 인해 안쪽으로 이동하게 되었다. 그 과정에서 자연스럽게 몸집을 불려 나가면서, 태양의 더 가까운 궤도를 돌고 있던 몇몇 천체들의 궤도를 교란했을 것이다.

목성의 뒤에 있는 토성은 목성보다 나중에 생성됐지만, 훨씬 더 빠르게 안쪽으로 이동하기 시작했으며, 태양으로부터 약 1.5AU에서 목성과 3:2 평균운동 공명을 이룰 때까지 이동한 후에는 방향을 바꾸어 현재의 위치로 이동했을 것이다.

이 모든 일이 3백만 년에서 6백만 년에 걸쳐 일어났으며, 목성의 마지막 이동은 수십만 년에 걸쳐 일어났는데, 목성이 태양계 내부를 이동하면서 일으킨 결과로, 지구를 포함한 내부 행성들이 형성될 수 있었다.

이런 주장의 근거는 '그랜드 택 가설'이 옳다는 전제 아래에서 나온 것인데, 사실 이 가설에는 몇 가지 해결되지 못한 문제가 내포되어 있다. 그 중에 지구형 행성의 형성 시간이 측정된 원소 조성 시간과 일치하지 않고, 만약 목성이 태양 성운을 통해 이동했다면, 태양에 훨씬 더 가까운 궤도에 안착했을 가능성이 높아 보인다는 점이 가장 큰 난제다.

이런 이유로, 태양계 형성의 일부 모델은, 현재와 비슷한 궤도 특성을 가진 목성의 형성을 예측하기도 한다. 목성이 18AU와 같이 훨씬 더 먼 거리에서 형성되었다고 보는 것이다.

'Nice 모델'에 따르면, 태양계 역사 초기 6억 년 동안 원시 카이퍼 벨트 물체들이 흘러들면서, 목성과 토성이 초기 위치에서 1:2 공명하는 위치로 이동하게 됐고, 이러는 과정에서 토성이 더 높은 궤도로 이동하며 천왕성과 해왕성의 궤도를 흔들었고 카이퍼 벨트를 고갈시켰으며 중 폭격을 촉발했다.

목성은 그 구성 성분을 근거로, 태양으로부터 20~30AU로 추정되는 질소 설선 밖이거나, 40AU만큼 떨어진 아르곤 설선 밖에서 형성되기 시작되었을 것으로 보는데, 여기에서 형성된 후, 약 7십만 년 이상 동안 현재의 위치로 이동했을 것이며, 목성이 형성되기 시작한 지 대략 2백만 년에서 3백만 년 후부터, 토성, 천왕성, 해왕성이 목성보다 더 먼 궤도에서 형성되었을 것으로 본다.

✳ 특별한 내부 구조

21세기 초 이전에 활동하던 과학자들 대부분은 목성의 형성에 대해서 두 가지 시나리오 중 하나를 제안했다. 행성이 처음에 고체 몸체에서 형성되었다면 밀도가 높은 핵, 행성 반경의 약 80%까지 바깥쪽으로 뻗어 있는 액체 금속 수소 주변 층, 그리고 주로 수소가 주성분인 외부 대기로 구성되었을 것이고, 만약 행성이 기체 상태의 원시 행성 원반으로부터 직접 수축되었다면, 중심부까지 밀도가 높은 유체이고, 그 대신에 핵이 없을 것으로 예상했다.

그런데 내부의 실체는 어떨까? 주노 미션의 데이터에 따르면, 목성은 맨틀 안으로 섞여 들어가는 확산성 중심핵이 반지름의 30~50%까지 뻗어있으며, 지구의 7~25배에 달하는 무거운 원소들을 포함하고 있다.

이러한 구조는 행성이 주변 성운으로부터 고체와 가스를 흡착하는 동안에 발생할 수도 있고, 목성이 형성된 지 몇백만 년 후에 지구 질량의 10배 정도 되는 행성이 충돌하여 원래의 중심핵이 붕괴하면서 형성되었을 수도 있다.

금속성 수소층의 바깥쪽에는 수소 대기가 있다. 압력과 온도는 분자 수소의 임계 압력인 1.3MPa 이상이고 임계 온도인 -240.2℃ 이상인데,

이 상태에서는 뚜렷한 액체와 기체상이 존재하지 않는다. 이곳의 수소는 초임계 유체 상태로, 구름층에서 아래로 뻗어 나가는 수소와 헬륨 가스는 액체 수소와 다른, 초임계 유체의 바다와 비슷하며, 깊은 층으로 가면서 액체로 전이된다. 물리적으로 유체는 압력이 증가하면 점점 더 뜨거워지고 밀도가 높아진다.

헬륨과 네온 방울은 하층 대기를 통해 아래쪽으로 침전되어, 상층 대기에 있는 이러한 원소를 고갈시킨다. 계산에 따르면 헬륨은 반경 60,000km에서 금속 수소와 분리되어 50,000km에서 다시 합쳐진다. 이러한 강우 형태는 토성, 천왕성, 해왕성에서도 발생하는 것으로 보인다.

행성 형성의 열은 대류에 의해서만 빠져나갈 수 있기에, 내부의 온도와 압력은 안쪽으로 꾸준히 증가한다. 대기압 레벨이 1bar인 표면 깊이에서 온도는 약 -108℃이고, 초임계 수소가 분자 유체에서 금속 유체로 점진적으로 변화하는 영역에서는 온도가 4,730~8,130℃이며, 압력은 50~400GPa 정도이다. 그리고 중심핵 온도는 19,700℃이고 압력은 약 4,000GPa로 추정된다.

✳ 구름과 대적점

목성은 항시 암모니아 결정 구름으로 덮여있으며, 여기에는 암모늄 하이드로설파이드(Ammonium Hydrosulfide)도 포함되어 있을 수 있다. 구름은 대기의 대류권 층에 있으며 위도에 따라 띠를 형성하는데, 주로 밝은 색조의 구역과 어두운 띠로 구분되고, 순환 패턴이 상충하는 곳에서는 폭풍과 난기류가 발생한다.

지역 제트 기류는 보편적으로 초당 100m 정도로 움직이는데, 계절마다 폭, 색, 강도가 다른 것은 사실이나 비교적 안정적인 상태를 유지하고 있다. 구름층의 깊이는 약 50km이며 최소 두 개의 암모니아 구름 데크로 구성되어 있다. 위쪽은 얇고 아래쪽은 두껍다.

번개 빛깔로 알 수 있듯이, 암모니아 구름 아래에는 얇은 물 구름층이 있을 수 있다. 이러한 전기 방전은 지구상의 번개보다 천 배나 강력할 수 있다.

물구름은 지구와 같은 방식으로 내부에서 상승하는 열에 의해 뇌우를 발생시키는 것으로 추정된다. 주노 탐사 결과, 대기 중 상대적으로 높은 곳에 있는 암모니아-물구름에서 비롯된 '얕은 번개(Shallow Lightning)'의 존재가 밝혀졌다.

목성의 대기 상층부에서 고유의 번개가 관찰되는데, 이 번개는 약 1.4밀리초 동안의 밝은 섬광으로 나타난다. 이를 '엘프(Elves)' 또는 '스프라이트(Sprites)'라고 하며, 수소 때문에 파란색 또는 분홍색으로 보인다.

구름의 주황색과 갈색은, 태양의 자외선에 노출되면 색이 변하는, 유기 화합물에 의해 발생한다. 정확한 구성은 아직 확실하지 않으나 인, 황 또는 탄화수소로 구성된 것으로 보인다. 크로모포어(Chromophores)라고 하는, 이 다채로운 화합물은 하층 데크의 따뜻한 구름과 섞인다.

목성은 축 방향 기울기가 낮아서, 극 지역이 항상 적도 지역보다 태양 복사를 덜 받는데, 행성 내부의 대류가 에너지를 극으로 전달하여 구름층의 온도 균형을 맞춘다.

한편, 목성의 적도에서 남쪽으로 22° 떨어진 곳에는 반 저기압 폭풍(Anticyclonic Storm)인 대적점이 있다. 공식적인 기록에는 1831년에 처음 관찰된 것으로 나와있는데, 망원경이 어느 정도 발달한 1665년에도 볼 수 있었을 것이다.

이 폭풍은 약 6일의 주기로 시계 반대 방향으로 회전한다. 최대 고도는 주변의 구름보다 약 8km 더 높은데, 발생 원인은 광해리 암모니아(Photodissociated Ammonia)가 아세틸렌과 반응한 결과일 가능성이 높지만, 구성 성분과 붉은색의 근원에 대해서는 아직 밝혀내지 못한 상태이다.

대적점은 지구보다도 크다. 수학적 모델은 이 폭풍이 안정적이며 행성의 영구적인 특징이 될 것으로 시사하지만, 발견 이후 크기가 줄어들고 있는 것도 사실이다. 1800년대 후반에 처음 관측했을 때는 지름이 약 41,000km에 달했으나, 1979년에 보이저호가 플라이바이 하며 관측했을 때는 23,300km였다. 그리고 1995년에 허블 우주 망원경으로 관측했을 때는 20,950km로 크기가 줄었고, 2009년에는 17,910km로 크기가 더 감소했으며, 2015년 이후에는 매년 약 930km 정도씩 감소하고 있다.

2021년에는 주노 탐사선이 처음으로 대적점의 깊이를 측정하여, 약 300~500km에 이른다고 발표했다. 당시 주노는 목성의 극지방에 여러 개의 극지 사이클론 그룹이 있다는 사실도 알아냈는데, 북쪽 그룹은 9개의 사이클론을 포함하고 있었다. 중앙에 큰 사이클론과 주변에 8개의 사이클론이 있었으며, 남쪽 그룹도 중심 소용돌이로 구성되어 있었고, 5개의 큰 폭풍과 하나의 작은 폭풍으로 둘러싸여 있어 총 7개의 폭풍이 있었다.

2000년에 남반구에서 대적점과 겉모습은 비슷하지만 크기는 작은, 특이한 대기 모양이 형성되었다. 이것은 더 작은 하얀 타원형 모양의 폭풍이 합쳐져서 하나로 만들어진 것이었는데, 이 세 개의 더 작은 타원형은 1939년에서 1940년 사이에 형성된 것으로, 여기에는 'Oval BA'라는 이름이 붙여졌다. 합쳐진 후로 흰색에서 빨간색으로 변해가면서, 'Little Red Spot'이라는 별명이 붙여졌다.

한편, 2017년 4월에는 목성의 북극 열권에서 '대한점(Great Cold Spot)'이 발견되었다. 이 스팟은 가로 24,000km, 너비 12,000km이고, 주변보다 200℃ 더 차가웠다. 이것 역시 형태와 강도가 변하고 있지만, 15년 이상 비교적 안정적인 위치를 유지하고 있다. 대적점과 비슷한 거대한 소용돌이일 가능성이 큰데, 지구의 열권에 있는 소용돌이처럼 안정적인 것으로 보인다.

그리고 이런 현상은, 목성의 위성인 이오에서 생성된 하전 입자와 목성의 강한 자기장 사이의 상호 작용으로 형성된, 열 흐름의 재분배 과정에 나타난 것일 수 있다.

✳ 자기장과 이오

태양계 행성 중 자기장이 가장 강한 것은 목성으로, 쌍극자 모멘트가 4.170가우스이며 회전 극에 대해 10.31° 기울어져 있다. 표면 자기장 세기는 2가우스에서 최대 20가우스까지 다양하다. 이러한 자기장은 액체 금속 수소 코어 내에서 전도 물질의 선회 운동인 와전류에 의해 생성되는 것으로 보인다.

한편, 자기권과 태양풍의 상호 작용은 활꼴 충격파를 발생시킨다. 이때 태양풍은 목성 이변의 자기권을 확장시키는데, 토성 궤도에 거의 도달할 때까지 이어지며, 4개의 큰 위성들은 모두 목성의 자기권 안에 있다.

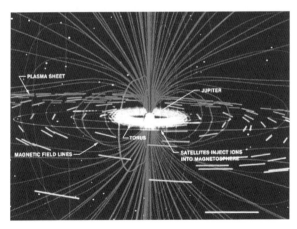

목성 자기권과 이오 사이의 상호 작용. 이오 플라스마 원환은 밝게 표시되어 있다.

목성의 위성인 이오의 화산은 궤도를 따라 가스 토러스를 형성하면서 많은 양의 이산화황을 배출한다. 이 가스는 목성의 자기권에서 이온화되어 황과 산소 이온을 생성하며, 그것들은 목성의 대기에서 비롯된 수소 이온과 함께 목성의 적도 면에서 플라스마 시트를 형성한다. 시트는 행성과 함께 회전하여 쌍극자 자기장을 자기 디스크의 자기장으로 변형시킨다. 플라스마 시트 내의 전자는 지구에서 검출이 가능한 0.6~30MHz 범위의 전파를 생성한다.

그리고 이오가 이 토러스를 통해 이동하면서, 이온화된 물질을 목성의 극지방으로 운반하는 알벤파(Alfvén Waves, 플라스마에서 자기장의 방향으로 진동하는 횡파)를 생성한다. 그 결과, 전파는 사이클로트론 매서 메커니즘을 통해 생성되고, 에너지는 원뿔 형태의 표면을 따라 전달된다.

지구가 이 원뿔과 교차하는 시점에서는, 목성으로부터의 전파 방출이 너무도 강력하여, 태양의 전파 방출보다 더 강력하게 느낄 수도 있다.

✳ 고리

선명하지 않아서 없는 것처럼 보이지만 사실 목성도 희미한 고리 체계를 가지고 있다. 헤일로(Halo)로 알려진 입자의 내부 토러스, 비교적 밝은 주 고리, 바깥쪽 고사머(Gossamer) 고리들이 그것들이다.

토성의 고리는 얼음으로 만들어져 있으나, 목성의 고리들은 주로 먼지로 만들어진 것으로 보인다. 주 고리는 위성 아드라스테아(Adrastea)와 메티스(Metis)에서 분출된 물질로 만들어졌을 가능성이 큰데, 여기서 나온 물질들이 목성의 강한 중력 영향 때문에 그쪽으로 이끌려 간 것으로 보인다. 다른 구성 성분은 외부 천체의 충격으로 부가되었을 것이다.

비슷한 방식으로, 위성 테베(Thebe)와 아말테아(Amalthea)는 먼지로 뒤덮인 고사머 고리의 두 가지 다른 구성 요소를 만들어 낸 것으로 보인다.

세 고리 외에도 같은 위성의 궤도를 따라 걸려 있는 아말테아의 충돌 파편으로 구성된 네 번째 고리의 증거도 언뜻 보인다.

이름	반지(km)	너비(km)	두께(km)	광학적 깊이(τ)	입도 분포	질량(kg)
헤일로 고리	92000~122500	30500	12500	≒10^{-6}	100%	—
주 고리	122500~129000	6500	30~300	5.9×10^{-6}	~25%	10^7~10^9 (먼지) 10^{11}~10^{16} (커다란 먼지)
아말테아 고사머	129000~182000	53000	2000	≒10^{-7}	100%	10^7~10^9
테베 고사머	129000~226000	97000	8400	≒10^{-8}	100%	10^7~10^9

✳ 거대 행성과의 충돌

목성이 초창기에 다른 큰 원시 행성과 충돌했을지도 모른다는 연구 결과가 최근에 더 늘어나고 있다. 태양계 초기에는 지금보다 훨씬 많은 원시 행성이 있었다. 그래서 가까운 궤도를 공전하는 원시 행성들이 서로 충돌하는 일이 자주 발생했다. 그때 목성도 그런 일을 겪었는데, 목성의 경우는 거대한 행성과 충돌하는 사건을 겪었을 것이라는 얘기다.

목성의 덩치로 볼 때, 형성과정에서 수많은 물체를 흡수했을 게 확실하지만, 이미 행성의 조건을 갖춘, 거대한 물체와 충돌했다면, 그건 차원이 다른 사건이라고 할 수 있다.

달의 경우, 지구가 화성만 한 미지의 행성과 충돌한 후에 그 지구의 일부가 떨어져 나가 생성되었다. 그리고 천왕성의 경우, 다른 천체가 충돌하는 바람에 자전축이 옆으로 눕게 되었고, 금성 역시 천체와의 충돌 결과로 자전 주기가 매우 느려졌는데, 어쩌면 그때 자전 방향 자체가 바뀌었을 수도 있다.

목성의 경우, 거대 행성을 흡수했을 가능성이 분명히 있지만, 목성이 가스 행성이어서 그 역사를 밝혀낼 증거를 찾기 어려웠다. 그런데 최근에 과학자들은 주노가 보내온 목성의 중력 분포 데이터를 통해, 핵의 밀도가 생각보다 낮다는 사실을 확인하게 되면서 그 흔적의 실마리를 잡게 되었다.

핵의 밀도가 낮은 이유를 찾던, 썬 얏센(Sun Yat-sen)이 내놓은 가설에 그 실마리가 있었다. 그의 가설에 의하면, 목성 초기에 지구 질량의 10배 정도 되는 다른 행성과 충돌하면서, 핵의 밀도는 낮아지고 크기는 커졌다. 하지만 그의 가설은 입증이 어려워 컴퓨터 시뮬레이션 기술이 고도로 발전하기 전까지 오랫동안 잠들어 있었다.

그런데 최근의 시뮬레이션 결과, 그의 가설이 옳았던 것으로 드러났다. 썬이 주장한 크기의 원시 행성이 충돌했을 때 목성 중력의 현재 상태를 가장 잘 설명할 수 있다는 것이다. 지구 정도 질량의 원시 행성이 충돌했을 수도 있겠지만, 목성 핵에 영향을 미치기에는 질량이 너무 작다. 결국 지구 질량의 10배가 넘고 해왕성보다는 작은 행성이 충돌한 결과가 현재의 목성 상태를 가장 잘 설명해 준다.

아주 최근에는 이에 대해 좀 더 정밀한 연구 결과도 발표되었다. 중국 중산(中山·쑨이센) 대학의 천문학 부교수 류상페이가 논문 제1저자로 참여한, 국제 연구팀이 목성이 지금처럼 밀도가 낮은 '묽은(Dilute)' 핵을 가진 원인을 분석한 결과를 네이처에 발표했다.

지구 질량의 320배에 달하는 목성은 5~15%가량을 차지하는 핵의 밀도가 매우 낮고 바위와 수소·헬륨 가스 등이 혼재해 있는 것으로 알려져 있다. 연구팀은 목성의 핵에 영향을 미친 충돌이 있었을 것으로 보고 충돌 모델을 통해 수만 번에 걸친 컴퓨터 모의실험을 진행했다.

그 결과, 질량이 지구의 10배 이상인 아직 형성단계에 있는 원시 행성이 목성에 정면충돌하면서 밀도가 높던 핵을 부수고 이보다 밀도가 낮은 물질과 섞어놓으면서 현재와 같은 핵 구조와 성분을 갖게 됐다는 결론을 얻었다.

연구팀은 목성이 형성되고 수백만 년 안에 강력한 중력으로 주변에 있는 원시 행성을 빨아들였을 가능성이 적어도 40% 이상 되는 것으로 분석했다.

목성에 충돌한 원시 행성은 핵이 목성과 비슷하게 구성되어 있고, 크기는 태양계 외곽의 거대 행성인 천왕성, 해왕성보다는 약간 작지만, 목성에 흡수되지 않았다면 거대 가스 행성으로 커졌을 것으로 예측됐다.

3D 컴퓨터 실험에서 원시 행성이 목성에 비스듬히 충돌하면 총알처럼 대기를 뚫고 들어가 핵을 강하게 타격하지 못하고, 지구 크기의 작은 행성일 때도 핵에 도달하지 못하고 대기에서 파괴되는 것으로 나타났다. 류 부교수는 "주노 탐사선이 측정한 것과 유사한 밀도의 핵을 만들 수 있는 유일한 시나리오는 지구 질량 10배 이상의 원시 행성이 정면충돌하는 것밖에는 없다"라고 강조했다. 연구팀은 이 시나리오가 타당할 뿐만 아니라 주노 탐사선의 관측 결과에 가장 잘 들어맞는 것으로 분석했다.

이번 연구를 함께 진행한 논문 공동 저자 안드레아 이셀라 박사는 한 매체와의 회견에서, 달이 충돌로 형성된 것으로 믿고 있는 것처럼 태양계 형성 초기에는 행성 간 충돌이 상당히 일반적이었을 것으로 믿고 있고, 상정한 목성의 충돌은 진짜로 엄청난 것이라고 말했다.

아마도 태양계 초기에는 수십 개의 원시 행성이 있었던 것으로 보인다. 그들의 충돌과 합체를 통해 지금처럼 8개 행성이 남게 되었을 것이다. 원시 행성 간의 충돌은 대부분 아주 오래전에 일어난 것이어서 증거를 찾기 어렵지만, 그래도 과학 기술이 더 발달하면 어떤 형태로든 남아

있을 그 증거들을 더 찾아낼 수 있을 것으로 보인다.

✳ 제거당한 슈퍼지구

과학자들은 우주에 과거 상상했던 것보다 훨씬 다양한 외계 행성들이 존재한다는 사실을 알아냈지만, 우리 태양의 행성계와 같은 형태는 찾기 어려웠다.

물론 관측 기술의 한계 때문에 크기가 크고 모항성에서 가까운 외계 행성만 많이 관측되었을 가능성이 없지 않으나, 그런 사실을 감안하더라도, 항성 근처에는 작은 행성밖에 없고, 큰 행성들은 모두 멀리 떨어져 있는, 우리 행성계의 구조는 아주 독특한 것이었다.

행성 생성 모델을 고려하면, 항성과 가까운 위치에 큰 행성이 생기기 쉽다. 중력에 이끌려 들어온 가스와 먼지가 항성 근처에 많을 수밖에 없기 때문이다. 외계에서 흔히 보는 뜨거운 목성형 행성이 이런 경우인데, 이들은 목성보다 더 클 뿐 아니라 수성보다도 자신의 모항성에 더 가까이 존재한다.

실제로 이런 시스템이 많이 발견될 뿐 아니라, 행성 생성 모델의 원리만을 생각해 봐도, 거대 행성이 항성 근처에 있고 작은 행성들이 멀리 있는 게 자연스러울 것 같은데, 우리 태양계는 그와는 반대인 이유가 무엇일까?

많은 과학자가 이를 설명하기 위한 가설들을 내놓았는데, 이 가설들의 초점은 대부분 목성에 맞춰져 있다. 캘리포니아 공과대학의 행성 과학자 콘스탄틴 바티진(Konstantin Batygin)과 그레고리 래플린(Gregory Laughlin)은 미국립과학원회보를 통해 태양계 초기에 목성이 태양 근방의 슈퍼지구들을 모두 파괴했다는 가설을 내놓았다.

우리 태양계는 초기에 수십 개의 작은 행성들이 존재했던 것으로 보인다. 이들이 충돌과 합체를 통해서 현재의 태양계 모습을 갖추게 되었는데, 그러는 과정에서 목성은 아주 독특한 경로를 거친 것으로 보인다.

과학자들은 목성이 아마도 태양 근방에서 형성되었다가 외부 궤도로 이동한 것으로 여기고 있다. 목성을 외부로 이끈 힘은 아마도 토성의 인력으로 보이는데, 그 이전에 목성은 지금보다 훨씬 안쪽 궤도를 돌면서 물질을 흡수하고 다른 미행성들을 파괴했을 것이다.

연구팀의 시뮬레이션 결과에 의하면, 아마도 목성은 태양계 생성 초기에 주변 물질을 흡수하면서 처음에는 태양 쪽으로 이동했을 것이다. 이렇게 이동하면서 아마도 원시 행성이나 행성을 만들 수 있는 물질을 흡수했을 것으로 보인다.

어떤 경우이든 목성이 안쪽 궤도를 휩쓸고 지나간 후에는 행성과 행성을 만들 물질이 많이 줄어든 상태가 됐을 것이다. 그 결과, 태양계의 내행성에는 슈퍼지구형 행성이나 거대 가스 행성이 도저히 형성될 수 없는 환경이 만들어졌을 것이다.

물론 이 가설이 틀릴 수도 있다. 태양계 진화의 초기 단계를 완벽하게 규명하는 방법이 현재는 없다. 하지만 여러 간접적인 방법을 통해 그 미스터리가 조금씩 밝혀지고 있다.

✳ 내부 구조는 여전히 미스터리

목성의 구조에 대한 기본적인 사실들을 이미 밝혔다고 생각할지도 모르지만, 근래 탐사를 통해서 기존 지식의 상당 부분이 틀린 것으로 밝혀졌기에, 현재의 우리는 목성에 대해 상당히 무지한 상태라고 봐야 한다.

다만 최근에 주노 탐사선의 수집한 데이터와 세계에서 가장 큰 레이저 핵융합 연구소에서 수행된 실험 데이터 덕분에, 목성의 내심에 숨어있던 중요한 진실을 새롭게 알아가고 있다.

우리는 지구과학 수업을 통해, 행성 시스템의 안쪽에 작고 바위가 많은 지상 세계인 수성, 금성, 지구, 화성이 있고, 외부에 가스 거인인 목성과 토성 그리고 얼음 거인인 천왕성과 해왕성이 있다고 배웠다. 그리고 모든 행성의 중심에는 단단한 핵이 있을 것으로 추정해 왔다. 목성 역시 그 중심에 바위투성이의 덩어리가 있고, 그것을 수소와 헬륨의 두꺼운 외층이 둘러싸고 있을 것으로 여겼다.

그래서 목성 중심에 있을 바위투성이의 핵 이야기는 오랫동안 과학의 복음처럼 이어져 왔다. 물론 목성을 집중적으로 연구하는 과학자들에게서는 그에 대해 회의가 늘 흘러나왔지만 말이다.

목성은 너무 커서 그 내부의 물리학은 우리의 이해를 한계에 이르게 한다. 목성 중심부 온도가 약 20,000℃에 이르기에 내부 압력은 지구 표면의 수백만 배에 이를 수 있다.

환경이 이렇게 극단적이기 때문에, 과학자들이 목성 내부를 조사하기 위해서는 극단적인 기구들을 동원할 수밖에 없다. 목성의 내부와 같은 환경을 만들 수 있는 유일한 방법은, 아주 강력한 레이저를 사용하여 물질의 표본을 압축하는 것뿐이다.

이는 바로 로체스터 대학교에 본사를 둔 연구 컨소시엄인 CMAP(Center for Matter at Atomic Pressures, 원자 압력 물질 센터)의 소명이기도 하다. 로체스터는 세계 최고의 레이저 융합 시설 중 하나인 레이저 에너제틱 연구소가 있는 곳이어서, 이러한 연구를 진행하기에 적합한 곳이다. 이곳 과학자들은 연구소의 60 빔 레이저 시스템을 사용하여, 목성의 중력으로 수소, 헬륨 또는 암석 물질의 표본들을 만들어 낸다.

목성을 연구하기 위해 사용하는 또 다른 도구는, 목성의 핵심을 이해하는 데 결정적 전기를 마련해 준 주노 우주선이다. 주노는 현재 목성의 구름 꼭대기 사진을 촬영할 수 있을 정도로 가까운 궤도를 돌고 있다.

과학자들은 주노 궤도의 움직임을 정교하게 추적함으로써, 목성의 물질 내부 분포가 만들어 내는 중력의 분포와 특징을 추적할 수 있다. 그리고 그 덕분에 목성 중심부의 미스터리가 풀리기 시작하고 있다.

주노의 데이터 쌓여가면서, 목성의 내부 구조가 오랜 모델들이 예측했던 것과는 상당히 다르다는 것이 분명해지고 있다. 탐사선의 중력 측정 결과, 목성의 거대한 바위 중심핵에 대한 고전적인 복음이 사실이 아님을 알게 되었다. 물론 새로운 데이터에 맞게, 새로운 모델을 제시하지는 못하고 있지만 말이다.

물리 법칙은 목성과 같은 행성의 다양한 층들이 어떻게 구성될지를 결정한다. 특히, 상태 방정식이라고 불리는 것은, 물질이 각각의 층들을 통과할 때, 압력과 온도가 증가함에 따라 물질이 얼마나 조밀해지는지를 결정한다.

그런데 상태 방정식은 물리적 특성뿐만 아니라, 각 층에 있는 원소들의 혼합물과 같은 것에 의해 차례로 결정된다. 목성의 구조 모형을 제시하려는 시도는, 이러한 상태 방정식의 복잡한 물리학과 일치해야 하기에, 여기서 CMAP의 필요성이 대두된다. 여기서 이뤄지는 첨단 레이저 실험은, 모델을 형성하는 물리학에 한계를 두면서, 목성의 상태 방정식을 이해하는 데 핵심적인 역할을 해왔다.

그리고 복잡한 과정을 거쳐서 최근에야 문제의 핵심에 접근하게 되었다. CMAP의 멤버인 Burkard Militzer가 주도한 상세한 연구에 근거하여, 목성의 작은 바위 중심핵에 대한 아이디어는 더 이상 유지될 수 없게 되었다.

Militzer 팀은 컴퓨터 모델을 사용하여 행성 내부 구조의 다양한 구조를 탐구했다. 그들은 암석 물질이 표면의 63%까지 뻗어있는 묽은 핵의 존재를 주시했다. 행성 반지름의 거의 3분의 2를 둘러싸는 중심핵은 그리 단단하지 않았으나, 이전 모델들이 예측했던 소형은 확실히 아니었다. Militzer 팀은 그 물질의 18%만이 바위로 되어있다는 것을 알아냈다.

만약 이 연구 결과가 사실이라면, 거대한 행성들의 초기의 형성이나 진화 과정에 대한 기존의 생각은 확실히 잘못된 것이다. 그런데 Militzer 의 연구 결과가 정말 옳을까?

✳ 목성 띠의 변화

리즈 대학의 학자들은 목성의 유명한 '줄무늬'에 관한 오랜 미스터리에 대한 해답을 찾을 수 있을 것으로 믿고 있다. 목성은 대적점으로 유명할 뿐 아니라, 신비롭게 변하는 색깔 띠들로도 학자들의 주목을 받아왔는데, 오랫동안 노력해 왔으나 과학자들은 띠들의 색깔과 크기가 변하는 이유를 알 수 없었다.

그런데 목성의 자기장에 대한 정보를 꾸준히 제공해 온 주노 미션 덕분에, 리즈 대학의 쿠미코 호리와 크리스 존스 교수가 비밀을 풀 실마리를 잡았다고 말하고 있다.

존스는 "망원경을 통해 목성을 보면, 위도선을 따라 적도를 도는 줄무늬를 볼 수 있다. 어두운 띠와 밝은 띠가 있는데, 조금만 더 자세히 보면, 구름이 강한 동풍과 서풍을 타고 돌아다니고 있다는 사실을 알 수 있다. 적도 부근에서는 바람이 동쪽으로 불지만, 위도를 조금 바꾸면 북쪽이나 남쪽이나 서쪽으로 향한다. 그리고 조금 더 멀리 가면 다시 동쪽으로 간다. 풍향이 번갈아 바뀌는 이 패턴은 지구와 매우 다르다. 그리고 이러한 상황은 4~5년마다 바뀐다. 벨트의 색깔은 변할 수도 있고, 때로는 전체적인 격변 현상이 일어날 수도 있는데, 왜 이런 일이 일어나는지에 대해서는 여전히 수수께끼였다. 하지만 주노 덕분에 진실로 접근할 수 있게 되었다"고 주장한다.

사실 과학자들은 목성 띠의 색깔 변화가 가스 표면으로부터 약 50km 아래에 있는 지점의 적외선 변화와 관련이 있을 것이라고 유추하고 있었는데, 새롭게 얻은 정보는 이러한 변화들이 그 행성의 내부 깊숙한 곳에 있는 자기장에 의해 생성되는 파동에 의해 야기될 수 있다는 사실을 알게 해주었다.

연구팀은 2016년부터 주노가 목성의 궤도를 돌면서 수집한 데이터를 사용하여 목성 내부 자기장의 변화를 관찰하고 계산할 수 있었다.

그런 연구를 이끌었던 존스는 "목성 자기장에서는 왜곡 진동이라고 불리는, 파동과 같은 운동이 일어날 수 있다. 흥미로운 점은, 우리가 이러한 비틀림 진동의 주기를 계산했을 때, 그것들이 목성의 적외선 복사에서 볼 수 있는 주기와 일치한다는 사실이다"라고 말한다.

목성의 혹독한 방사능 환경에서 주노는 놀라운 내구성을 자랑하며 원래 계획했던 것보다 훨씬 더 오래 궤도에 머물렀다. 그 덕분에 연구원들은 오랜 기간에 걸쳐 자기장 데이터를 얻었다. 수년에 걸쳐 자기장을 살펴봄으로써, 그곳에서의 파동과 진동을 추적할 수 있었고, 'Big blue spot'이라고 불리는, 자기장의 특정 지점도 추적할 수 있었다. 이 지점은 동쪽으로 이동하고 있지만, 최근 데이터에 따르면 움직임이 느려지고 있다. 연구팀은 이것이 거대한 진동의 근원이며, 움직임이 느려진 후에 후진하여 서쪽으로 이동할 것으로 보고 있다.

그들은 이 새로운 연구가 목성의 줄무늬 변화에 대한 미스터리를 설명하고, 목성 연구의 가장 큰 두 영역, 즉 행성 날씨와 표면에서 일어나는 변화에 관심이 있는 과학자와 깊은 내부를 연구하는 과학자 사이의 연결고리를 만들어 줬다고 믿고 있다.

✦ 오각형 구조를 깨는 새 폭풍

목성은 난기류에 휘감긴 폭풍의 행성이다. 대표적 특징으로 꼽히는 적 갈색 소용돌이인 '대적반' 이외에도 극지방에는 15개에 달하는 대형 폭 풍이 상주하고 있다.

목성 탐사선 주노가 2016년에 처음 발견한 극지방 폭풍은, 북극에서는 초대형 폭풍 하나를 중심에 두고, 이보다 작은 8개 폭풍이 둘러싼 형태를 띠고 있다. 남극에서도 이와 비슷하게 6개의 폭풍이 하나를 가운데 두고, 나머지가 주변에서 감싸며 오각형을 형성했다. 그런데 최근에 새로운 폭 풍이 형성되며 육각형 구조로 변한 것으로 확인됐다.

NASA의 제트추진연구소에 따르면, 주노 탐사선이 3,500km 상공에서 근접 비행을 하는 과정에서, 새로운 폭풍이 추가된 것을 포착했다.

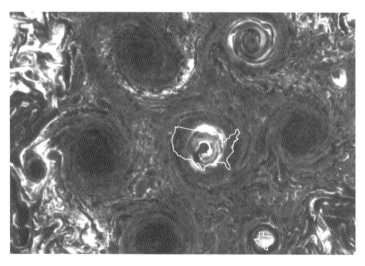

오른쪽 하단에 텍사스 크기의 새 폭풍이 생기면서 오각형 구조가 깨지고 육각형이 됐다.
이 폭풍은 기존 폭풍과 풍속이 비슷하며 크기도 거의 같아질 것으로 예측되고 있다.

주노에 탑재된 '목성 적외선 극광 매퍼(JIRAM)'로 측정한 결과, 새로 관

　　　　　　　　　　　　　　　　　　　　외행성계 미스터리

측된 폭풍은 현재 텍사스와 비슷한 크기로, 미국만 한 기존 폭풍보다는 작지만, 시간이 흐르면서 비슷한 크기를 갖게 될 것으로 전망됐다. 풍속은 시속 362km로 기존 폭풍과 비슷한 것으로 나타났다.

목성 극지방 폭풍은 처음에는 대적반처럼 준(準) 고정물인지 아니면 일정한 시간이 흐른 뒤에 사라지는 것인지가 불분명했으나, 지난 몇 년간의 탐사를 통해, 상당히 안정적인 것으로 결론이 났기에, 기존 체제를 깨고 새로운 폭풍이 형성될 것이라고는 예상을 못 했다고 한다.

주노 탐사선 책임연구원인 사우스웨스트 연구소의 스콧 볼턴 박사는 이와 관련하여, 극지방 폭풍들이 새로운 회원을 잘 받아들이려 하지 않는 회원제 클럽의 일부처럼 보였다고 말했다.

주노 탐사선이 JIRAM과 가시광선 카메라를 통해 확보한 자료는, 목성뿐만 아니라 토성과 천왕성, 해왕성 등 태양계의 대형 가스 행성과 더 나아가 속속 발견되고 있는 대형 외계 행성의 기상변화를 밝히는 자료로 활용될 전망이다.

주노 과학자인 버클리 캘리포니아대학의 리청 연구원은 "이번에 관측된 것은 지금까지 보지 못했고 예측하지 못했던 새로운 기상 현상"이라면서, "앞으로 새로 형성된 폭풍이 어떻게 변하는지를 확인함으로써, 우리의 이해를 넓혀 나가는 데 도움이 될 것"이라고 말했다.

✳ 목성의 물

물은 우주에서 매우 흔한 물질이다. 우주에서 가장 흔한 수소와 산소 원자로 이뤄졌기 때문일 것이다. 수소는 모든 원소 중에 가장 기초적인 원소로 우주에서 가장 흔하고, 산소는 핵융합 반응의 결과로, 대부분의 항성에서 형성될 수 있기에, 우주에 물이 흔한 것은 놀라운 일이 아니다.

그런데 정말 많은 행성에 물이 있을까? 외계의 많은 행성을 대상으로 물의 존재 여부를 확인하는 작업이 여러 번 있었다. 물론 구성 성분 측정은 대부분 측정이 쉬운, 거대 목성형 행성들에서 이뤄졌다.

이들은 뜨거운 목성으로 불리는 행성으로 모항성에 매우 가까운 위치에서 공전하고 있다. 표면 온도가 1,000℃가 넘는 경우도 흔해서 이런 행성들에서는 물이 뜨거운 수증기의 형태로 발견된다. 그런데 현재까지 허블 우주 망원경으로 관측했던 19개의 뜨거운 목성 가운데, 10개에서만 대기 중 수증기가 발견되었다. 예측했던 것보다 물이 많이 발견되지 않은 셈이다. 정말 그렇다면 나머지 9개에는 대기 중에 물이 없는 것일까?

나사 제트 추진 연구소(JPL)의 과학자들은 이 문제를 다시 검토했다. 목성형 행성은 여러 층의 가스와 구름을 지니고 있어 수증기가 풍부한 층이 여기에 가릴 수 있기 때문이다. 연구팀은 뜨거운 목성에도 이론적으로 연무와 같은 짙은 구름층이 존재할 수 있으며 그 아래 수증기층이 숨을 수 있다는 사실을 확인했다. 관측 자료를 검토한 결과, 수증기가 있다 해도 절반 정도는 구름이나 안개층에 가려있을 가능성이 있다는 것이다.

만약 이 연구 결과가 사실이라면, 다른 행성계에도 물은 풍부한 분자일 것이다. 동시에 이 행성들이 물이 더 풍부한 고리에서 형성된 후 지금의 자리로 위치를 옮겼을 가능성도 시사하고 있다. 어느 쪽이든 물이 풍부한 것은 태양계만의 이야기가 아닐 것이다.

한편, NASA의 주노 탐사선이 목성에 생각보다 물이 많다는 사실을 알아냈다. 목성의 물 함유량은 가스 행성의 내부 구조 및 태양계 생성 모델 등과 밀접한 연관이 있어서 과학자들의 중요한 관심사인데, 목성의 대기를 직접 탐사한 주노의 프로브가 목성 대기 내부로 내려가면서 57분간 물의 함량을 측정해 지구로 전송해 왔다. 그 데이터를 분석해 보니 과거의 측정 결과와는 달리, 물이 풍부한 것으로 나타났다.

1995년에 처음 측정을 시도했을 때도 과학자들의 예상과 다른 값이 나왔다. 당시 갈릴레오 프로브는 목성 대기 표면에서 120km 깊이까지 들어갔는데 물의 양이 예상의 1/10 수준으로 너무 적은 양이 측정되었다.

하지만 물의 양은 깊이 들어갈수록 늘어났다. 이는 목성 대기가 예상만큼 잘 섞이지 않기 때문인 것으로 유추되었다. 그러니까 목성의 대기는 지역별로 온도와 습도의 차이가 크게 나는데, 당시에는 갈릴레오 프로브가 목성 대기의 건조하고 따뜻한 지역을 통과했기에 이런 결과가 나왔다는 뜻이다.

주노 관측 데이터에는 이런 추정을 보강해 줄 증거가 담겨있다. 주노의 MWR(Microwave Radiometer)는 목성 대기에 직접 진입하지 않고도 여러 파장에서 최대 150km 깊이까지 대기를 파악할 수 있다. 물도 특정 파장을 방출하기에 전체 분포를 확인할 수 있는 것이다.

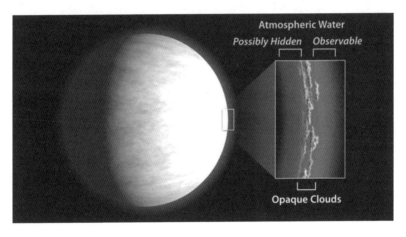

목성의 물

어쨌든 측정 결과를 통합해 보면, 목성 대기의 0.25%가 물로 구성되어 있고, 이는 태양의 3배에 달하는 양이다. 이러한 관측 결과는 대기 조성과 구조 모델을 설명하는 데 큰 도움이 되기에 과거의 탐사 결과의 단점을 보완했다고 할 수 있다.

목성 대기에 포함된 물의 양을 생각하면, 물이 우주에 흔한 분자라는 사실을 알 수 있다. 물이 이렇게 흔한 분자이기에 어떤 행성에서는 이 물을 기반으로 생명체가 탄생할 수 있고, 상상외로 많은 곳에서 발생했을 수도 있다.

✳ 오로라

목성 탐사선 주노가 드디어 목성 극지방에서 발생하는 오로라의 전체 모습을 확인하는 데 성공했다. '오로라 새벽 폭풍(Auroral Dawn Storms)'으로 불리는 이 오로라는, 1994년 허블 우주 망원경에 의해 처음으로 관측된 이후에, 지상의 여러 망원경을 통해 관측된 바 있다.

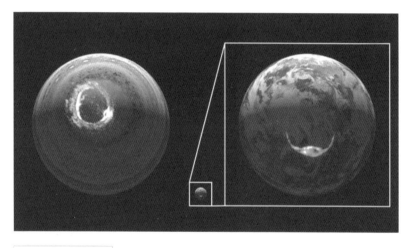

목성의 오로라

이름처럼 목성의 새벽에는 거대한 고리 같은 오로라가 형성되는데, 주노가 관측하기 이전에는 낮 방향에 노출된 부분밖에 볼 수 없었고, 밤인 부분의 모습은 확인할 수 없었다.

주노는 다른 목성 탐사선과 달리, 극궤도 위성으로 목성의 남극과 북극 상공 위를 비행하였기에, 극지방 위에서 오로라를 내려다볼 수 있었다. 덕분에 과학자들은 극지방에 고리 모양으로 형성되는 초거대 오로라의 전체 모습을 확인할 수 있었다.

벨기에 리에주 대학의 연구팀은 이 미스터리 오로라의 정체를 밝히기 위해 주노의 자외선 분광기(Ultraviolet Spectrograph)를 사용했다. 연구 결과에 따르면, 이 폭풍은 밤에 태어나 자전에 따라 낮인 부분까지 원형으로 발달한다.

그리고 이 오로라는 수백에서 수천 기가와트의 강력한 자외선을 우주로 방출하는데, 그 에너지가 일반적인 목성 오로라의 10배에 달하기에 지구에서도 관측할 수 있었다.

이것은 규모가 다르기는 하지만, 지구에서 보는 서브스톰(Substorm)과 유사한 형태이다. 그러니까 지구 자기장의 끝 부분에서 우주로 에너지가 방출되는 오로라인 서브스톰을 목성에서 관측한 것과 비슷하다는 뜻이다. 지구는 암석형이고 목성은 거대 가스형이라는 큰 차이점이 있는데도, 비슷한 현상이 발생한다는 사실은 매우 흥미롭다.

목성의 자기장 세기는 지구의 수천 배에 달하기에 오로라를 일으키는 기전이 지구와 같을 수는 없다. 그렇기에 목성의 오로라에는 우리가 아직 알지 못하는 여러 가지 비밀이 숨어있을 것으로 보인다.

그중 하나가 위성의 영향일 것이다. 이 거대한 오로라가 위성의 영향을 받는 것은 확실하다. 목성의 4대 위성들은 목성과 가까운 거리에서 공전하기에, 목성의 자기장에 영향을 받기도 하나 영향을 주기도 한다. 특히 태양계에서 가장 큰 위성인 가니메데는 위성 가운데 유일하게 강력한 자체 자기장을 지니고 있어서, 먼 거리에서도 목성 자기장에 많은 영향을 준다.

이미 2020년에 주노 탐사선이 가니메데에서 나오는 강력한 전자빔을 관측한 바 있다. 주노 탐사선은 목성의 극궤도를 타원형으로 공전하면서, 목성의 오로라를 상세히 관측하고 나서, 목성의 위성에 대한 추가 관측 프로젝트를 진행하던 중에 이와 같은 사실을 알아냈다.

빈센트 휴(Vincent Hue) 박사가 이끄는 사우스웨스트 연구소의 과학자들은 주노에 탑재된 UVS(Ultraviolet Spectrometer, 자외선 분광계)를 이용한 JADE(Jovian Auroral Distributions Experiment, 목성 오로라 분포실험)으로, 목성 오로라에 비친 가니메데의 영향을 확인할 수 있었다.

그리고 자체 자기장은 없으나 이오 위성도 매우 가까운 거리에서 오로라에 흔적을 남기고 있었다. 참고로 지구의 달은 지구의 자기권 밖에 있을 뿐 아니라, 자체 자기장이 거의 없어 지구 오로라에 영향을 미칠 수 없다. 그렇기에 위성이 행성에 영향을 미치는 현상은 신비롭게 느껴질 수밖에 없다.

다른 위성들도 목성에 어떤 영향을 얼마만큼 미치는지는 탐사선들이 더 밝혀낼 것으로 보인다. 아울러 목성의 거대한 오로라가 형성되는 기전에 대해서도 밝혀낼 것이다.

✳ 중력과 위성들

현재 발견된 목성의 위성 수는 95개인데, 관측 기술의 발달과 장비 개선으로 더 발견할 수 있을 것으로 보인다. 현재까지 발견된 것 중에 가장 큰 네 개의 위성은 가니메데, 칼리스토, 이오, 유로파로, 갈릴레이 위성들로 불리며, 맑은 밤에 망원경을 통해 지구에서도 볼 수 있다.

갈릴레오에 의해 발견된 네 개의 위성 중에 이오, 유로파, 가니메데는 라플라스 공명을 이루고 있다. 이오가 목성 주위를 네 번 도는 동안에 유로파는 두 번 돌고, 가니메데는 한 번 돈다. 이런 공명은 위성들의 중력 효과로 궤도를 타원형으로 왜곡하는데, 이는 궤도의 같은 지점에서 이웃으로부터 추가적인 견인력을 받기 때문이다.

궤도의 이심률은 세 위성의 모양이 규칙적으로 휘어지게 하고, 이런 조석 굴곡은 위성의 내부에 열을 발생시킨다. 이 효과는 이오의 화산 활동으로 나타나고, 외부 표면이 다시 떠오르는 유로파의 지질학적 변화로도 나타난다.

한편, 목성의 위성들은 유사한 궤도 요소에 따라 전통적으로 4개의 그룹으로 분류되었고, 1999년 이후에는 수많은 작은 외부 위성들의 발견으로 이 분류는 더욱 복잡해졌는데, 그래도 몇 개는 여전히 어떤 그룹으로도 분류하기 곤란한 상황이다.

목성의 적도면 근처에 있는, 위성 중에 가장 안쪽에 있는 여덟 개의 규칙 위성은 목성과 같이 형성된 것으로 생각되며, 나머지 불규칙 위성은 포획된 소행성이거나 포획된 소행성의 파편으로 생각된다. 이런 불규칙 위성들은 더 큰 위성이나 분해된 포획된 물체와 같은, 공통된 기원을 가지고 있을 것이다.

불규칙 위성들 중에서 히말리아군(Himalia Group)의 경우, 목성에서 약 11,000,000~12,000,000km 떨어진 궤도를 도는, 진행성 궤도 위성 집단을 말한다. 카르포군(Carpo Group)은 고도로 기울어진 작은 위성들로, 목성에서 약 16,000,000~17,000,000km 떨어진 궤도를 돌고 있다. 아난케군(Ananke Group)은 역행 궤도를 도는 이 위성들로, 목성에서 평균 21,276,000km 떨어져 있으며 평균 경사는 149도이다. 카르메군(Carme Group)은 목성에서 평균 23,404,000km 떨어진 곳에 평균 165도의 경사를 가진, 역행 궤도를 도는 위성들의 무리이다. 파시파에군(Pasiphae Group)은 가장 바깥쪽에 분산되어 있는 역행 그룹이다.

한편, 목성의 중력장은 라그랑주점 주변에 자리 잡은 수많은 소행성을 제어한다. 이들은 '트로이 소행성'으로 알려져 있으며, 일리아드를 기리기 위해, 그리스와 트로이의 '캠프'로 구분한다. 이 중에 588 아킬레스가 처음으로 1906년에 맥스 울프에 의해 발견되었고, 그 후로 2천 개 이상이 발견되었다. 가장 큰 것은 624 헥토르이다.

목성족(Jupiter Family)은 목성보다 작은 반장축(Semi-major axis) 궤도를 가진 혜성을 말하며, 대부분의 단주기 혜성이 목성족에 속한다. 목성족의 구성원들은 해왕성의 궤도 밖에 있는 카이퍼대에서 형성되는 것으로 생각된다. 목성과 가까이 접촉하는 동안, 그들은 더 작은 주기의 궤도로 섭동되고, 그 후 태양과 목성과의 중력 상호 작용으로 원형화된다.

목성은 엄청난 중력을 지닌 채 태양계 내부에 있기에, 태양계의 진공 청소기라고 불린다. 그런 목성이 혜성과 같은 천체에 받는 충격의 횟수는 태양계의 어떤 행성보다도 많다. 예를 들어, 목성은 지구보다 약 200배나 더 많은 소행성과 혜성 충돌을 경험한다. 이런 이유로 과거에는 과학자들이 목성이 혜성의 충돌로부터 내행성계를 부분적으로 보호한다고 믿었다.

그러나 2008년에 행한 컴퓨터 시뮬레이션에 따르면, 목성이 태양계 내부를 통과하는 혜성의 수를 순 감소시키지는 않는 것으로 나타났다. 이는 목성의 중력이 혜성을 가속하거나 분출할 때 궤도를 안쪽으로 틀어놓는 경우도 적지 않기 때문이다.

그래서 일부 사람들은 목성이 오르트 구름으로부터 지구를 보호한다고 믿고 있으나, 어떤 이들은 카이퍼 벨트로부터 지구를 향해 혜성을 끌어당긴다고 생각하고 있다.

2. 이오

이오는 갈릴레이 위성 중에 가장 안쪽에 있는 위성이자 세 번째로 큰 위성이다. 지구의 달보다 약간 큰 이오는 어떤 위성보다도 밀도가 높고, 표면 중력도 강하다.

400개가 넘는 활화산이 있는 이오는 태양계에서 지질학적으로 가장 활발한 천체다. 이 극렬한 활동은 목성과의 조석 가열의 결과다.

몇몇 화산들은 표면에서 500km까지 올라가는 유황과 이산화황 기둥을 만들어내고 있고, 표면에는 규산염 지각 아래에서 광범위하게 압축되어 융기된 100개 이상의 산이 점철되어 있다. 이 봉우리 중 몇몇은 에베레스트산보다 더 높다.

이오

주로 물 얼음으로 이루어져 있는 외행성계 위성들과는 달리, 주로 황화철 핵을 둘러싸고 있는 규산염 암석으로 이루어져 있고, 표면은 황과 이산화황 서리가 덮여있다.

이오의 화산 활동은 이오 특징들의 핵심 원인이다. 화산 기둥과 용암 흐름은 큰 표면 변화를 일으키고, 동소체와 유황 화합물은 표면에 노란색, 빨간색, 흰색, 검은색, 초록색의 다양한 음영을 그린다. 또한, 수많은 용암류가 표면을 조각한다.

그리고 이 화산들에 의해 생성된 물질들은 끈적거리는 대기를 조성할 뿐 아니라, 목성의 넓은 자기권에 일조하면서 목성 주변에서 커다란 플라스마 토러스를 형성한다.

지구에서 바라본 이오는 19세기 말과 20세기 초반까지만 해도 희미한 광점(光點)에 불과했다. 하지만 보이저 우주선들의 탐사를 통해, 흑적색 극지방과 밝은 적도 지역과 같은, 표면의 대규모 특징을 알게 되면서, 이오가 지질학적으로 활발한 행성이라는 사실도 알게 되었다.

갈릴레오호는 1990년대와 2000년대 초반에 여러 차례 근접 비행을 하여, 이오의 내부 구조와 표면 구성에 대한 데이터를 얻어냈다. 또한, 이오와 목성의 자기권 사이의 관계, 이오 궤도를 중심으로 한 고에너지 방사선 벨트의 존재도 밝혀냈다. 이오는 매일 약 3,600렘의 전리방사선을 받고 있다.

✳ 목성 자기권과의 상호 작용

이오는 목성의 자기장을 형성하는 데 중요한 역할을 하는데, 400,000V를 자체적으로 발전시켜 3,000,000A 전류를 생성할 수 있는 발전기 역할을 하며, 목성이 가질 수 있는 크기의 두 배 이상 팽창된 자기장을 제공할 수 있도록 이온을 방출한다.

목성의 자기권은 이오의 얇은 대기에서 초당 1t의 가스와 먼지를 쓸어 올린다. 이 물질은 이온화된 황, 황 원자, 산소와 염소 원자, 나트륨과 칼륨 원자, 이산화황과 황 분자, 염화나트륨 먼지 등으로 구성되어 있다. 이 물질들은 이오의 화산 활동에서 비롯된 것으로, 목성의 자기권에 있는 비이온화된 구름과 복사 대에 흡수되거나 목성계 밖으로 방출된다.

이 입자들은 이오에서 퍼져나가 바나나 모양의 중성 구름을 형성하는 데, 목성 반경 6배까지 퍼질 수 있다. 이 입자들의 충돌 과정은, 때때로 플라스마 토러스에 나트륨 이온을 전자와 함께 제공하여, 토러스로부터 빠른 중성자들을 제거한다.

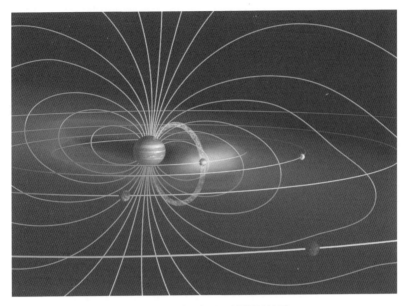

목성 자기권에 이오가 주는 영향(중앙 부근):
플라스마 고리(빨간색), 중성 구름(노란색), 선속관(녹색), 자기력선(파란색)

이오와 목성 자기권

이오는 플라스마 토러스로 알려진 강렬한 방사선의 벨트 안에서 공전하고 있다. 이온화된 황, 산소, 나트륨, 염소로 이루어진, 도넛 모양의 고리에 있는 플라스마는, 이오를 둘러싼 구름에 있는 중성 원자들이, 목성 자기권에 의해, 이온화되고 운반될 때 발생한다.

중성 구름 속의 입자들과는 달리, 이 입자들은 초속 74km로 목성 주위를 도는 자기권과 함께 회전하며, 목성의 자기장과 마찬가지로 플라스마 토러스는 목성의 적도에 대해 기울어져 있다.

위에서 언급한 바와 같이, 이 이온들의 높은 속도와 에너지 수준은, 이오의 대기와 더 확장된 중성 구름으로부터 중성 원자와 분자를 제거하는 부분적인 원인이 되는데, 토러스는 세 개의 섹션으로 구성되어 있다. 이오의 궤도 바로 바깥쪽에 있는 따뜻한 토러스, 냉각 플라스마로 구성된 수직 확장 영역인 '리본', 안쪽의 차가운 토러스 등으로 구성되어 있다.

연구원들은 플라스마 토러스 안에서 일어나는 변화를 연구하기 위해 플라스마 토러스가 방출하는 자외선을 측정했다. 그 결과, 그러한 변화가 화산 활동의 변화와 연관되어 있다고 확신할 수는 없으나 중성 나트륨 구름과는 연관이 있는 것으로 나타났다.

율리시스 탐사선은 목성과 만나는 과정에서 목성계에서 먼지 크기의 입자들이 분출되는 것을 감지했다. 이러한 먼지 흐름은 초당 수백 킬로미터의 속도로 목성에서 멀어지는데, 평균 입자 크기는 $10\mu m$이고, 주로 염화나트륨으로 이루어져 있다.

갈릴레오호의 탐사 결과, 이러한 먼지 흐름이 이오에서 시작되었다는 것을 보여주었지만, 이오의 화산 활동에서 나온 것인지, 지표면에서 이탈된 물질에서 나온 것인지는 알 수 없다.

목성의 자기장은 이오의 대기와 중성 구름을 목성의 극 상부 대기에 결합시켜, 이오 플럭스 튜브로 알려진 전류를 발생시킨다. 이 전류는 'Io footprint'라고 알려진 목성의 극지방과 이오의 대기에서 오로라를 생성한다. 이 오로라 상호 작용에서 나오는 입자들은 목성의 극지방을 가시광선 파장으로 어둡게 한다. 목성에 대한 이오의 위치와 그것의 오로라 발자국은 목성의 전파 신호를 상당히 증가시킨다.

이오의 전리층을 통과하는 목성 자력선은 전류를 유도하고, 이는 다시 이오의 내부에 유도 자기장을 만든다. 이오의 유도 자기장은 이오 표면의 50km 아래에 있는, 부분적으로 녹아있는 규산염 마그마 바다에서 발생하는 것으로 추정된다. 갈릴레오호에 의해, 다른 갈릴레이 위성들에서도 비슷한 유도장들이 발견되었는데, 아마 그 위성들 내부의 액체 바다에서 생성되었을 것이다.

✳ 내부 구성과 조석 가열

주로 규산염 암석과 철로 구성된 이오는, 대부분 물 얼음과 규산염의 혼합으로 구성된, 외행성계의 위성들보다 지구형 행성에 더 가깝다. 이오의 밀도는 $3.5275g/cm^3$로 태양계의 일반 위성 중 가장 높다.

보이저호와 갈릴레오호가 측정한 이오의 질량, 반지름, 4극 중력 계수에 근거한 모형은, 내부가 규산염이 풍부한 지각과 맨틀, 그리고 철 또는 황화철이 풍부한 핵으로 분리되어 있다고 짐작하게 한다.

이오의 금속 코어는 질량의 약 20%를 차지한다. 중심핵에 있는 황의 양은 정확히 알 수 없는데, 중심핵이 황 없이 거의 철로 구성되어 있다면 반지름이 350~650km 정도일 것이고, 철과 황이 혼합되어 있다면 550~900km 정도 될 것이다. 갈릴레오호의 자력 측정기는 이오의 내부 자기장을 감지하지 못했는데, 이는 중심핵이 대류하지 않고 있다는 것을 암시한다.

이오의 내부 구성을 모델링한 결과, 맨틀은 마그네슘이 풍부한 광물 포스테라이트가 최소 75%로, L-콘드라이트와 LL-콘드라이트 운석과 비슷한 구성이며, 철 함량은 달이나 지구보다 높고 화성보다는 낮다. 이오에서 관측된 열 흐름으로 보아 맨틀의 10~20%가 용융 상태로 보이고, 고온의 화산 활동이 관측된 지역은 용융 상태가 더 높을 것으로 보인다.

한편, 2009년에 갈릴레오호 자기 측정기 데이터를 다시 분석한 결과, 이오에 유도 자기장이 존재하며, 지표면 아래 50km 지점에 마그마 해양이 있는 것으로 나타났다. 그리고 2011년에 발표된 추가 분석에서는, 그런 해양에 대한 직접적인 증거를 찾아냈다.

이 층의 두께는 50km이며 이오의 맨틀의 약 10%를 차지할 것으로 보이고, 마그마 바다 온도는 1,200℃에 달할 것으로 보이지만, 맨틀의 10~20% 용융 비율이 이곳에서의 용융 규산염에 대한 요구 조건과 일치하는지는 알아내지 못했다.

어쨌든 이오가 이렇게 뜨거운 가슴을 품을 수 있는 것은 조석력에서 비롯된 것이다. 지구나 달과는 달리, 이오의 내부 열은 방사성 동위원소 붕괴보다는 조석 소산이 주원인이다. 이 내부 열은 목성과의 거리, 궤도 이심률, 이오의 내부 조성물 및 물리적 상태로 인해 발생한다. 유로파, 가니메데, 이오가 이루는 라플라스 공명은 이오의 궤도 이심률을 유지하게 하고, 이오 내부의 조석 소산은 공전 궤도를 원형으로 만들지 못하게 막는다.

또한, 이러한 공명 작용은 이오와 목성 사이 거리가 일정하게 유지되도록 만드는데, 만약 이 작용이 없다면, 목성이 증가시키는 조석력으로 이오는 나선 궤도를 그리면서 목성으로부터 서서히 멀어질 것이다.

이오의 조석 팽대부는 공전 궤도상 원점과 근점에서의 수직 차가 약 100m에 이른다. 이처럼 변덕스러운 조석력 때문에, 이오 내부에서는 마찰 또는 조석 소산이 발생하면서 엄청난 조석 열을 만들어 내고, 이오의 맨틀 및 핵 상당량을 녹인다.

이오 공전 궤도 모형에 따르면, 이오 내부 조석 열의 양은 시간이 지나면서 변하는데, 현재 조석 소산의 크기는 관측되는 열의 흐름과 일치한다. 반면에 조석 열·대류 모형의 점성 프로파일에 따르면, 표면으로 나오는 맨틀 열대류와 조석 소산의 크기는 일치하지 않는다.

한편, 이오의 많은 화산에서 나타난 열의 기원은 목성과 유로파의 중력에 의한 조석 가열이라는 것에 대체로 의견이 일치하지만, 이 화산들은 조석 가열로 예측된 위치에 있지 않다. 그것들은 동쪽으로 30도에서

60도 먼 곳에 있다. 2015년에 발표된 연구에 따르면, 이러한 동쪽으로의 이동은 지표면 아래에 있는 녹은 암석의 바다로 인해 유발된 것으로 보인다.

태양계의 다른 위성들도 조차(潮差)에 의해 가열되고 있다. 또한, 지하 마그마나 바다의 마찰을 통해 추가적인 열을 생성할 수도 있다. 그리고 해저 바다에서 열이 발생하는 이러한 환경은, 유로파나 엔셀라두스와 같은 천체에 생명체가 존재할 가능성을 증가시킨다.

✳ 물과 불

폭발성 화산 활동은 우산 모양의 기둥 형태를 띠며 이오 표면을 유황과 규산염 물질로 칠한다. 플룸 퇴적물은 플룸 내의 유황과 이산화황의 양에 따라 빨간색 또는 흰색을 띤다. 일반적으로 용암 가스 탈기(Degassing)로 화산 분출구에서 형성된 플룸에는 더 많은 양의 황 분자가 포함되어 있어, 붉은색 '팬(Fan)' 퇴적물이 생성되고, 어떤 곳에는 고리가 형성되기도 한다. 붉은 고리 퇴적물의 대표적인 예는 펠레에 있다. 적색 퇴적물을 분석해 보면, 주로 황, 이산화황 및 염화황으로 구성되어 있다.

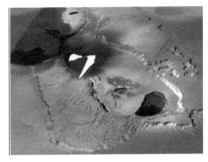 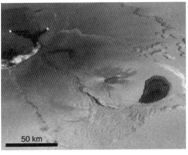

트바쉬타 파테라 화산 활동 지역에서 활성(活性) 용암이 흐르고 있다.
이 사진들은 갈릴레오호가 1999년 11월, 2000년 2월에 각각 촬영했다.

화산 활동의 증거

규산염 용암 흐름의 가장자리에 형성된 플룸은, 기존의 황과 이산화황 침전물의 상호 작용을 통해, 흰색 또는 회색 침전물을 생성한다.

구성 지도(Compositional Mapping)를 살펴보면, 이오의 밀도가 높다는 것을 알 수 있는데, 이는 이오에 물이 거의 없거나 전혀 포함되어 있지 않다는 것을 암시한다.

하지만 뜻밖에 물 얼음이나 수분이 있는 광물의 작은 주머니들이 발견되기도 한다. 특히 기쉬 바 몬스(Gish Bar Mons) 산의 북서쪽 측면에서 두드러지게 확인된다.

한편, 현재의 이오는 전반적으로 메말라 있고, 온통 불이 만들어 놓은 흔적들로 얼룩져 있다. 궤도의 과도한 이심률에 의해 생성된 조석 가열은 이오를 수백 개의 화산과 광범위한 용암 흐름이 있는, 태양계에서 가장 화산 활동이 활발한 세계로 만들어 놓았다.

대분화가 일어나면서 용암의 흐름이 길게 뻗어있는 곳이 많은데, 용암은 주로 마그네슘이 풍부한 규산염으로 이루어져 있다. 그리고 화산 활동의 부산물로, 황, 이산화황 가스, 규산염 열분해 물질 등이 우주 공간으로 200km까지 날아가서, 우산 모양의 큰 기둥을 만들고, 이오의 대기를 끈끈하게 만들었을 뿐 아니라, 목성의 광활한 자기권에 물질을 제공하기도 했다.

표면에는 평평한 바닥을 가진 파테라(Paterae)라고 하는 화산성 함몰부가 점철되어 있기도 하다. 이러한 특징들은 지구상의 칼데라와 비슷하지만, 비어있는 용암실(Lava Chamber) 위쪽이 붕괴하면서 생성됐는지는 알 수 없다.

이러한 함몰은 지구나 화성의 유사한 지역과는 달리, 일반적으로 방패 화산의 정점에 있지 않고, 크기도 커서, 평균 지름이 41km이며 로키 파테라 경우는 202km나 된다.

형성 메커니즘이 어떻든 간에, 많은 파테라의 형태와 분포는 적어도 절반은 단층이나 산으로 둘러싸여 구조적으로 제한되어 있다. 이 때문에 화산 장소가 용암 호수를 이루게 되는 경우가 많은데, 용암 호수에서는 지속해서 용암 지각이 뒤집히게 된다.

용암류는 또 다른 주요 화산 지형이다. 마그마는 파테라 바닥이나 평원의 분출구에서 분출하여, 하와이의 킬라우에아에서 볼 수 있는 것과 비슷한, 팽창된 복합 용암을 생성한다. 갈릴레오호는 프로메테우스와 아미라니의 용암류와 같은, 이오의 주요 용암류 중 많은 것들이 용암류의 작은 분출물이 쌓여서 생성된다는 것을 밝혀냈고, 더 큰 용암 분출을 관측하기도 했다.

예를 들어, 프로메테우스 용암류의 앞부분은 1979년의 보이저호와 1996년의 갈릴레오호 관측이 이뤄지는 사이에 75~95km 이동했다. 그리고 1997년에는 대규모 분화로 3,500km^2 이상의 용암이 생성되어, 인접한 필란 파테라의 바닥이 잠기게 되었다.

보이저호의 이미지를 분석한 후에, 과학자들은 이 흐름들이 대부분 녹은 유황의 다양한 화합물로 이루어져 있다고 믿게 되었다. 하지만 후속 적외선 연구와 갈릴레오호의 탐사 결과, 고철질(苦鐵質, Mafic)이 주성분인 현무암 용암으로 구성되어 있는 것으로 나타났다.

이에 관한 이론 전개는 '핫 스팟'의 온도 측정이 중요한 기반인데, 이 지점 온도는 최소 1,300K, 최대 1,600K이다. 초기 측정에서는, 폭발 온도가 2,000K에 육박하는 것으로 나타났는데 이는 모델링을 할 때 잘못된 열 모델을 사용했기 때문이다.

한편, 펠레와 로키 화산에서 플룸이 발견된 것은, 이오가 지질학적으로 활동하고 있다는 첫 번째 증거였다. 일반적으로 이런 플룸들은 1km/s의 속도로 황과 이산화황과 같은 물질들이 분출되어, 우산 모양의 가스와 먼지구름들과 같이 형성되는데, 화산 플룸에서 발견될 수 있는 추가적인 물질은 나트륨, 칼륨, 염소 등이다.

어쨌든 화산의 플룸은 둘 중 하나의 방법으로 형성된 것으로 보인다. 펠레가 방출하는 것과 같은 큰 플룸은 화산 분출구나 용암 호수에서 마그마가 분출하면서 용해된 황과 이산화황 가스가 방출되는 것으로, 종종 규산염 화산 쇄설물을 포함되기도 한다. 이 플룸의 표면은 빨간색과 검은색 침전물로 착색되며 덩치가 아주 커서 지름이 1,000km가 넘기도 한다. 이러한 타입의 예로는 펠레, 트바슈타르, 다즈보그 등이 있다.

또 다른 형태의 플룸은, 침식된 용암이 이산화황 서리 밑에서 증기를 생성하여 유황을 하늘로 보낼 때 생성된다. 이러한 형태의 플룸은 종종 이산화황으로 구성된 밝은 원형 퇴적물을 형성한다. 이 플룸들은 높이가 100km 미만이며, 비교적 오래 남아 있는데, 프로메테우스, 아미라니, 마수비 등이 그 예이다.

✳ 화산과 바다

이오의 화산은 우리에게 많은 의문을 던져주고 있는데, 화산 위치가 이오의 운동을 기반으로 추정했던 위치와 다르다는 것도 그중에 하나였다.

하지만 최근에 마그마로 이루어진 지하 바다의 조수에서 그 해결의 실마리를 잡게 되었다. 다른 미스터리는 아직 안갯속에 묻혀있으나, 이 문제는 풀 수 있게 된 것 같다.

NASA의 연구에 따르면, 위성의 지각 아래에 있는 바다의 조류 스트레스는 예상보다 더 오래 지속되고, 이 현상은 마그마로 만들어진 바다에도 적용된다.

"이오의 지하 마그마 해양에서 유체 조수에 의해 생성되는 열의 양과 분포가 상세히 연구된 것은 이번이 처음이다. 우리는 유체 조수 모델에 의해 예측된 조석 가열 패턴이 이오에서 실제로 관측되는 표면 열 패턴을 형성할 수 있다는 것을 발견했다"라고 NASA의 고다드 우주 비행 센터에 근무하는 로버트 타일러가 말했다.

이오는 태양계에서 가장 활발한 화산 활동을 하는 세계로, 수백 개의 분출 화산이 약 400km 높이의 용암 분수를 분출하고 있다. 이런 강렬한 지질학적 활동은, 이웃 위성인 유로파와의 중력 줄다리기에서 비롯된 것이다.

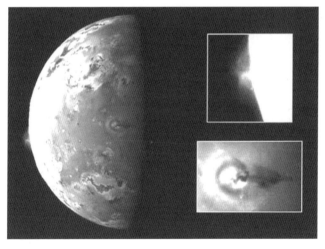

이오의 화산 활동

이오는 유로파가 한 번의 공전을 끝낼 때 두 번의 주기를 완성한다. 이런 질서는 이오가 이웃으로부터 강한 중력을 느끼게 하고, 이는 이오의 궤도를 타원형으로 변형시키는 결과를 낳는다. 그리고 이렇게 변형된 궤도는 목성 주위를 이동할 때 이오의 내부 유체가 움직이면서 열을 발생하게 한다.

이오에서 많은 열이 발생하는 원리를 설명하던 이전의 이론들은, 위성을 점토와 같은 고체나 변형은 가능한 것으로 가정했다. 하지만 과학자들이 이런 전제를 사용한 모델들을 이오의 실제 화산 위치 지도와 비교했을 때, 대부분이 예측했던 지점에서 동쪽으로 30도에서 60도 정도 떨어져 있었다.

그 패턴은 너무 일관적이어서, 마그마가 갈라진 틈으로 대각선으로 흘렀다거나, 근처에서 분출된 것 같은, 부분적 이상 현상으로 보이지 않았다. "우리의 고전적인 고체 조석 가열 모델을 사용해서, 모두 같은 방향으로 이동한, 많은 화산의 패턴을 설명하긴 어렵다"라고 메릴랜드 대학의 웨이드 헤닝이 말했다.

화산의 위치를 잘못 추정할 수밖에 없었던 이유는, 유체 흐름에 의해 생성된 열과 고체 조수에서 나오는 열 사이의 상호 작용과 관련된, 기존의 설명이 잘못되었음을 암시했다. 그렇기에 다른 설명이 필요했다.

"유체, 특히 점성이 있는 유체는 움직임에 따라 에너지를 마찰적으로 발산시켜 열을 발생시킬 수 있다"라고 애리조나 대학의 크리스토퍼 해밀턴이 말했다. 그의 연구팀은 해양층의 대부분이 부분적으로 용융된 슬러리 또는 고체 암석이 섞인 매트릭스일 가능성이 높다고 생각한다. 그 용융 암석은 중력의 영향을 받아 흐르면 빙글빙글 돌면서 주변 고체 암석과 마찰하며 열을 발생할 수 있다. 이 과정은 열 생산을 향상시키는 공명을 발생시킬 수 있는, 층 두께와 점도의 특정 조합에 효과적으로 작용할 수 있다. 연구팀은 유체와 고체 조석 가열 효과의 조합이 이오에서 관측된 화산 활동을 설명해 줄 수 있다고 생각한다.

"혼성 모델의 유체 조석 가열은 화산 활동의 적도 집중도와 화산 농도의 동쪽으로의 이동을 가장 잘 설명해 주며, 깊은 맨틀에서 고체 조석 가열이 높은 위도에서 일어나는 사실을 설명해 줄 수도 있다. 고체 조석 활동과 유체 조석 활동 모두 서로의 존재에 유리한 조건을 만들어 내는데, 이는 이전의 연구들이 이오에 관한 이야기의 절반에 불과했을 수도 있다는 뜻이다"라고 헤닝이 말했다.

이 새로운 연구는 외계 생명체에 관한 연구에도 시사점을 주고 있다. 유로파나 토성의 위성 엔셀라두스와 같이, 조수로 스트레스를 받은 특정 위성들은 얼음 지각 아래에 액체 상태의 바다를 품고 있기 때문이다.

과학자들은 생명체가 화학적으로 이용이 가능한 에너지원과 원료와 같이, 필요하다고 생각되는 요소들을 가지고 있고, 생명체가 형성될 수 있을 만큼, 천체가 충분히 오래 존재해 왔다면, 그 바다에서 생명체가 생겨날지도 모른다고 생각한다.

이 새로운 연구는, 물로 구성된 것이든 다른 액체로 구성된 것이든 간에, 이러한 지하 바다가 우리의 태양계 내외부에 예상했던 것보다 더 흔하고 오래 지속될 것이라는 사실을 전제하고 있다. 정확하게 타이밍에 맞춰 그네를 밀어 올리는 게 더 높은 곳으로 올릴 수 있는 것처럼, 천체는 서로 공명한 상태에서 더 강렬해진 내부의 유체 흐름을 통해, 상상외로 많은 양의 열을 만들어 낼 수 있다.

"수면 아래 바다에서 가열이나 냉각 속도의 장기적인 변화는, 바다 층의 두께와 점도의 조합을 만들어 공명을 일으켜서, 상당한 열을 생산할 가능성이 있다. 따라서 미스터리는 어떻게 그런 해저 바다가 생존할 수 있느냐가 아니라, 어떻게 멸망할 수 있느냐에 있을 것이다. 결과적으로, 이오와 다른 위성들 내의 해저 바다는 우리가 지금까지 관찰할 수 있었던 것보다 훨씬 더 흔할 수 있다"라고 해밀턴이 말했다.

한편, 화산이 계산과 다른 위치에 있다는 점도 특이하지만, 가장 활발한 화산인 로키 파테라는 그 자체가 미스터리다.

이오의 열출력 10% 정도의 근원인 로키 파테라는 밝기의 변화와 함께 이상한 패턴을 보여준다. 이 패턴은 오래된 데이터와 새로운 데이터를 비교하는 과정에서 발견되었는데, 대략 460일에서 480일 간격의 긴 주기로 변하는 것 같다. 하지만 이 주기 역시 일정하지 않다.

2018년 5월에 분화가 일어날 것으로 예측했는데 일어나지 않았고, 2021년 9월에 또 다른 큰 분화가 있을 것으로 예측했는데, 역시 일어나지 않았으며, 분화의 기간이 아주 짧은 경우도 여러 번 있었다.

그런데 이 주기보다 더 궁금한 것은 밝기의 변화다. 과학자들은 그 이유를 아직 아직 모르고 있다. 다만 그것이 근처의 용암 호수가 재생되는 것과 관련이 있을 것으로 추측하고 있을 뿐이다. 용암 호수의 일부가 식으면 표면 아래로 가라앉아, 표면을 볼 수 있는 부분이 변하게 되면서, 겉보기의 변화가 일어날 것이기 때문이다.

또 다른 미스터리는 목성 주위를 돌고 있는 이오의 경우, 앞쪽이 아닌 뒤쪽 반구에서 큰 분화가 일어나는지에 대한 것이다. 왜 이런 시간 차이가 나는지 아직 알아내지 못했다.

또한, 컴퓨터 모델들은 이오의 화산들이 극 근처나 적도 근처에 집중되어 있을 것으로 예측했는데, 이것 역시 예상과 일치하지 않는다.

그리고 과학자들은 아직도 이오의 표면 근처의 구조가 어떤지 확실히 알지 못한다. 마그마의 지하 바다가 있을 것이라는 가설은 세워놓았지만, 실제로는 마그마 주머니가 있을 수도 있고 액체로 가득 찬 스펀지 층이 있을 수도 있다.

또한, 이오의 화산 폭발이 강력할 수 있지만, 때때로 위성의 밝기를 두 배로 증가시킬 정도로 강력한 폭발도 일어나기에, 누구도 그 기전을 제대로 설명할 수 없다.

이오의 화산은 예상치 못한 행동을 하면서 그들만의 곡조에 맞춰 춤을 추는 것처럼 보인다.

✳ 대기와 그 변화

이오는 이산화황(SO_2), 염화나트륨(NaCl), 황, 산소로 구성된 매우 얇은 대기를 가지고 있다. 대기는 일조량, 위도, 화산 활동, 지표면 서리의 정도에 따라 큰 차이가 있다. 이오의 최대 대기압은 $3.3 \times 10^{-5} \sim 3 \times 10^{-4}$Pa이며, 이는 이오의 반 목성 반구와 적도를 따라 관찰되는데, 표면 서리의 온도가 최대가 되는 이른 오후에 정점에 이른다. 이오의 대기압은 야간 측에서 가장 낮으며, 압력은 $0.1 \times 10^{-7} \sim 1 \times 10^{-7}$Pa까지 떨어진다.

이오의 대기 온도는, 이산화황이 표면에 서리와 함께 증기압 평형에 있는 낮은 고도의 온도부터, 낮은 대기 밀도가 이오 플라스마 토러스의 플라스마와 이오 플럭스 튜브의 줄 가열을 허용하는 높은 고도의 1,800K까지 다양하다.

낮은 기압은 이산화황을 서리가 많은 지역에서 적은 지역으로 일시적으로 재배분하는 것을 제외하고는, 표면에 미치는 영향은 제한적이나, 플룸 물질이 낮에 재진입할 때 플룸 퇴적 고리의 크기를 확장한다.

이오의 대기에 있는 가스는 목성의 자기권에 의해 벗겨져, 목성의 자기권과 함께 회전하는, 이온화된 입자의 고리인, 이오 플라스마 토러스로 빠져나간다. 이 과정을 통해 약 1t의 물질이 매초 마다 대기에서 제거되므로 지속해서 보충되어야 현상 유지가 된다. 이산화황의 가장 극적인 공급원은 화산 플룸으로 초당 평균 10^4kg의 이산화황을 대기로 뿜어내지만, 이산화황 대부분은 지표면으로 다시 응축된다.

대기 중의 이산화황은 표면에 얼어붙은 것이 햇빛에 의해 승화됨으로써 거의 일정하게 유지된다. 낮 쪽의 대기는 주로 지표면이 가장 따뜻하고 활동적인 화산 플룸이 가장 많이 서식하는 적도로부터 40° 이내로 제한된다. 승화 구동 대기는 이산화황 서리가 가장 풍부한 반 목성 반구보다 이오의 대기 밀도가 높고 태양에 가까울 때 가장 밀도가 높다는 관측과도 일치한다.

하지만 대기 중의 이산화황 밀도는 표면 온도와 직접적으로 연관되어 있기에, 이오의 대기는 밤이나 이오가 목성의 그늘에 있을 때 부분적으로 붕괴된다. 일식 동안의 붕괴는, 대기의 아래쪽에 일산화황이 확산하여 다소 제한되지만, 밤 쪽 대기압은 정오가 조금 지난 시점보다 2~4배 정도 낮다.

그리고 NaCl, SO, O, S와 같은 이오 대기의 작은 구성 요소들은 화산가스 방출, 이산화황으로부터의 광분해, 태양 자외선 복사에 의한 화학적 분해, 하전 입자에 의한 표면 퇴적물의 스퍼터링 등에 영향을 많이 받는다.

일부 연구자들은 이오가 목성의 그림자를 지나갈 때 대기가 표면 위로 얼어붙는다고 주장한다. 이에 대한 증거로는 '일식 후 밝기'가 있는데, 일식 직후 표면이 서리로 뒤덮인 것처럼 조금 더 밝아지는 경우가 있다. 그리고 약 15분 후에, 서리가 승화를 통해 사라졌는지 밝기가 정상으로 돌아온다. 이런 현상은 지상망원경을 통해 관찰한 것 외에도, 카시니호가 기구로 관찰한 근적외선 파장에서도 나타났다.

이런 아이디어에 대한 추가적인 증거는, 2013년에 제미니 천문대가 이오에 일식이 일어나는 동안의 대기 붕괴와 그 후의 상황을 직접 관측할 때도 나왔다.

한편, 이오가 일식을 경험할 때 획득한 이오의 고해상도 이미지는 오로라와 같은 빛을 보여준다. 지구에서와 마찬가지로, 이것은 대기에 충돌하는 입자 복사 때문이지만, 이곳의 하전 입자는 태양풍이 아닌 목성의 자기장에서 나온 것이다.

그리고 오로라는 일반적으로 행성의 자극 근처에서 발생하지만, 이오는 적도 근처에서 가장 밝다. 이오는 고유 자기장이 없기에, 이오 근처의 목성 자기장을 따라 이동하는 전자는 이오의 대기에 직접적인 영향을 미치는데, 자력선이 이오에 긴밀하게 접하는 곳에 가장 긴 가스 열이 통과하기 때문이다. 그런데 이오의 이러한 접선점(Tangent Points)과 관련된 오로라는 목성의 기울어진 자기 쌍극자의 방향이 바뀌면서 흔들리는 것으로 관찰된다.

그리고 이오의 큰 지류(Limb)를 따라 산소 원자에서 나오는 더 희미한 오로라와 이오의 밤 쪽에 있는 나트륨 원자의 오로라도 관찰되었다.

한편, 이오의 표면은 얇은 대기에 가려져 있는데, 화산과 얼어있는 가스 덩어리들이 이오의 대기 조성에 얼마나 영향을 미치는지 과학자들을 오랫동안 궁금해했다.

그러다가 New Horizons 우주선이 이오의 오로라 존재를 알려주면서 과학자들에게 그 궁금증을 풀 실마리를 제공했다. "이오는 태양계에서 가장 활발한 활동을 하는 천체이다. 화산 활동이 가장 활발하며, 그 활동은 이오 대기의 원천 물질이다. 하지만 화산 기둥의 상대적인 기여와 플룸 근처에 쌓인 서리의 승화는 거의 30년 동안 문제로 남아있었다"라고 샌 안토니오 사우스웨스트 연구소의 과학자 커트 레더포드가 말했다.

이오의 화산은 아황산가스를 내뿜는데, 이 가스가 대기의 주요 요소가 된다. 이오가 빛에서 어둠으로 들어가면 암석은 -143℃까지 냉각되고 가스는 드라이아이스와 같은 고체로 얼게 되는데, 이때 얼마 동안은 가스가 얼지 않을 정도로 유지되며 오로라를 만들기에, 과학자들은 그 화산들이 얼마나 많은 가스를 공급하는지 알아낼 수 있다. 위성의 밤 쪽 오로라를 측정하여 대기 원소의 기여분을 측정하면 된다.

측정 결과, 이오의 낮 동안에 대기의 약 1~3%가 화산에 의해 생성되는 것으로 밝혀졌다. 나머지는 언 이산화황이 직접 가스로 변하면서 생성되는데, 이 가스는 오랜 시간 동안 이오의 표면에 축적되어 왔다.

사실, 일반적 경우라면 이오는 크기가 너무 작아서 대기를 가질 수 없다. 그런데 화산 활동이 활발한 천체여서 이를 통해 내부에서 많은 가스가 분출되는 바람에 대기를 갖게 된 것이다.

이렇게 형성된 대기는 그 양이 태양 빛에 영향을 받기도 한다. 최근 사우드 이스트 연구소(Southwest Research Institute)의 과학자들은 이오의 대기가 화산 활동은 활동성은 물론이고 태양 빛에 따라 변한다는 사실을 발견했다. 이들은 8m 구경의 제미니 노스 망원경에 장착된 TEXES(Texas Echelon Cross Echelle Spectrograph) 장치를 이용해 이오의 대기 변화를 관측했다.

이오는 태양에서 멀리 떨어져 있어서 화산이 많기는 해도 표면 온도가 낮은 편이다. 태양 빛이 비치는 낮에도 온도는 -148℃에 불과하다. 그런데 이오가 목성에 매우 가깝게 공전하고 있어서(공전 주기 1.7일) 주기마다 2시간 정도 목성의 그림자에 가리고, 이때는 온도가 더 내려가서 -168℃가 된다.

그런데 이런 온도 변화에 이오 대기의 주성분인 이산화황이 예민하게 반응한다. 본래 녹는점이 -75.5℃ 정도이고 끓는 점이 -10℃이지만, 이오의 희박한 대기압에서는 승화 작용으로 고체에서 바로 기체로 변한다. 그래서 이오가 목성의 그림자에 들어갈 때마다 이산화황 대기가 축소된다.

사우드 이스트 연구소 과학자들이 지상의 관측 장비를 통해서 이 사실을 알아낸 것이다. 정말 신비한 현상이었다. 이렇게 식 현상으로 대기가 바뀌는 것은 이오에서 처음 발견되었다.

3. 유로파

유로파는 갈릴레이 위성 넷 중에 가장 작다. 지구의 달보다 약간 작은 유로파는 주로 규산염 암석으로 만들어져 있고 물-얼음 지각을 지니고 있는데, 핵은 아마도 철-니켈로 구성되어 있을 것이다.

베이지색 표면은 옅은 황갈색의 갈라진 틈과 줄무늬로 얼룩져 있다. 분화구는 상대적으로 적으며, 태양계에서 알려진 고체 천체 중 가장 매끄러운 표면을 가지고 있다.

그 젊고 매끄러운 표면은 그 아래에 물 바다가 존재한다는 가설을 낳았고, 그 바다가 외계 생명체를 품고 있을 수도 있다는 기대까지 갖게 했다.

이와 관련된 대표적인 모델은, 조수의 굴곡으로 인한 열이 해양을 액체 상태로 유지하게 하여, 표면의 얼음을 판 구조와 유사하게 움직여, 바다와 표면 사이에 화학 물질이 교류되고 있을 것이라는 내용을 담고 있다.

유로파

해저 바다에서 나온 염분이 지질학적 특징 일부를 덮고 있을 수도 있는데, 이는 바다가 표면과 상호 작용할 것이라는 믿음이 전제된 것이다. 그런데 이런 내용은 장래에 유로파가 인류의 거주지가 될 수 있는지를 결정하는 데 아주 중요하다.

✶ 궤도와 조석력

유로파는 공전 궤도 반경이 약 670,900km로 3.5일 정도면 공전한다. 궤도 이심률은 0.009에 불과하여, 궤도가 거의 원형이며, 목성의 적도 면에 대한 궤도 경사도 역시 0.470°로 작다. 다른 갈릴레이 위성들처럼 유로파도 조수적으로 목성에 갇혀있어 한쪽 면이 항상 목성을 향하고 있다.

그런데 연구 결과에 따르면, 조석 잠금장치가 꽉 잠겨있지 않을 수도 있다. 비동기 회전이 제안되었는데, 이는 내부 질량 분포의 비대칭성을 시사하며, 표면 아래 액체층이 얼음 지각과 암석 내부를 분리하고 있다는 의미를 내포하고 있다.

중력 교란으로 유발되는 다른 갈릴레이 위성들의 이심률은 하부를 천체 중심으로 진동하게 하는데, 유로파가 목성에 가까워질수록 목성의 인력이 증가하여 순간적으로 이심률에 변화가 생긴다. 유로파가 목성에서 멀어지면, 목성의 중력이 감소하여 다시 구형으로 이완되며 바다에 조수가 생기게 된다.

유로파의 궤도 이심률은 이오와의 평균운동 공명으로 수학적으로 움직이고, 그때 일어나는 조석 굴곡이 유로파의 내부를 뒤섞으며 열원을 제공하기에, 내부 바다가 액체 상태를 유지할 수 있게 된다.

한편, 유로파에는 독특한 균열이 있는데, 이를 분석한 결과, 어느 시점에서 기울어진 축을 중심으로 회전했을 가능성이 있다는 증거가 나왔다. 이게 사실이라면, 유로파의 다른 특징들을 설명해 줄 근거가 될 수도 있다.

갈라진 틈으로 이루어진 유로파의 거대한 네트워크는, 바다의 거대한 조수로 인한 스트레스를 기록하는 역할을 한다. 유로파의 네트워크에는 많은 역사가 기록되어 있다. 바다에서 조수에 의해 얼마나 많은 열이 생성되는지, 유로파의 기울기가 어떻게 변해왔는지, 내부 바다가 얼마 동안 액체 상태였는지에 대한 계산에 필요한 데이터가 담겨있다. 얼음층은 이러한 변화를 수용하기 위해 이완되거나 수축되어야 하고, 이와 관련된 스트레스가 심해져 균열이 생겼을 것이다.

한편, 유로파의 회전축 기울기의 변화는 내부 바다의 나이 추정치에도 큰 영향을 미칠 수 있다. 조석력이 유로파의 액체 바다를 유지하는 데 필요한 열을 발생시키지만, 축의 기울기도 열량의 변화에 영향을 미칠 것이기 때문이다.

✳ 리네에와 렌티쿨라에

유로파는 태양계에서 가장 매끄러운 물체로 알려져 있으며, 큰 산맥과 분화구와 같은 특징도 없다. 그러나 한 연구에 따르면, 유로파의 적도에는 높이가 15m에 이를 수도 있는 Penitentes라는 얼음층으로 뒤덮여 있을 수 있다고 한다. 갈릴레오호의 레이더와 열 데이터도 이런 추측과 일치한다.

유로파의 표면은 구조적으로 너무 젊어서 분화구가 거의 없다. 그것의 얼음 지각은 알베도가 0.64인데, 이것은 모든 위성 중에서 가장 높은 편에 속하며, 이는 젊음의 상징이다.

유로파가 경험한 혜성의 폭격 빈도의 추정치에 따르면, 이런 표면의 나이는 약 2천만 년에서 1억 8천만 년 정도 되었다. 하지만 이런 시간 측정에 대해 학계 내부에 충분한 합의가 이루어진 상태는 아니다.

한편, 유로파는 약 100km 두께의 물 외층을 가지고 있는 것으로 추정되는데, 이 층의 일부는 지각으로 얼어붙어 있고, 일부는 얼음 밑에 액체 바다를 형성하고 있다.

갈릴레오호의 최근 자기장 데이터에 따르면, 유로파는 목성과의 상호 작용을 통해 유도 자기장을 가지고 있는데, 이는 지하에 전도층이 존재한다는 사실을 암시한다. 그리고 이 층은 짠 액체 상태의 바다일 가능성이 높다.

지각의 일부는 거의 80°의 회전을 거친 것으로 추정되며, 이는 얼음이 맨틀에 단단히 붙어있다면 일어날 수 없는 일이다.

한편, 유로파의 가장 눈에 띄는 표면 특징은 리네에(Lineae)라고 불리는, 위성 전체를 가로지르는 일련의 어두운 줄무늬들이다. 이 줄무늬를 자세히 살펴보면, 유로파 지각의 가장자리가 서로 상대적으로 움직였음을 알 수 있다.

큰 밴드는 가로로 20km 이상이며, 어둡게 확산된 외부 가장자리, 규칙적인 줄무늬와 중앙 밴드 등으로 구성되어 있는데, 이런 특징에 대한 가장 가능성 있는 가설은, 유로파의 지각이 천천히 열려, 아래의 따뜻한 층을 드러낼 때, 일련의 따뜻한 얼음의 분출로 이러한 균열 무늬가 생성되었다는 것이다.

이러한 균열은 대부분 목성에 의한 조석 굴곡과 무관하지 않은 것으로 보인다. 유로파는 조수적으로 목성에 고정되어 있어서 한쪽 면이 항상 목성을 바라보고 있기에, 예측이 가능한 패턴을 형성해야 한다. 그러나 유로파 균열 중 가장 어린 것만 예측된 패턴에 부합한다. 다른 균열은 다른 이유로 발생한 것으로 보인다.

그런데 이것은 유로파의 표면이 내부보다 약간 더 빠르게 회전한다고 가정하면 쉽게 설명할 수 있다. 그러면 해저 바다가 바위투성이 맨틀로부터 유로파의 표면을 기계적으로 분리하고, 목성의 중력이 유로파의 외부 얼음 지각을 끌어당겨서, 그런 특징을 만들어 낼 수 있다.

보이저호와 갈릴레오호의 사진을 비교해 보면, 이러한 설정에 관한 근거를 얻을 수 있다. 이것들의 이미지에서 유로파 표면에 침하가 있다는 증거를 찾아냈는데, 이러한 증거는 균열이 대양 능선과 유사한 것과 마찬가지로, 지구의 지각판과 유사한 얼음 지각판이 용융 내부로 재활용된다는 것을 암시한다.

또한 지각이 밴드로 퍼져나가고, 다른 장소에서 수렴한다는 증거일 수도 있기에, 유로파가 지구와 비슷하게 활동적인 판 구조를 지니고 있을 것이라는 의미를 내포하고 있다. 물론 유로파 지각에서 잠재적인 판 운동에 저항하는 힘이 그것들을 구동할 수 있는 힘보다 상당히 강하기에, 지구와 같은 판 구조론을 구동하는 원리와 다를 가능성이 클 것이다.

한편, 유로파에 존재하는 다른 특징으로는 원형과 타원형 렌티쿨라에 ('주름'을 뜻하는 라틴어)가 있다. 많은 것이 돔 형태이고 어떤 것은 구덩이이고 어떤 것은 어두운 점 형태로 나타나 있다.

돔 꼭대기는 주변의 오래된 평원의 조각들처럼 보이는데, 이는 평원이 아래에서 밀려올라와 돔이 형성되었음을 암시한다.

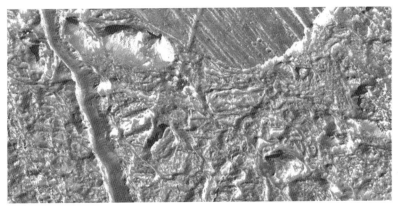

리네아, 렌티큘러, 카오스와 같은 지형들이 험준한 봉우리들과 섞여있는 지역

이러한 특징에 대한 한 가지 가설은, 렌티쿨라에가 바깥 표면의 차가운 얼음 사이로 솟아오른, 상대적으로 따뜻한 얼음 디아피라에 의해 형

성되었다는 것이다. 매끄럽고 어두운 점들은 따뜻한 얼음이 표면을 뚫고 나올 때 방출되는 녹은 물에 의해 형성된 것으로 본다. 거친 렌티쿨라에는 많은 작은 지각 조각들로 형성된 것으로, 험모키(Hummocky, 작은 빙구)에 어두운 물질이 박힌 빙산처럼 보인다.

다른 가설은 그 지형이 정말 렌티큘러 형식으로 되어있는지에 관해서 의문을 제기한다. 돔이나 구덩이들이 갈릴레오호가 보내온 낮은 해상도의 사진들에서 유발된 오해로 보는 것이다. 그들은 얼음이 렌티큘러 형성 과정인 대류를 한다고 보기에는 다이어피어(Diaper)가 너무 낮다고 말한다.

한편, 2011년에 텍사스 대학교의 연구팀이 네이처지에 유로파의 카오스 지형 특징들이 액체 상태의 호수 위에 있다는 증거를 제시한 바 있다. 이 호수들은 유로파의 얼음 껍질로 완전히 둘러싸여 있을 것이고, 이것들은 얼음 껍질 더 아래에 존재하는 것으로 보이는 액체 바다와는 구별된다고 한다. 하지만 이들의 주장은 아직 학계에 제대로 수용된 상태가 아니다. 호수의 실체를 완전히 파악하려면, 레이더와 같은 장비를 사용하여 얼음 껍질을 간접적으로 조사하는 미션이 필요할 것이다.

그런데 Williams College의 연구원들이 발표한 연구 결과에 따르면, 카오스 지형은 충돌하는 혜성들이 지각을 뚫고 바다 밑으로 침투한 지점일 수도 있다고 한다.

✴ 얼음 껍질의 회전

유로파는 매끄러운 표면 아래에, 외계 생명체 존재에 관한 흥미를 유발하는, 깊고 짠 바다가 있는 것으로 보여, 연구의 주요 대상으로 주목받고 있다.

진행 중인 미션에 참여한 탐사선들이 모두 유로파에 도착하는 데는 시간이 더 걸리겠지만, 과학자들은 망원경 관측, 실험실 실험, 컴퓨터 시뮬레이션으로부터 통찰력을 얻으면서, 이미 다른 시각으로 유로파를 조망하고 있다.

가장 먼저 세간의 이목을 당긴 것은 캘리포니아 공과대학의 제트추진연구소(JPL)와 일본 홋카이도 대학의 연구원들이다. 그들은 NASA의 슈퍼컴퓨터를 이용해 새로운 미스터리를 조사하고 있는데, 그 주제는 얼음껍질이 내부보다 빨리 회전하는 이유에 관한 것이다.

그들은 표면의 동기화되지 않은 회전이 아래에서 밀려오는 해류에 의한 것일 수도 있다고 보고 있다. 이 사실을 외부에 공개한 것은, 연구팀에 속해 있는 해미쉬 헤이(Hamish Hay)였다.

그는 "이 이전에는 실험실 실험과 모델링을 통해, 유로파 바다의 가열과 냉각이 해류를 일으킬 수 있다는 것이 알려져 있었다. 그런데 이제는 바다와 얼음 껍질의 회전 사이의 관계를 찾아내야 한다"라고 말했다.

얼음 껍질은 유로파의 바다 위에 떠 있기에, 그것은 바다, 바위투성이의 내부, 그리고 금속 코어를 포함한 위성 나머지 부분으로부터 독립적으로 회전할 수 있다. 과학자들은 오래전부터 이 사실을 의식해 왔지만, 껍질의 회전을 이끄는 힘이 불가사의하다고 여겨서 함구하고 있었다.

유로파는 목성의 조석 굴곡에 영향을 받는데, 목성과 유로파 사이의 줄다리기는 유로파의 얼음 껍질에 균열을 일으키고 맨틀과 코어의 열을 일부 발생시킬 가능성이 있다. 방사성 붕괴에서 방출되는 열에너지와 함께 유로파 내부에서 나오는 이 열기는, 바다를 통해 얼어붙은 표면을 향해, 난로 위에서 물을 데우는 냄비처럼 솟아오를 것으로 보인다.

이 과정에서 수직 온도 기울기는, 유로파 자전을 포함한 다른 요인들과 결합하여, 강력한 해류 발생을 부채질할 것이다. 연구원들이 최근에 계산한 바에 따르면, 이러한 해류는 얼음 껍질을 이동시킬 수 있을 정도로 강력할 수 있다.

"바다의 순환에서 일어나는 일이 얼음 껍질에 영향을 줄 정도로 충분히 일어날 수 있다는 것을 전혀 예상하지 못했다. 그것은 엄청난 놀라움이었다. 유로파의 표면에서 보는 갈라진 틈과 능선이 아래 바다의 순환과 관련이 있을 수 있다고 생각하고 있다"라고 유로파 클리퍼 프로젝트 과학자인 로버트 파팔라르도(Robert Pappalardo)가 말한다.

연구원들은 NASA의 슈퍼컴퓨터를 사용하여, 지구의 바다를 모델링하는 데 사용되어 온 기술을 응용해서 복잡한 유로파 바다의 시뮬레이션을 만들었다. 이 모형들은 그 패턴이 바다의 가열과 냉각을 통해 어떻게 영향을 받는지를 포함하여, 유로파의 물 순환에 대한 세부 사항들을 깊이 볼 수 있게 해주었다.

이 연구의 핵심적인 초점은 얼음 위를 밀어내는 바다의 수평력이었다. 그들은 시뮬레이션에 항력을 고려함으로써, 몇몇 더 빠른 해류들이 유로파 얼음 껍질의 회전을 가속화 하거나 늦추기에 충분한 힘을 만들어 낼 수 있다는 사실을 알아냈다. 이러한 효과는 해류의 속도에 따라 달라지지만, 연구원들은 유로파의 내부 가열이 그 변화를 이끌 수 있음을 지적한다. 그것이 해류 속도의 상응하는 변화로 이어질 수 있고, 결과적으로 얼음 껍질의 회전을 더 빠르게 또는 더 느리게 만들 수 있다.

연구자들은 이러한 연구가 표면 아래에 숨겨진 물에 대한 힌트를 제공할 뿐 아니라, 다른 해양 세계에도 이 연구가 적용될 수 있다고 지적한다. Hay는 "이제 우리는 내해와 이 물체들의 표면의 잠재적인 결합에 대해 알게 되었으므로, 유로파의 지질학적 역사뿐만 아니라 그들의 지질학적 역사에 대해 더 많이 배울 수 있을 것이다"라고 말한다.

2024년 말에는 NASA에서 유로파의 잠재적인 거주 가능성을 조사하기 위해, 거의 50회의 근접 비행을 수행할 유로파 클리퍼 궤도선을 발사할 계획이다.

✳ 유로파의 지각과 지구의 판 구조

지각판 운동은 지구에서만 볼 수 있는 특이한 지질 활동이다. 물론 죽어버린 행성이 아니라면 암석 행성에서는 지질 활동이 일어날 수밖에 없다. 그래서 태양계의 화성이나 금성에서도 지질 활동은 일어나고 있고 그 결과인 엄청난 크기의 화산과 협곡도 존재하지만, 지각이 판 구조 형태는 아닌 것으로 보인다.

하지만 지구의 지각판 구조와 같지는 않더라도 유사한 구조를 가진 천체는 있는 것으로 보인다. 그것은 행성이 아닌 위성이다. 목성의 위성 유로파를 관찰해 보면, 두꺼운 얼음 지각 아래에 바다가 있는 형태로, 지구의 지각판이 맨틀 위에 떠 있는 것처럼, 거대한 얼음 지각이 조각난 채로 물 위에 떠 있다. 표면이 암석이나 토양이 아니라고 이의를 제기할지 모르지만, 유로파는 온도가 낮아서 표면의 얼음이 암석처럼 단단하고, 표면 전체가 얼음만으로 구성된 것도 아니다.

미국 휘튼 대학(Wheaton College)의 제프리 콜린스(Geoffrey C. Collins)와 그 동료들은 NASA의 갈릴레오호가 보내온 유로파 표면에 관한 자료를 면밀하게 검토하여, 유로파 지각이 현재는 판 운동을 하고 있지 않으나, 과거에는 판 운동 비슷한 것을 했다는 증거를 찾아냈다.

연구팀이 이와 관련된 내용은 보고한 것은 크게 네 가지다. ① 유로파의 얼음 지각판은 전체적으로 넓게 분포한다. ② 하지만 지구처럼 전체적으로 연결되어 있기보다는 국소적으로 연결되어 있다. ③ 얼음 판 구조는 일시적, 혹은 주기적으로 나타나는 것으로 보이며 현재는 활동하지 않는다. ④ 활동 시기에는 얼음 지각판이 10~100km 정도 이동했다.

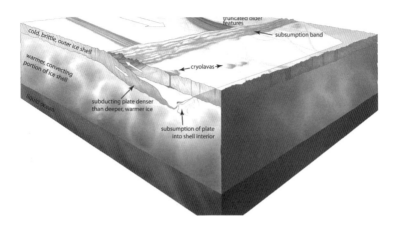

유로파 지각판 운동 모식도

지구의 판 구조 활동과 차이가 있긴 하다. 아마 이런 차이점은 지각의 주성분이 얼음과 암석으로 분명히 다르고, 지각판 이동의 에너지원이 방사성 동위원소와 행성의 중력이라는 차이에서 기인할 것이다.

물론 이것은 추정일 뿐, 확실히 분석된 것은 아니다. 더 자세한 분석을 위해서는 심도 있는 관측과 연구가 필요할 것이다.

✳ 워터 제트와 자기장

과학자들은 오랫동안 유로파의 갈라진 얼음 표면 아래에 지구의 바다보다 두 배나 큰 액체 상태의 바다가 있을 것으로 생각해 왔다.

현재도 그 확인을 위해 한 걸음씩 더 나아가고 있다. 최근에 한 연구팀은 네이처지에 몇 년 전부터 연구해 온 수증기 존재에 대한 결론을 서술했다. 고다드 우주 비행 센터의 과학자들은 2016년 2월부터 2017년 5월 사이에 17일 동안 달을 관찰한 후, 2016년 4월 26일 초당 5,202파운드의 물이 유로파의 표면에서 방출되는 것을 감지했다고 한다.

연구팀은 분광기를 이용해 적외선의 진동수를 측정하여 물 분자의 존재를 확인했다. "과학자들이 아직 액체 상태의 물을 직접적으로 발견하지는 않았지만, 우리는 차선책을 발견했다. 증기 형태의 물이다"라고 이번 연구논문의 저자인 루카스 파가니니가 말했다.

수증기의 존재는 유로파에서 물의 기둥이 분출하고 있을 것이라는 학자들의 기대를 뒷받침해 주고 있다. 연구팀은, 얼음으로 뒤덮인 위성 표면의 세 곳에서 워터 제트(Water Jets)가 발사되는 모습을 보았다고 한다.

유로파의 워터 제트

한편, 지하 바다 존재에 대한 간접적인 증거는 이미 갈릴레오호도 찾아낸 바 있다. 바로 유로파의 얼음 표면 아래에서 전기 전도성 유체의 증거를 찾아내는 방식으로 알아냈다.

갈릴레오호는 1995년부터 2003년까지 목성의 궤도를 돌면서, 목성의 자기장이 유로파 주변에서 휘어져 있다는 사실을 알게 되었는데, 이것은 유로파에 자기장을 만들어 내는 소금물 바다의 존재 가능성을 보여주는 증거가 될 수 있다.

현재 과학적 합의는 유로파 표면 아래에 액체 상태의 물 층이 존재하고 조석 굴곡으로 인한 열이 해저 바다를 액체 상태로 유지하게 한다고 본다.

주지하다시피 바다의 존재에 대한 최초의 발상은 조석 가열에 대한 이론적 고찰에서 비롯되었고, 최근에는 갈릴레오호 미션 영상팀이 보이저호와 갈릴레오호의 영상 분석을 통해 그런 주장을 이어가고 있다.

그 증거로 제시되는 또 다른 예는, 유로파 표면의 흔한 특징인 카오스 지형(Chaos Terrain)인데, 지각을 통해 지하 바다가 녹은 지역이라고 보는 것이다. 물론 이런 해석엔 논란의 여지가 있다. 유로파를 연구한 지질학자 대부분은 흔히 '두꺼운 얼음(Thick Ice)'이라고 불리는 모델을 선호하기 때문인데, 이 모델에서는 카오스 지형이라고 하더라도, 현재의 표면과 직접적인 상호 작용을 거의 하지 않는다고 여긴다.

'두꺼운 얼음 모델'에 대한 대표적 증거는 큰 분화구에 관한 연구이다. 큰 충돌 구조는 동심원 고리로 둘러싸여 있고 비교적 바닥이 평평하며 신선한 얼음으로 채워져 있다. 이런 구조와 조수에 의해 발생하는 열의 양에 근거하여, 고체 얼음의 외부 지각이 연성의 '따뜻한 얼음(Warm Ice)' 층을 포함하여 약 10~30km 두께일 것으로 추정한다. 지각을 이루고 있는 얼음이 이렇게 두껍다면 지하 바다가 이것을 뚫고 나와서 표면을 만나기 어려울 것이다.

이에 대해서 반론을 제기하는 일부 학자들은, 이 모형이 지각의 가장 꼭대기 층만을 고려하고 있고, 지각의 두께가 고르다는 전제를 깔고 있다는 사실을 지적한다. 이런 주장엔 얼음 지각의 일부가 얇을 수 있고, 바깥 부분이 탄성을 가지고 있을 수 있다는 뜻이 내포되어 있는데, 실재가 그렇다면 액체 내부와 표면의 접촉으로 카오스 지형이 형성될 수 있다. 그리고 얼음 지각을 완전히 관통하는 외부 충격이 있을 때 해저 바다가 노출될 수도 있다.

한편, 갈릴레오호는 유로파가 목성 자기장의 변화로 유도되는 자기 모멘트를 가지고 있다는 사실을 발견했다. 이 자기 모멘트로 만들어진 자기장은 적도에서 약 120nT로, 칼리스토 자기장의 약 6배나 된다.

유도 자기장의 존재는 유로파 내부에 전기 전도성이 높은 물질의 층이 있다는 뜻인데, 이것의 가장 유력한 후보는 액체 상태의 물로 이루어진 거대한 지하 바다이다.

냉정하게 생각해 보면, 유로파 표면의 균열과 표면의 물질도 지하 바다의 존재에 대한 증거가 될 수 있을 것 같다. 보이저호가 유로파를 지나면서 그곳 영상을 보내온 후로, 과학자들은 유로파 표면의 균열과 표면의 상당한 부분을 덮고 있는 적갈색 물질의 구성을 이해하기 위해 무던히 연구해 왔다.

분광학적 증거에 따르면, 유로파 표면의 검고 붉은 줄무늬는 내부에서 나온 물이 증발하면서 축적된, 황산마그네슘과 같은 염분이 풍부하다는 사실을 암시한다. 물론 황산 수화물의 존재도 그런 물질에 대한 또 다른 설명일 수 있다. 어느 경우든, 이 물질들은 원래 무색 또는 백색이기에, 붉은색을 설명하기 위해서는 다른 물질들이 들어있어야 한다. 그래서 황화합물을 떠올리게 됐다.

유색 영역에 대한 또 다른 가설은, 이 영역이 총칭하여 톨린(Tholins)이라는 비생물적(Abiotic) 유기 화합물로 덮여있다는 것이다. 유로파에서 색을 띤 톨린을 생성하기 위해서는, 그에 필요한 물질과 에너지의 원천이 있어야 한다. 유로파의 물 얼음 지각에 있는 불순물들은 내부에서 나오고, 여기에 행성 간 먼지가 자연스럽게 축적된다. 톨린은 이 과정에서 생성된 것으로 보이는데, 톨린은 생체 생성에 중요한 역할을 하는 유기 화합물이기에 그 존재는 우주 생물학적으로 중요하다.

✳ 대기

유로파의 대기는 1995년에 허블 우주 망원경의 고다드 고해상도 분광기에 의해 처음 발견되었고, 이러한 관측은 1997년에 NASA가 운영하는 갈릴레오호에 의해 확인되었다. 유로파는 주로 산소와 미량의 수증기로 구성된 얇은 대기를 가지고 있다. 산소가 있기에 우리는 본능적으로 생물체의 존재와 관련지으려 하지만, 이 정도 양의 산소는 비생물학적인 방식으로도 생산될 수 있다.

태양 자외선 복사와 목성 자기권 환경의 하전 입자가 유로파의 표면과 충돌하면 수증기가 생성되고 순간적으로 산소와 수소로 분리된다. 물론 그 후에는 수소가 표면 중력을 벗어나 버리기에 산소만 남겨지게 된다.

표면 근처에 있는 산소는 물이나 과산화수소 분자처럼 달라붙는 것이 아니라 표면에서 탈착된 상태로 머문다. 그래서 유로파가 대기를 갖게 되는데, 타이탄, 이오, 트리톤, 가니메데, 칼리스토와 함께 정량화가 가능한 대기를 가진, 태양계의 몇 안 되는 위성 중 하나이다. 또한 매우 많은 양의 얼음(휘발성)을 가진 태양계의 위성 중 하나로, 수소-산소 혼합물을 우주로 끊임없이 방출하는 것으로 보아 지질 활동이 활발한 것으로 여겨진다.

유로파의 대기에 관한 여러 연구가 수행되었기에, 몇몇 연구 결과들은 모든 산소 분자가 대기로 방출되는 게 아니라는 합의가 이뤄진 상태다. 이 산소는 어쩌면 표면에 흡수되어 표면 아래로 가라앉은 후에, 표면이 해저 바다와 상호 작용할 수 있다면, 이 산소 분자가 바다로 이동할 수 있다.

한 연구의 추정치는, 유로파 표면 얼음의 최대 나이에서 추론된 회전율을 고려할 때, 방사성으로 생성된 산화물의 섭입은 지상 심해에 있는 것과 비슷한 해양 자유 산소 농도로 이어질 수 있음을 시사한다.

한편, 산소와 수소의 방출을 통해, 유로파의 궤도면 주위에는 중성 토러스가 형성된다. 이 '중성운(Neutral Cloud)'은 카시니호와 갈릴레오호 의해 발견되었는데, 이오를 둘러싸고 있는 중성운보다 더 많은 양을 가지고 있다.

이 토러스의 존재는 ENA(Energy Neutral Atom) 이미징을 통해서 공식적으로 확인된 바 있다. 유로파의 토러스는 중성입자가 전하를 띤 입자와 전자를 교환하는 과정을 통해 이온화된다. 유로파의 자기장은 궤도 속도보다 빠르게 회전하기 때문에, 이 이온들은 자기장 궤도의 경로에 남겨져 플라스마를 형성한다.

그래서 이 이온들이 목성의 자기권 안에 있는 플라스마를 일으킨다는 주장이 나오게 되었다.

✳ 새로운 소금

과학자들은 낮은 온도와 낮은 압력에서 식탁용 소금과 물이 섞일 때 형성되는 두 가지 새로운 형태의 고체 결정체를 발견했다. 이런 결정체들이 태양계 위성의 깊은 균열의 틈에서 발견될 수 있기에, 이 발견은 지구 밖의 세상에서 일어나는 일과 무관하지 않다.

사실 이 발견은 유로파의 표면을 가로지르는 붉은 줄무늬의 형성에 관해 설명할 수 있게 해준다. 이 긁힌 듯한 선들은, 지구상에서 발견되는 어떤 것과도 일치하지 않는, 화학적 특징을 가지고 있기에, 과학자들은 이것이 새로운 형태의 물질일 수 있다고 생각한다.

두 분자의 혼합물인 이 새로운 물질은 워싱턴 대학교가 이끄는 과학자팀에 의해 제시되었는데, 그들은 이 혼합물의 핵심인 소금이 유로파와 같은 위성들의 심해저에서 자연적으로 형성될 수 있다고 믿고 있다.

"과학 분야에서 근본적인 발견을 하는 것은 오늘날 드문 일이다. 소금과 물은 지구 환경에서 매우 잘 알려져 있다. 하지만 그 이상으로 우리는 완전히 어둠 속에 있다. 그리고 이제 우리에게는 매우 친숙하지만, 매우 특이한 환경에서 이와 유사한 화합물을 가지고 있을 가능성이 있는 행성 물체들이 있다"라고 워싱턴 대학교의 밥티스트 주노(Baptiste Journaux)가 한 성명서를 통해서 주장했다.

물과 소금이 차가운 온도에서 결합할 때, 그것들은 수소 결합으로 함께 고정되는 '수화물(Hydrate)'이라는 단단한 격자를 형성하는데, 이전에 알려진 유일한 수화물은 물 분자 2개당 하나의 소금 분자를 갖는, 간단한 구조의 염화나트륨이었다.

하지만 새로 발견된 화합물들은 수화물이기는 하나, 염화나트륨과는 매우 다르다. 그 화합물 중 하나는 17개의 물 분자당 두 개의 염화나트륨 분자를 가지고 있고, 다른 하나는 13개의 물 분자당 하나의 염화나트륨 분자를 가지고 있다.

연구팀은 모래알만 한 작은 다이아몬드 사이에 소금물 샘플을 압축하는 과정에서 이 새로운 수화물을 발견했다. 다이아몬드가 투명했기 때문에, 연구원들은 현미경을 통해 실험의 진행 과정을 추적할 수 있었다. 물론 이 발견은 이 물체가 지구 대기압의 25,000배에 달하는 환경 속에 머물렀음을 의미한다.

"우리는 소금이 부동액 역할을 하기에, 소금을 첨가하는 것이 우리가 얻을 수 있는 얼음의 양을 어떻게 변화시킬지 측정하려고 했다. 그런데 놀랍게도, 우리가 압력을 가했을 때, 우리가 본 것은, 뜻밖에 이 결정들이 자라나기 시작했다는 것이다. 그것은 매우 우연한 발견이었다"라고 저널로가 말했다.

연구팀이 실험실에서 만들어 낸 혹독하고 고압적인 조건은 지구에서는 흔하지 않지만, 목성의 위성에서는 자연적으로 발생한다. 목성 위성에는 100마일 깊이의 바다 위에 5~10km 두께의 빙상이 만들어지기 충분한 조건들이 있다. 심지어 더 밀도가 높은 얼음이 이 바다에 형성될 수도 있다.

그는 "압력은 분자들을 더 가깝게 만들고, 분자들의 상호 작용은 변한다. 이것이 우리가 발견한 결정 구조의 다양성을 위한 주요 엔진이다"라고 말했다.

연구팀은 이제 새로운 수화물의 더 큰 샘플을 만들어 그것들의 화학 구조가 얼음 위성의 특징과 일치하는지를 알아내려 할 것이고, 여기에는 대형 미션이 동반되어야 한다. 이 미션에는 목성의 위성을 탐사하는 두 탐사선과 토성의 가장 큰 위성 타이탄을 탐사하는 하나의 탐사선 도움이 포함될 것이다.

ESA의 목성 얼음 달 탐사선(JUICE)과 NASA의 유로파 클리퍼(Europa Clipper)는 모두 목성 시스템으로 이미 가고 있다. 2027년에는 NASA의 드래곤플라이가 그곳으로 가 생명체를 지탱하는 데 필요한 화학적 성질을 지니고 있는지를 최종적으로 알아낼 것이다.

"이곳들은 지구를 제외하고, 생명체의 출현과 발달에 결정적인 지질학적 시기에, 액체 상태의 물이 안정적으로 존재할 유일한 천체이다. 이곳들은 우리 태양계에서 외계 생명체를 발견할 수 있는 최적의 장소이기 때문에, 우리는 이들의 바다와 내부를 연구하여, 태양으로부터 멀리 떨어진 태양계의 추운 지역에서 어떻게 형성되고 진화했으며, 액체 상태의 물을 유지할 수 있는지를 더 잘 이해할 필요가 있다"라고 주노가 말했다.

이번 발견은 행성 과학 전반에 중요한 의미가 있다. 하이드레이트가 에너지 저장을 위해 사용될 수도 있기에, 새로운 형태의 수화물에 관한 연구는 우주로 나갈 꿈을 꾸고 있는 인류에게는 아주 중요하다. 이제, 1800년대에 고압 저온 환경 조건에서 얻어낸 광물학 지식을 다시 정립

해야 할 시기가 다가오고 있다.

✻ 탄소를 품고 있는 유로파

제임스 웹 우주 망원경은 목성의 차가운 위성인 유로파를 관찰하고 난 후, 지구가 태양계의 유일하게 거주할 수 있는 '해양 세계'가 아니라는 주장에 힘을 실어주었다.

풍부한 관찰 증거는 유로파가 생명체에게 알맞은 조건을 가지고 있을지도 모르는 바다를 숨기고 있다는 것을 보여준다. JWST의 분석에 따르면, 유로파의 바다에는 생물 존재의 잠재력을 이해하는 핵심 요소인 이산화탄소가 포함되어 있다.

"우리가 얻은 것은 우리가 기대했던 것보다 훨씬 더 많은 것이었다"라고, JWST의 발견을 보고하는 두 개의 논문 중 한 편의 공동 저자인 제로니모 빌라누에바(Gerónimo Villanueva)가 말했다.

이 프로젝트에 참여한 과학자들은 스펙트럼을 포착하도록 설계된 JWST의 근적외선 분광기(NIRSpec) 장비를 사용했는데, 이는 서로 다른 파장에서 빛의 양을 정량화하는 바코드와 같은 측정으로, 과학자들은 이를 화학적 조성, 온도 및 광원의 특성에 대한 정보로 해석할 수 있다.

예전부터 과학자들은 유로파의 탄소에 관심이 많았다. 그래서 갈릴레오호가 유로파에 근접 비행하는 동안 표면에서 감지했던 CO_2 얼음에 관해서도 많은 연구를 해왔다.

탄소는 수소, 질소, 산소, 인, 황과 함께 생명체에 필수적인 6가지 원소 중 하나이기 때문에, 이산화탄소가 유로파의 어디에 존재하는지, 이것이 어떻게 위성이나 생명체와 어떤 관련이 있는지 알아내는 것은 아주 중요한 문제다. "이것이 유로파 내부에서 비롯된 것인지 아니면 잠재적으로 유로파 외부에서 비롯된 것인지에 대한 큰 의문이었다"라고, JWST의 관측에 관한 논문의 공동 저자인 사만다 트럼보(Samantha Trumbo)가 말했다.

Trumbo, Villanueva와 그들의 동료들은 특히 유로파 표면의 이산화탄소 침전물이 얼음과 암석 중심 사이에 있는 해저 바다의 어두운 물에 용해된 화합물의 저류 층에서 나온 것인지를 알고자 했다. 그러한 가정은 유로파의 해양과 심해 열수 분출 시스템의 연관성을 따지는 연구와 무관하지 않다.

동일한 JWST 데이터를 독립적으로 분석한, 두 연구팀은 모두 카오스 지형이라고 부르는, 복잡한 지형 특징들이 흩어져 있는, 타라 레지오에서 강한 이산화탄소 스펙트럼 신호를 발견했다.

"우리가 생각하기에 카오스 지형은 어떤 시점에서 표면이 이 작은 얼음 뗏목들, 어떤 경우에는 커다란 얼음 뗏목들로 쪼개질 정도로 따뜻해지며, 타라 레지오 전체가 지금은 굳어버린 얼음과 미끄러운 행렬 속에서 떠다니는, 부서진 퍼즐 조각들이다"라고, 국립 항공우주박물관 행성 지질학자 에밀리 마틴(Emily Martin)이 말했다.

카오스 지형은 우주생물학자들이 주목하고 있는데, 그 이유는 그것의 형성 과정이 유로파 내부의 물을 표면으로 끌어올렸을 수 있고, 그 안에 생명체 존재에 관한 증거가 포함되어 있을 개연성이 적지 않기 때문이다.

그런 면에서 타라 레지오의 카오스 지형이 가장 매력적이다. 허블 우주 망원경이 2017년에 관측한 결과, 이 지역에 식용 소금의 주성분인 염화나트륨과 탄소 화합물이 있는 것으로 밝혀졌는데, 이 물질은 지하수의 분출에서 나온 것으로 추정된다.

트럼보는 "JWST의 정보는 우리가 실제로 연구할 수 있는 유로파 표면에서 보고 있는 탄소가 내부에서 나온다는 것을 알려주기 때문에 흥미롭다. 바다에 탄소가 있다는, 매우 강력한 증거이다"라고 말했다.

그 논리에 마틴도 동의했다. "우리가 여기서 관찰하는 독특한 지질학적 요소가 이 위성의 독특한 구성과 관련이 있다고 말하는 것은 정말로 설득력 있는 주장이다"라고 그녀는 말한다.

물론 아직은 이런 기대에 불을 지필만 한 증거가 부족한 상태다. 최근 몇 년간 관측한 결과에 따르면, 토성의 위성 엔셀라두스처럼 유로파가 소금물 플룸을 우주로 쏘아 올리고, 이를 탐사선이 채취할 수 있다고 하지만, 토성의 위성인 엔셀라두스의 플룸처럼 확실한 증거가 확인되지 않은 상황이다.

물론 이런 상황이 플룸이 존재하지 않는다는 것을 의미하는 것은 아니다. 하지만 플룸이 산발적이거나 예상보다 작을 수 있기에, 과학자들이 기대했던 클린칭 감지와는 거리가 멀다. "우리는 이 물체에 플룸이 존재하는지 존재하지 않는지를 말할 수 없다. 왜냐하면 우리는 현재 한 가지 특정한 측정만 수행했기 때문이다. 그리고 그때 플룸을 볼 수 없었기 때문이다"라고 Villanueva는 말했다.

하지만 지표에 염화나트륨과 탄소 화합물이 존재하는 것은 분명하기에, 유로파에 관한 관심이 다시 높아지고 있는 것은 사실이다.

✳ 생명체 존재 가능성

아직 유로파에 생명체가 존재한다는, 직접적인 증거를 찾지는 못했지만, 태양계에서 생명체 존재 가능성이 가장 높은 곳 중의 한 곳임은 틀림없다. 만약 이미 생명체가 존재한다면, 아마도 지구의 심해 열수구와 비슷한 환경이 조성되어 있을, 얼음 밑 바다에 있을 가능성이 가장 크다.

1970년대까지만 해도, 생명체는 태양 에너지에만 의존할 것으로 생각했다.

지구에서는 태양의 빛이 지표면에 잡혀서 식물이 광합성을 통해 이산

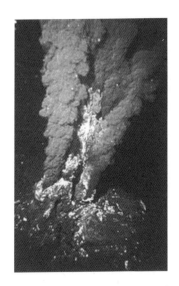

대서양에 있는 열수분출공의 모습. 지열 에너지에 의해서 생기며, 이러한 열수분출공의 다른 유형이 화학적 불균형 상태를 만들어 생명이 생길 수 있게 만든다.

화탄소와 물로부터 산소와 영양소를 생산하여, 산소는 동물의 호흡으로 소비되고, 영양소는 먹이 사슬을 통해 다른 생명체에게 전달된다. 그리고 심해의 생물들은 투광층으로부터 너무 멀어서, 밑으로 내려오는 영양분과 동물 사체를 먹고 산다고만 생각했다.

그러나 1977년에 과학자들이 잠수정 DSV 앨빈을 타고 갈라파고스 단층을 탐사하던 중에 갈라파고스 민 고삐 수염벌레, 조개, 갑각류, 담치류와 같은 생물들의 서식지를 발견했는데, 이 서식지들은 열수분출공 주변에 분포하고 있으며, 이곳 생물들은 햇빛에 의존하지 않고, 독자적인 먹이 사슬을 가지고 있었다.

식물을 대신해서 먹이 피라미드 맨 아래층을 이루고 있던 생물은 수소나 황화수소와 같이 지구 내부에서 올라오는 화학 물질에서 에너지를 얻는 세균이었다. 이렇게 태양에 전혀 의존하지 않고 화학합성을 통해 에너지를 얻는 생물이 발견됨에 따라 생물학 연구에 혁명이 일어났다.

이러한 생물들은 단지 물과 에너지가 될 화학 물질만을 필요로 한다는 사실을 알게 되었기에, 이 발견은 외계 생명이 존재할 가능성을 증가시켜 우주생물학의 새로운 길을 열어주었다.

한편, 유로파에는 화산 열수 활동이 부족하더라도, 지구와 유사한 수준의 수소와 산소가 얼음 유래의 산화제 형성 과정을 통해 생성될 수 있다는 것이 NASA 연구에서 밝혀진 바 있기에, 유로파 생명체 존재 가능성에 대한 기대가 수그러들지 않고 있다.

또한, 2015년에 과학자들은 해저 바다에서 나온 소금이 유로파의 지질학적 특징들을 형성하는 데 영향을 미쳤을지 모른다고 발표했는데, 이것은 지표가 해저와 상호 작용하고 있다는 것을 암시한다.

한편, 조석력에 의해 제공되는 에너지는 이오에 작용하는 것처럼 유로파 내부에도 활발한 지질학적 과정을 촉진한다. 지구와 마찬가지로 유로파도 방사성 붕괴로 인한 내부 에너지원을 가지고 있을지 모르지만, 조석 굴곡에 의해 생성되는 에너지가 훨씬 더 클 것이다.

유로파의 생명체는 해저의 열수 분출구 주변이나 지구에 Endoliths가 서식하는 것으로 알려진 해저 같은 곳에 존재할 수 있다. 아니면 지구 극지방의 조류나 박테리아처럼 유로파 빙하 층의 아래쪽 표면에 달라붙어 있거나 바다에서 자유롭게 떠다닐 수도 있다.

수염벌레와 같은 다세포 진핵생물은 세포 호흡을 하면서 산소를 사용하기 때문에 간접적으로나마 광합성에 의존하고 있고, 이러한 생태계에 서식하는 혐기성 생물과 고균이 바로 유로파의 바다에서 살 수 있으리라 추정되는 생물종이다.

유로파의 지질 활동을 일으키는 원동력은 목성과의 기조력이고, 이 영향은 자매 위성인 이오에서 조금 더 선명하게 나타난다. 유로파는 지구처럼 내부의 방사성 붕괴에서 열원을 얻기도 하지만, 기조력으로 발생되는 에너지가 수십 배 정도 더 크다. 그러나 이러한 에너지원은 지구 표면에서 일어나는 광합성 기반 생태계처럼 크고 다양성이 높은 생태계가 생겨나지 못할 수도 있다. 유로파의 생명체는 지구의 암석균이 서식하는 장소처럼 바다의 밑바닥이나 밑바닥에 있는 열수분출공에서 서식할 것으로 추측되며, 지구의 극지방에 사는 조류나 박테리아처럼 유로파의 얼음 지각 하부에 붙어 존재하거나, 바다를 떠다닐 가능성도 있다.

2009년 9월에 행성 과학자 리처드 그린버그는 우주선이 유로파의 표면에 충돌하면서 유로파의 얼음에서 산소를 떼어내 산소 분자 상태로 만들고, 이렇게 생겨난 얼음의 빈자리를 채우기 위해 지하 바다에서 물이 올라온다고 주장하였다. 그린버그는 이 과정을 통해 유로파의 바다가 불과 몇만 년밖에 들이지 않고도 지구의 바다보다 산소 농도가 더 높아질 수 있다고 주장하고 있다. 이 과정은 유로파의 바다에서, 큰 호기성 생물이 살 수 있도록 해준다.

그런데 유로파의 바다가 너무 차갑다면, 지구에서 알려진 것과 비슷한 생물학적 과정이 일어날 수 없고, 너무 짰다면 극단적인 할로필라(Halophila, Hydrocharisaceae 계통의 해초 속인 테이프 그래스)만 생존할 수 있다.

한편, 애리조나 대학의 그린버그는 유로파 표면에 얼음을 투사(Irradiation)하면, 지각이 산소와 과산화물로 포화되어, 그것들이 내부 바다로 운반될 수 있다고 제안했다. 그러니까 이러한 과정을 실행하면, 유로파의 바다에는 1,200만 년 이내에 우리 바다처럼 산소가 공급되어, 복잡한 다세포 생명체가 존재할 수 있다는 의미이다.

그리고 이러한 제안은, 그린란드에서처럼 물이 표면에 얼었을 때 M자 모양의 얼음 능선을 형성하는 물주머니뿐만 아니라, 유로파의 얼음 바깥 껍질에 완전히 둘러싸여 있고 얼음 껍질 훨씬 아래에 존재하는 것으로 생각되는 바다와는 구별되는, 액체 바다로 이루어진 호수의 존재를 암시하고 있다. 만약 이런 호수와 물주머니가 확인된다면, 생명체에게 또 다른 잠재적인 서식지가 될 수 있다.

한편, 과산화수소가 유로파 표면의 많은 부분에 걸쳐 풍부하다는 증거도 있다. 과산화수소는 액체 상태의 물과 결합하면 산소와 물로 분해되기 때문에, 과학자들은 그것이 단순한 생명체를 위한 중요한 에너지 공급이 될 수 있다.

그리고 지구의 유기물과 종종 연관되는 점토와 같은 광물(특히 필로규산, Phyllosilicates)이 유로파의 얼음 지각에서 발견되기도 했다. 이런 광물의 존재는 소행성이나 혜성과의 충돌의 결과였을지도 모른다. 일부 과학자들은 지구의 생명체가 소행성 충돌로 우주로 발사되어 리소판스페르미아(Lithopanspermia)라고 불리는 과정으로 목성의 위성에 도착했을 수도 있다고 추측했다.

4. 가니메데

가니메데(Ganymede)는 태양계에서 가장 크고 무거운 위성이고, 강한 자기장을 가졌지만 대기는 거의 없다. 타이탄처럼 수성보다는 크지만, 수성, 이오, 달보다는 표면 중력이 다소 작다.

가니메데는 규산염 암석과 물이 거의 같은 비율로 구성되어 있는데, 철분이 풍부한 액체 핵과 지구의 모든 바다를 합친 것보다 더 많은 물을 함유한 내부 해양을 갖고 있다.

표면은 주로 두 가지 지형으로 구성되어 있다. 충돌 분화구로 가득 차 있는, 40억 년 전의 것으로 추정되는 어두운 지역이 약 3분의 1을 덮고 있고, 넓은 골과 능선이 교차 된, 덜 오래되고 밝은 지역이 나머지 지역을 덮고 있다. 밝은 지역은 대부분 카오스 지형으로 덮여있는데, 그 원인은 아직 밝혀지지 않았다. 하지만 조석 가열로 인한 지각 활동의 결과일 가능성이 크다.

가니메데

가니메데는 목성을 약 7일 만에 돌고 있고, 유로파, 이오와 궤도 공명을 하고 있으며, 금속성 코어를 가지고 있다. 자기장은 액체 철심 내의 대류에 의해 생성된 것으로 보이는데, 여기에는 목성의 조석력도 작용했을 것이다. 가니메데의 자기장은 목성의 훨씬 더 큰 자기장 안에 묻혀 있다.

가니메데는 O, O$_2$, O$_3$를 포함하는 아주 얇은 대기를 가지고 있는데,

대기와 관련된 전리층이 있는지는 밝혀지지 않았다.

이 위성은 시몬 마리우스와 갈릴레오 갈릴레이가 1610년에 발견한 것으로 기록되어 있는데, 중국 천문 기록에 따르면, 기원전 365년에 Gan De가 육안으로 감지했다고 한다.

✳ 라플라스 공명

가니메데는 목성에서 1,070,400km 떨어진 거리에서 공전하며 주기는 7일 3시간이다. 대부분의 알려진 위성들처럼 목성과 조수에 맞물려 있어서, 한쪽이 항상 목성을 향하고 있기에 하루의 길이 역시 7일 3시간이다.

궤도는 약간의 이심률을 가지고 있고, 목성 적도로 기울어져 있으며, 태양과 행성의 중력 섭동으로 인해, 이심률과 기울기가 수 세기에 걸쳐 준주기적으로 변한다. 변화 범위는 각각 $0.0009°$~$0.0022°$, $0.05°$~$0.32°$ 이다. 이런 궤도 변화로 인해 자전축 기울기는 $0°$에서 $0.33°$까지 변할 수 있다.

가니메데는 이오, 유로파와 궤도 공명을 일으킨다. 가니메데가 한 번 돌 때마다, 유로파는 두 번 돌고, 이오는 네 번 돈다. 이런 이유로 위성 사이에 합(合, Conjunction)이 발생할 때가 있는데, 이오-유로파와 유로파-가니메데의 합이 일어나는 경도가 같은 속도로 바뀌기에, 세 개의 위성이 동시에 합 현상이 일어나는 것은 불가능하다. 이런 복잡한 공명을 라플라스 공명이라고 한다.

현재의 라플라스 공명은 가니메데의 궤도 이심률을 더 높은 값으로 끌어올릴 수 없다. 0.0013의 이심률도 아마 펌핑이 가능했던 과거 시간대의 잔재일 것이다.

그리고 옛날의 가니메데는 아마도 1 이상의 라플라스 공진 통과 수(예시: 가니메데가 1번 공전할 때 유로파는 2번 공전하므로 유로파의 값은 2)를 가졌을 수 있다. 즉, 0.01~0.02의 큰 값으로 이심률을 밀어 올릴 수 있었다. 이 상황은 아마 가니메데 내부의 심한 조석 가열을 유발했을 것이다. 아마도 가니메데의 펼쳐진 모양의 지형은 이 조석 가열의 결과물일지 모른다.

라플라스 공명의 기원에 대해서는 두 가지 가설이 있다. 즉 라플라스 공명이 태양계가 형성된 직후부터 존재했다는 것이고, 다른 하나는 후천적이라는 것인데, 후자일 가능성이 더 높다.

이 시나리오의 가능한 이벤트 시퀀스는 다음과 같다. 이오가 먼저 목성에 조수를 일으켜 유로파와 2:1 공명을 이룰 때까지 궤도가 확장되었는데, 공명으로 인해 궤도가 확장됨에 따라 각운동량(Angular Moment) 일부가 유로파로 전달되었고, 이 과정이 유로파가 가니메데와 2:1 공명을 겪을 때까지 계속되었다. 그 후에 세 위성 사이의 결합 드리프트 속도가 동기화되어 라플라스 공명에 갇히게 되었다는 것이다.

✳ 표면의 특이점

가니메데의 표면은 약 43%의 알베도를 가지고 있다. 하지만 매우 비대칭이어서, 앞쪽 반구가 뒤에 오는 반구보다 훨씬 밝다. 이것은 유로파와 비슷하나 칼리스토와는 반대이다. 물 얼음은 어디에나 있는 것처럼 보이는데, 질량 점유율이 50~90%로, 근적외선 분광법을 통해, 1.04, 1.25, 1.5, 2.0, 3.0μm 파장에서 강력한 물 얼음 흡수 밴드가 존재하는 것을 알아냈다.

갈릴레오호와 지구 관측에서 얻은 고해상도, 근적외선 및 UV 스펙트럼 분석을 통해, 다양한 비 수분 물질의 존재도 밝혀냈는데, 이산화탄소, 이산화황, 시안젠, 황산수소 및 다양한 유기 화합물일 수 있다.

또한, 갈릴레오호의 관측 결과, 가니메데의 표면에 황산마그네슘($MgSO_4$)과 황산나트륨(Na_2SO_4)의 존재도 밝혀냈는데, 이것은 해저 바다에서 유래한 것일 수 있다.

표면엔 두 가지 유형의 지형이 혼재되어 있다. 매우 오래되고, 구멍이 많이 뚫린 어두운 지역과 넓은 골과 능선으로 나타나는 상대적으로 젊은 지역이다.

가니메데의 골이 있는 지형을 형성하는 데 필요한 가열 메커니즘은 행성 과학계에서 찾지 못했다. 현재의 견해는, 가니메데의 골이 지각 변동에 영향을 많이 받았을 것이고, 만약 얼음 화산이 존재한다면, 약간의 영향을 받았을 것으로 보고 있다.

가니메데의 지각이 많은 압력을 받은 것은 조석 가열과 연관되어 있을 수도 있고, 위성의 불안정한 궤도 공명 때문일 수도 있다. 얼음에 압력이 걸리며 얼음이 구부러지는 것 때문에 열이 발생하여 암석 지각이 가열될 수 있고, 이 때문에 균열이 발생했고 이것이 어두운 지형을 지워나갔을 것이다.

골이 파인 지형과 빠르게 핵이 생겨난 것도 조석 가열과 관련지을 수 있다. 상전이와 열팽창이 일어나면 부피가 변화하는데, 이는 조석 가열이 원인일 가능성이 크다. 이 때문에 따뜻한 물과 연기는 핵에서 표면으로 올라와, 암석 지각의 변동으로 이어졌을 가능성이 있다.

충돌구의 지형은 크게 두 가지로 분류할 수 있는데, 어두운 지역에서 특히 많이 보인다. 표면이 충돌구로 포화 상태가 된 것처럼 보일 정도다. 밝은 부분에서는, 충돌구가 별로 보이지 않는다. 충돌구의 밀도로 나이를 추산한 결과, 어두운 곳의 충돌구 나이는 40억 년 되었다. 이는 위성의 고지와 비슷한 나이이고, 홈이 파인 지형은 조금 젊다. 하지만 얼마나 젊은지는 불확실하다.

시뮬레이션 결과, 가니메데는 35억~40억 년 전 '운석 폭풍'을 맞은 것으로 보인다. 이것이 사실일 경우, 운석 영향의 대부분은 그 시기에 일어난 것이 되고, 그 후엔 분화구가 생기는 빈도가 점점 줄어들었을 것이다.

가니메데의 충돌구는 달과 수성의 것보다 평탄한 것이 특징인데, 이는 아마도 가니메데의 약한 얼음 지각 때문인 것으로 보이며, 충돌 시 발생한 주변의 소규모 빙하가 충돌구를 메웠을 것이다.

가니메데의 또 다른 특징은 갈릴레오 지역이라고 불리는 곳인데, 이곳에는 그 홈이 파인 지형도 있고 지하에서 뿜어져 나온 물질로 덮인 곳도 있다. 이 지역은 옛날에 지질 활동이 활발하던 시기에 만들어진 것으로 보인다.

가니메데에도 극관이 존재하며, 아마도 얼음으로 구성되어 있는 것으로 추측된다. 이 얼음의 서리는 위도 $40°$까지 이른다. 이 극관은 보이저호가 처음으로 관측했다. 극관의 형성에 대한 이론으로는, 고온의 플라스마가 얼음에 압력을 가해서 물이 이동했을 것이라는 견해가 가장 유력했는데, 갈릴레오호가 탐사한 후로 좀 더 보강되었다. 가니메데의 자기장 영향으로 극지방에 플라스마가 더 강한 충격을 가했고, 이 충격이 물 분자의 재결합을 일으켜서, 물의 서리가 극지방으로 비교적 빠르게 이동하게 됐다는 설명이 그것이다.

✳ 대기와 전리층

가니메데의 대기에 대한 증거는, 1995년 허블 우주 망원경(HST)에 의해 분명히 확인되었다. HST는 130.4nm와 135.6nm 파장에서 원자외선의 원자 산소의 공기광을 실제로 관찰했다.

가니메데의 대기는 표면의 물 얼음이 방사선에 의해 수소와 산소로 쪼개질 때 생성되는 것으로 보이는데, 수소는 낮은 원자량으로 인해 빠르게 소실될 것이다.

가니메데 상공에서 관측된 공기광은 유로파 상공에서 관측된 것처럼 공간적으로 균일하지 않다. HST는 북반구와 남반구에 있는 두 개의 밝은 점을 관측했는데, 이는 가니메데 자기권의 열린 자기장 선과 닫힌 자기장 선 사이의 경계이다. 밝은 점은 아마도 오픈 필드 라인을 따라 발생하는 플라스마 침전으로 인한, 극지방 오로라일 것이다.

중성 대기의 존재는 전리층이 있다는 사실을 암시한다. 왜냐하면 산소 분자는 자기권에서 나오는 전자 에너지의 영향과 태양 EUV 복사로 이온화되기 때문이다. 하지만 가니메데 전리층의 특성은 대기의 특성만큼이나 논란의 여지가 많다.

갈릴레오호의 일부 데이터를 분석해 보면, 가니메데 근처에서 높은 전자 밀도를 발견했는데, 이는 전리층의 존재를 시사하지만, 이를 보강해 줄 다른 데이터가 부족한 상태다. 그렇더라도 전리층의 존재와는 무관하게, 표면 근처에 상당량의 전자가 존재하는 것은 분명한 것 같다.

한편, 산소 대기에 대한 추가적인 증거는, 가니메데 표면의 얼음에 갇힌 가스의 스펙트럼 검출에서도 나타났다. 오존 대역의 검출이 1996년에 발표되었고, 1997년 분광 분석을 통해 분자 산소의 이량체(Dimer, 두 개의 분자가 중합하여 생기는 물질로, 수소 결합 등의 힘으로 두 분자가 결합하고 있는 것을 의미한다.) 흡수 특성이 밝혀졌다. 이러한 흡수는 산소가 밀도가 높은 상에 있을 때만 일어날 수 있다.

산소의 근원은 얼음에 갇혀있는 산소 분자일 것이다. 이량체 흡수 밴드의 깊이는 위도와 경도에 따라 달라지는데, 이들은 가니메데의 위도가 증가함에 따라 감소하는 경향이 있는 반면에 O_3는 반대의 경향을 보인다. 실험실의 연구 결과, O_2는 가니메데의 비교적 따뜻한 표면 온도인 100K에서 군집이나 거품이 생기지 않고, 얼음에 녹는 것으로 밝혀졌다.

희박하지만 가니메데 대기에는 수소 원자도 있긴 하다. 가니메데의 표면에서 3,000km 떨어진 곳까지 수소 원자가 관측되었다. 그리고 2021년에는 대기에서 수증기도 검출되었다.

✳ 자기권에 관한 추론

갈릴레오호는 1995년부터 2000년까지 가니메데를 여섯 차례 근접 비행하여 가니메데가 독립적인 자기 모멘트를 가지고 있음을 알아냈다.

모멘트의 값은 약 $1.3 \times 10^{13} \, T \cdot m^3$로 수성의 자기 모멘트보다 3배나 컸다. 자기 쌍극자는 가니메데의 회전축에 대해 176° 만큼 기울어져 있는데, 이는 그것이 목성의 자기 모멘트를 향한다는 것을 의미한다. 이 쌍극자 자기장은 가니메데의 적도에서 719±2nT의 세기를 가진다.

가니메데의 적도 장(Equatorial Field)은 목성 장(Jovian Field)을 향하고 있는데, 이는 재결합이 가능하다는 것을 의미한다. 극의 고유 전계 강도는 적도의 두 배인 1440nT이다.

가니메데 자기권에는 위도 30° 아래에 있는, 폐쇄된 필드 라인 영역이 있으며, 여기서 하전 입자가 갇혀, 일종의 방사선 벨트를 형성하고 있다. 자기권의 주요 이온 종은 단일 이온화된 산소다.

극지 영역에서는 위도가 30° 이상일 때 자기장 선이 열려, 가니메데와 목성의 전리층이 연결되어 있다. 이들 지역에서는, 가니메데 극 주변에서 관측되는 오로라의 원인이 될 수 있는, 에너지 넘치는 전자와 이온이 검출되었는데, 가니메데의 극 표면에서는 무거운 이온들이 지속해서 침전되어, 얼음을 스퍼터링(Sputtering) 하고 어둡게 만든다.

가니메데 자기권과 목성 플라스마 사이의 상호 작용은, 태양풍과 지구 자기권의 상호 작용과 여러 면에서 비슷하다. 태양풍이 지구 자기권에 영향을 미치는 것처럼, 목성과 함께 회전하는 플라스마는 가니메데 자기권의 뒤를 따라간다. 두 경우의 주요한 차이는 플라스마 흐름의 속도이다. 지구의 경우는 초음속, 가니메데의 경우는 아음속(Subsonic)이다.

가니메데는 고유 자기 모멘트 외에도 유도 쌍극자 자기장을 가지고 있다. 그것의 존재는 가니메데 근처의 목성 자기장의 변화와 관련이 있다. 유도 모멘트는 자기장의 변화하는 부분의 방향을 따라 목성에서 방사하는 형태를 그리는데, 고유 모멘트보다 약간 크다.

자기적도에서 유도장의 자기장 세기는 약 60nT로 주변 목성 장의 절반 수준이다. 가니메데의 유도 자기장은 칼리스토와 유로파의 유도 자기장과 유사한데, 이는 가니메데가 높은 전기전도도를 가진 지하 수역을 가지고 있음을 시사한다.

가니메데가 완전히 분화되어 금속 핵을 가지고 있다는 점을 고려하면, 가니메데의 고유 자기장은 아마도 내부에서 움직이는 전도성 물질의 결과로 지구와 비슷한 방식으로 생성될 것이다. 가니메데 주변에서 감지된 자기장은 중심핵의 구성 대류(Dynamo Action), 즉 자기 대류(Magnet Convection)에 의해 발생할 가능성이 높다.

하지만 이 모든 추론에 확실한 증거가 있는 것은 아니어서, 가니메데의 자기권은 여전히 미지의 영역이며, 특히 유사한 천체들이 이러한 특징을 가지고 있지 않다는 점을 고려하면 더욱 그렇다. 일부 연구에 따르면, 상대적으로 작은 크기를 고려할 때, 중심핵은 유체 운동이 일어날 정도로 충분히 냉각되었을 것이고, 따라서 자기장이 유지되지 않을 것이라고 한다. 이에 대한 한가지 대체적 설명은, 지표면을 교란시킨 것으로 제안된 궤도 공명이 자기장을 지속하게 한다는 것이다. 가니메데의 이심률이 커지면서 맨틀의 조석 가열이 증가하여, 중심부로부터의 열 흐름이 감소해서, 중심부가 유동적이고 대류적으로 남게 됐다는 것이다.

또 다른 대체 설명은 맨틀에 있는 규산염 암석의 잔류 자화인데, 이는 위성이 과거에 거대한 다이너모 생성 필드를 가지고 있었다면 가능하다.

✳ 기이한 돌기

태양계에서 가장 큰 위성인 가니메데에는 이상한 돌출부가 있다. 적도의 한 지점에서 튀어나온 돌출부의 지름은 약 600km로 에콰도르 면적과 비슷하며, 높이는 3km로 킬리만자로산 높이의 절반 정도인데, 이런 지형의 존재는 가니메데의 극이 90도 이동했음을 암시한다.

두꺼운 얼음으로 만들어진 것으로 보이는 팽대부는, 행성 간 탐측기 매직 8볼(Interplanetary Magic 8 Ball)처럼 위성의 얼음 껍질이 위성의 나머지 부분 위에서 회전했기에 생긴 것이다.

학자들은 먼저 팽대부가 극 중 하나에서 자라나기 시작했다고 생각한다. 그 후에 불룩한 부분이 충분히 커지면, 그것의 질량이 껍질을 다른 위치로 끌어당기기 시작해서 껍질이 바다 위로 미끄러져 갔고, 결국 한때 극의 뚜껑을 덮었던 껍질의 부분이 적도에 이르게 되었을 것이다.

그렇게 지각만 이동했고 아래의 모든 것은 애초의 위치에 그대로 있을 것이다. 이러한 지각의 미끄러짐은, 지구의 바다와 같은 액체가 천체의 껍질과 내부를 분리하고 있을 때만 발생할 수 있는 일이다.

만약 가니메데의 팽대부가 극 중 하나에서 태어났다면, 그리고 움직인 지형의 현재 위치를 위와 같은 방식으로 설명할 수 있다면, 맞은편 반구에서도 비슷한 팽대부를 볼 수 있을 것으로 여겨진다. 그런데 정말 그것이 있을까?

✳ 유리질 얼음

주노 탐사선의 주된 탐사 목표는 목성이다. 주노는 극궤도 탐사선으로 위성을 탐사하기에는 어려운 궤도를 돌고 있어서, 선배인 갈릴레오호가 주로 목성의 4대 위성을 탐사한 것과는 달리, 목성 자체 관측에 집중하고 있다. 하지만 우연히 위성에 가까워지는 경우, 그 극지방을 관측하기에 유리한 위치에 놓이기도 한다.

그래서 2019년 12월에는 가니메데의 북극 10만km 상공에서 사진을 촬영할 기회를 얻기도 했다. 당시 주노는 총 300장의 적외선 이미지를 촬영했는데, 그 해상도는 픽셀당 23km 정도였다. 해상도가 높지는 않지만, 가니메데의 중요한 특징이 담긴 이미지가 들어있었다.

본래 목성 가스 표면 아래 50~70km까지 뚫고 촬영할 수 있도록 설계된 주노의 JIRAM(Jovian Infrared Auroral Mapper, 목성 적외선 오로라 매퍼) 장치는 가니메데의 북극에 비결정성(Amorphous) 얼음이 있다는 사실을 확인했다. 본래 물이 얼면 육각형 결정 형태를 띠지만, 가니메데에서는 그렇지 않았다.

그 이유는 무엇일까? 태양계 위성 가운데 유일하게 강력한 자체 자기장을 지니고 있기 때문인 것으로 보인다. 태양에서 온 입자는 극지방으로 집중되는데, 가니메데는 대기가 없어 표면으로 고에너지 입자가 쏟아져 결정화를 방해한다.

그래서 적도 지방에는 일반적인 물의 얼음이 있는 반면에, 극지방은 유리 같은 비결정형 얼음이 존재한다. 다른 이유가 있을지 모르지만, 현재로써는 이 미스터리를 이렇게 설명할 수밖에 없다.

태양계 최대 위성이지만, 상대적으로 주목받지 못했던 가니메데는 이 외에도 많은 미스터리를 품고 있다. 그러나 더 자세히 관측하여 더 확실한 답을 얻어내기 위해서는 주노와 다른 궤도를 도는 차세대 탐사선이 필요하다.

2024년에 발사될 예정인 NASA의 유로파 클리퍼는 생명체 존재 가능성이 가장 높은 유로파를 집중적으로 관측할 예정이기 때문에, 가니메데의 관측은 2031년에 목성에 도착할 JUICE(JUpiter ICy moons Explorer, 목성 얼음 위성 탐사선)의 몫이 될 것으로 보인다.

✶ 바다와 오로라

가니메데는 태양계의 최대 위성으로, 지름이 5,268km로 수성보다 8% 정도 더 크지만, 질량은 수성보다 45% 가볍다. 그 이유는 가니메데가 매우 가벼운 물질로 구성되어 있기 때문인데, 그 가벼운 물질의 대부분은 물 얼음일 것이다.

오래전부터 유로파에는 얼음 지각 아래에 바다가 존재할 것으로 믿어 왔지만, 그 외에 칼리스토와 가니메데 역시 거대한 바다를 가지고 있을지 모른다고 의심해 왔다. 하지만 그 존재 여부와 크기에 관해서 지속적인 논란이 벌어져 왔다.

최근 독일 쾰른 대학의 요하임 사우르(Joachim Saur)가 이끄는 연구팀이, 허블 우주 망원경 관측 결과를 토대로 가니메데 바다의 크기를 추정하는 작업에 착수했는데, 그 중심은 목성의 자기장 형상과 변화에 관한 데이터였다.

목성은 태양계 행성 가운데 가장 강력한 자기장을 가진 행성이고, 가니메데는 그런 자기장 사이를 헤치며 목성 주변을 공전하고 있는데, 가니메데 자체도 자기장이 있어서 목성의 자기장 변화를 복잡하게 만든다. 사실 가니메데의 자기권은 수성 같은 작은 행성보다 더 강한 편인데, 만약 염분이 섞인 바닷물을 품고 있다면, 자신의 자기장 변화는 물론이고 목성 주변의 자기장 변화에도 크진 않지만 분명한 영향을 끼칠 수 있다.

이 연구팀은 가니메데의 바다가 자기장에 영향을 주어 이 위성의 오로라에 어떤 형태로든 흔적을 남길 것이라는 가설을 세웠다. 내부의 바다가 자기장을 흡수해서 자력 마찰(Magnetic Friction)을 일으킬 것이고, 그 때문에 오로라의 위치와 강도가 변할 수 있을 것으로 보았다.

그리고 연구팀의 추정대로 이를 통해서 바다 존재 여부와 바다의 예상되는 크기까지 추정할 수 있었다. 이 팀의 연구에 의하면, 가니메데의 바

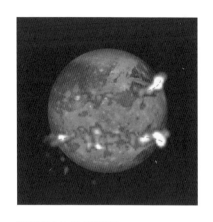

다는 100km 깊이를 지니고 있으며 지구의 바다보다 훨씬 많은 물을 포함하고 있다. 그러나 이 바다는 대략 150km 두께의 얼음 지각 아래에 있어서 정확한 깊이 측정이 어려운 상황이었다.

그런데 아주 최근에 가니메데의 바다에 대한 아주 특이한 연구 결과가 발표되면서, 그 깊이보다는 바다의 형상에 학계 이목이 더 집중되고 있다. 그 핵심은, 가니메데의 바다가 특이하게도 한 층으로 된 바다가 아니라, 마치 샌드위치처럼 바다와 얼음이 연속으로 쌓인 층 형태로 구성되어 있다는 것이다.

가니메데 오로라

이 연구를 주도하고 있는 NASA 제트 추진 연구소의 스티브 반스(Steve Vance)의 새 모델링에 의하면, 가니메데의 바다가 물-얼음-물 형태의 층이 여러 번 반복되는 형태인 것 같다고 한다.

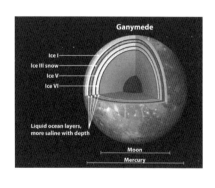

반스는 그 모양이 대그우드 샌드위치(Dagwood Sandwich)와 비슷하다는 비유법을 썼다.

목성 궤도의 온도는 초기부터 얼음 상태의 물이 다량으로 존재할 수 있는 환경이 조성되었기에, 목성 위성들 가운데는 상당 부분이 얼음으로 구성된 위성들이 많다. 이 위성들은 암석과 얼음으로 구성되어 있어서 밀도의 차이에 의해 자연스럽게 얼음-물-암석층이 형성될

외행성계 미스터리

수밖에 없을 것이다.

하지만 얼음과 물의 정확한 두께는 아직 알 수 없다. 정확한 두께를 측정하기 위해서는 이 위성들 표면에서 지진파를 검사해야 하는데 현재로써는 어려운 상황이다.

현실적인 여건상 우주선들의 과거 관측 데이터를 토대로 내부 구조를 그릴 뿐이다. 반스 연구팀은 가니메데의 내부 구조를 재구성하기 위해서, 물과 얼음에 염류(Salt)가 첨가된 실험을 진행했다. 가니메데를 비롯한 위성들의 바다가 순수한 물로만 구성되었을 개연성이 낮기 때문이다.

다양한 운석들이 이 위성들의 표면에 충돌했고 물에 잘 녹는 원소들은 여기에 녹아 들어가 불순물로 섞여있을 가능성이 매우 크다. 또 암석층 바로 위에 있는 물에도 역시 여러 원소가 녹아 들어갔을 것이다. 이런 불순물들이 들어있으면 물의 밀도뿐 아니라 어는점에도 영향을 끼친다.

반스 연구팀은 염류가 포함된 물이 높은 압력을 받으면 어떻게 되는지를 실험했다. 이 염류들은 물 분자들을 끌어들이는 역할을 해서 밀도를 높이게 되어, 물질은 더 아래로 내려가게 된다. 비슷한 현상은 지구의 바다에서도 볼 수 있는데, 지구와는 달리, 가니메데의 지층은 적어도 수백 킬로미터 이상이어서 그 압력이 더 커질 수 있어서, 지구와는 또 다른 다양한 형태의 얼음층이 나타날 수 있다.

우리가 흔히 보는 얼음의 형태는 Ice I이라고 하며, 이 상태의 얼음은 물보다 밀도가 낮아서 물 위에 뜬다. 하지만 높은 압력의 환경에서는, 얼음 결정이 더 압축되어 밀도가 높아져 물 아래로 가라앉을 수 있다. 그래서 자구의 바다에서는 이런 경우를 볼 수 없지만, 가니메데의 두꺼운 얼음 지각 밑에는 Ice VI이라고 부르는 매우 밀도가 높은 얼음의 층이 존재할 수 있다.

연구팀은 가니메데에 3개의 얼음 지층이 존재할 수 있으며(Ice I, Ice IV,

Ice VI), 여기에 Ice III라고 부르는 독특한 형태의 눈이 존재할 수 있다고 보고 있고, 그 사이 층에는 액체 상태의 물이 존재할 것으로 추정한다.

5. 칼리스토

칼리스토는 목성에서 두 번째로 큰 위성이고, 태양계 전체에서는 목성의 가니메데 위성과 토성의 타이탄 위성 다음인 세 번째로 큰 위성이다.

지름은 4,821km로 달보다 약 3분의 1 더 크고, 평균 1,883,000km의 거리에서 목성 주위를 돌고 있는데, 이 거리는 지구를 돌고 있는 달보다 약 6배 더 먼 거리다.

태양계에서 가장 구멍이 많이 뚫린 천체로, 표면이 온통 충돌 분화구로 덮여있다. 지질 활동이 전반적으로 일어난 흔적은 없으며, 주로 외부 충돌체의 영향을 받아 변화한 것으로 추정된다.

이외의 표면 특징으로는 다중 고리 구조, 다양한 모양의 충격 분화구, 분화구 체인(Catenae) 및 연관 스카프, 융기 지형 등이 있다.

칼리스토

밀도는 약 1.83g/cm³로, 목성의 주요 위성 중 가장 낮은 밀도와 표면 중력을 가지고 있으며, 표면에서 검출된 화합물로는 물 얼음, 이산화탄소, 규산염, 유기 화합물 등이 있다.

갈릴레오호의 조사 결과, 칼리스토가 작은 규산염 핵을 가지고 있을 가능성, 100km 이상의 깊이에 액체 물로 이루어진 지하 바다가 있을 가능성 등이 밝혀졌다.

다른 세 개의 갈릴레오 위성들과는 다르게, 궤도 공명 상태에 있지 않기에 조석 가열이 약하고, 자전이 조수적으로 목성에 묶여있어서 한쪽 면이 항상 목성을 바라보고 있다.

칼리스토는 목성을 둘러싸고 있던 가스와 먼지의 원반에서 천천히 강착되어 형성된 것으로 보인다. 강착의 느린 속도와 조석 가열의 부족은, 급격한 분화에 필요한 에너지를 충분히 이용할 수 없었다는 사실을 의미한다.

형성 직후에 시작된 칼리스토의 내부에서의 느린 대류는 분화를 부분적으로 일으켰고, 그것이 100~150km 깊이의 해저 바다와 작고 바위가 많은 중심핵의 형성으로 이어졌을 것이다.

칼리스토 내에 바다가 있을 가능성은 생명체가 존재할 가능성을 열어주지만, 주변 유로파보다 조건이 좋지 않을 것으로 생각된다.

✳ 생성과 진화

칼리스토에서는 분화가 부분적으로 일어난 것으로 보아, 내부의 얼음 성분이 녹을 정도로 충분히 달궈진 적이 단 한 번도 없다는 것을 알 수 있다. 그러므로 칼리스토의 형성과 관련된 가장 유력한 이론은 목성이 형성되고 주변에 남은 기체와 먼지들이 느리게 강착하여 형성되었다는 것이다.

칼리스토가 형성되는 데 걸린 시간은 10만~100만 년가량으로 추정되는데, 이처럼 긴 강착 단계를 거치게 되면, 운석 충돌, 자체 수축, 방사성 붕괴로 내부가 불안정해지기에 빠른 행성 분화가 일어날 수 없다.

강착 이후의 칼리스토에서는, 방사성 붕괴로 발생한 열이 열전도와 고체·준고체 대류를 통해, 표면 근처에서 식는 과정을 거쳤을 것이다.

이런 얼음 속에서의 준고체 대류는 불확정성을 가진다. 얼음 천체에서의 준고체 대류는 얼음이 1년에 약 1cm가량 움직이는 매우 느린 과정이지만, 긴 시간 동안 바라보게 되면 매우 효과적인 냉각 방법이기도 하다. 이는 소위 '정체된 덮게 체제(Stagnant Lid Regime)'라고 불리는 과정에 의해 진행된다고 추측되며, 이 과정은 뻣뻣하고 차가운 칼리스토의 외곽 층이 대류를 통하지 않고 열을 전도하는 반면에, 그 밑의 얼음층은 준고체 대류를 하는 것을 말한다.

칼리스토의 외곽 전도층은 차갑고 딱딱한, 두께 100km가량의 암권인데. 이런 상황을 통해서 칼리스토 표면에서 나타나는 내인성 지질학적 활동의 흔적들이 부족한 이유를 설명할 수 있다. 칼리스토 내부 대류는 층을 이루고 있을 수 있는데, 그 이유는 내부의 강한 압력에 의해 얼음이 다양한 형태로 존재하기 때문이다.

내부 준고체 대류가 형성 초기에 시작됨에 따라, 대규모의 얼음 융해가 핵과 맨틀을 형성했을 행성 분화를 막았다. 하지만 대류 과정에 의해, 부분적이고 매우 느린 분화가 몇십억 년 규모에서 진행되었고, 현재도 진행되고 있을 수 있다.

현재 칼리스토의 진화 과정에 관한 이론은 내부 지하 바다의 존재 가능성을 열어놓는다. 이는 얼음의 녹는점이 이례적으로 낮아져, 압력 2,070bar에서 녹는점이 251K가 되는 것과 관련이 있다. 칼리스토에 관한 사실적인 모형의 깊이 100~200km 정도 층에서의 온도를 계산해 보면, 이 온도에 거의 근접하거나 약간 넘게 된다. 아주 약간의 암모니아라도 존재한다면, 이 액체 바다의 존재를 더욱 보장하게 되는데, 이는 암모니아가 녹는점을 더욱 낮추기 때문이다.

칼리스토는 가니메데와 성질의 많은 부분이 비슷함에도 불구하고, 지질학적 진화 과정이 더 단순하다. 표면은 운석 충돌이나 다른 외인성 작용이 추가되어 변화해 온 것으로 보인다. 이웃 가니메데의 홈이 곳곳에 있는 표면과 모습이 완벽히 다르고, 판 활동의 흔적이 조금도 보이지 않는다.

그래서 가니메데와 칼리스토의 형성 과정에서의 차이를 포함해 내부 가열의 차이와 이에 따라 나타나는 행성 분화의 차이를 설명하려는 이론이 제안되게 되었다. 여기서 제안된 차이점의 핵심은, 가니메데는 조석 가열을 통해 열을 더 많이 전달받았고, 후기 대충돌기 때에는 더 많고 강력한 충돌이 가니메데에 일어났다는 것이다.

✳ 물리적 특이성

칼리스토의 평균 밀도($1.83g/cm^3$)는 암석 물질과 물 얼음의 구성이 거의 동등하고, 암모니아와 같은 추가 휘발성 얼음이 있을 개연성을 나타낸다. 총 얼음의 질량 점유율은 49~55%이고, 암석 성분의 정확한 조성은 알지 못하나, H 콘드라이트보다 금속 철이 적고 산화철이 많은, L/LL 타입의 일반 콘드라이트의 조성과 유사할 것이다.

칼리스토의 표면은 약 20%의 알베도를 가지고 있고, 근적외선 분광법을 통해 $1.04\mu m$, $1.25\mu m$, $1.5\mu m$, $2.0\mu m$, $3.0\mu m$ 파장의 얼음 흡수 대역이 존재한다는 것이 밝혀졌다. 물 얼음은 칼리스토 표면에 존재하며 질량 비율은 25~50%에 이른다.

갈릴레오호의 탐사와 지상 관측으로 얻은 고해상도, 근적외선 그리고 UV 스펙트럼의 분석에 의하면, 마그네슘과 철을 함유한 수화 규산염, 이산화탄소, 이산화황, 그리고 암모니아와 다양한 유기 화합물과 같은 다양한 비얼음 물질이 있는 것으로 밝혀졌다.

스펙트럼 데이터에 따르면, 칼리스토 표면의 일부는 매우 이질적이다. 작고 밝은 순수 얼음 조각들은 얼음이 아닌 물질로 만들어진 암석-얼음 혼합물 조각들과 확장된 어두운 부분들이 섞여있다.

표면은 비대칭이고, 선두 반구는 후행 반구보다 어둡다. 이것은 다른 갈릴레이 위성들과는 완전히 반대다. 칼리스토의 선두 반구는 이산화탄소가 풍부하나, 후행 반구는 이산화황이 더 많은 것으로 보인다.

로폰(Lofn, 56° 30′ 0″ S, 22° 18′ 0″ W에 있는 충돌 분화구)과 같은 많은 신선한 충돌 분화구들 또한 이산화탄소의 농축을 보여준다. 전반적으로, 특히 어두운 지역에서 표면의 화학적 조성은 표면이 탄소질 물질로 구성된 D형 소행성에서 볼 수 있는 것과 비슷할 수 있다.

칼리스토의 표면은 80~150km 두께의 차가운 암석권 위에 놓여있다. 수심 150~200km의 짠 바다가 지각 아래에 있을 수도 있는데, 이는 목성과 그 위싱 주변의 자기장에 관한 연구로 알 수 있다.

칼리스토는 목성의 배경 자기장에 완벽한 전도성 구처럼 반응한다. 즉, 자기장이 칼리스토 내부를 관통할 수 없으며, 이는 그 안에 최소 10km 두께의 전도성 유체 층이 있음을 시사한다. 물에 소량의 암모니아 또는 기타 부동액이 포함되어 있는 바다가 존재할 가능성이 더 높은데, 이 경우 물+얼음층의 두께는 250~300km에 달할 수 있다.

암석권과 해양으로 추정되는 곳의 아래는 약간 특이할 것으로 보인다. 갈릴레오호 데이터는 칼리스토가 유체정역학적 평형에 있다면 내부가 압축된 암석과 얼음으로 구성되어 있으며, 구성 성분의 부분적 침강으로 인해, 암석의 양이 깊이에 따라 증가할 것이라는 점을 시사하고 있다.

즉, 칼리스토는 부분적으로 분화된 상태일 수 있으며, 평형 칼리스토의 밀도와 관성 모멘트는, 칼리스토 중심에 작은 규산염 핵이 존재하는 것과 양립할 수 있어도, 이러한 코어의 반경은 600km를 초과할 수 없고, 밀도는 3.1~3.6g/cm^3 정도일 수 있다. 이 경우에 가니메데의 내부와 매우 대조적이라 할 수 있다.

✴ 특이한 분화구

칼리스토의 표면은 태양계에서 가장 심하게 분화된 표면 중 하나로, 분화구 밀도는 포화 상태에 가깝다.

하지만 지표를 거시적으로 보면 비교적 단순한 편이다. 큰 산, 화산 또는 기타 내생성 지질학적 특징이 없다. 충돌 분화구와 다중 링 구조에 나타나는 관련 균열, 흉터, 퇴적물 등이 볼 수 있는, 유일한 특징이다.

다만 표면을 지질학적 특성에 따라 여러 부분으로 나눌 수 있다. 분화된 평원, 밝은 평원, 어둡고 매끄러운 평원, 그리고 특정한 다중 고리 구조와 충돌 분화구와 관련된 다양한 지형 등으로 말이다. 분화된 평원은 표면 대부분을 구성하며, 얼음과 암석 물질의 혼합물인 오래된 암석권을 나타낸다. 밝은 평원에는 Burr와 Lofn과 같은 밝은 충돌 분화구와 팔림프스트(Palimpsests)라고 불리는, 오래된 대형 분화구의 잔해, 다중 고리 구조의 중심 부분, 분화된 평원의 고립된 부분이 포함된다.

이 밝은 평원들은 얼음으로 뒤덮인 충격 퇴적물로 생각된다. 이 평원은 칼리스토 표면의 작은 부분을 차지하며, 발할라 층과 아스가르드 층(Valhalla and Asgard Formations)의 능선과 트로프 구역, 그리고 분화된 평원의 고립된 지점에서 발견된다. 내생성 활동과 관련이 있는 것으로 여겨졌지만, 고해상도의 갈릴레오호 이미지를 보면, 심하게 갈라지고 구부러진 지형과 관련이 있어 보이나, 다시 표면으로 떠오른 흔적이 보이지는 않는다.

한편, 갈릴레오호 이미지는 주변 지형을 수놓는 것처럼 보이는, 전체적인 범위가 $10,000km^2$ 미만인 작고, 어둡고, 매끄러운 지역을 보여주는데, 이것들은 극저온 침전물이고, 이 지역은 젊고 분화가 덜 된 곳이다.

충돌 분화구 지름은 영상 해상도에 의해 정의된 한계인 0.1km에서 100km 이상까지 다양하다. 지름이 5km 미만인 작은 분화구는 단순한 그릇 모양이나 평평한 바닥 모양을 가지고 있으며, 가로로 5~40km 정도 되는 곳은 보통 중앙 봉우리가 있다.

지름이 25~100km에 이르는 더 큰 충돌 지형에는 틴드르(Tindr) 분화구와 같이 봉우리 대신 중앙에 구덩이가 있다. 지름이 60km가 넘는 가장 큰 분화구에는 중앙 돔이 있을 수 있는데, 충돌 후 중앙 구조 상승으로 인한 것으로 추정되는데, Doh와 Harr 분화구가 여기에 속한다.

지름이 100km가 넘는 크기의 밝은 분화구 중 일부는 비정상적인 돔 형상을 보여주는데, 이들은 비정상적으로 얕으며 Lofn과 마찬가지로 다중 링 구조로의 전이 지형일 수 있다.

칼리스토 표면에서 가장 눈에 띄는 특징은 다중 고리 분지이다. 이 중에 두 개는 엄청나게 크다. 발할라는 가장 큰 곳으로 지름이 600km에 이르는 밝은 중심부를 가지고 있으며, 중심에서 1,800km 떨어진 곳까지 고리가 뻗어있다. 두 번째로 큰 것은 지름이 약 1,600km인 아스가르드이다. 다중 고리 구조는 아마도 연질 또는 액체 물질 층에 바다 위에 놓여 있는 암석권의 충돌 후 동심원 파괴의 결과로 생겨났을 것이다.

고물 카테나(Gomul Catena)와 같은 카테나는 표면 전체에 직선으로 배열된 충격 분화구의 긴 체인이다. 이곳에 충돌한 천체들은 칼리스토에 충돌하기 전에 목성 근처를 지나며 교란을 겪은 천체이거나, 매우 비스듬히 충돌한 것일 가능성이 높다.

한편, 앞에서 언급한 바와 같이, 알베도가 80%에 달하는 순수 얼음 조각들이 칼리스토의 표면에서 발견되는데, 갈릴레오호 이미지는 밝은 패치가 주로 분화구 테두리, 스카프, 능선 및 놉(Knop)과 같은 높은 표면 위에 있음을 알려준다. 그것들은 아마도 물 서리의 얇은 퇴적물일 것이다.

어두운 물질은 보통 밝은 특징을 둘러싸고 있는 저지대에 있으며 매끄러워 보인다. 그것은 종종 화구 바닥과 화구 간 함몰부에 가로로 최대

5km까지 패치를 형성한다.

칼리스토의 표면은 가니메데의 표면에 비해, 지름이 1km 미만인 작은 충돌 분화구가 적다. 그 대신에, 작은 구덩이는 많이 있다. 이 주변은 여러 변형된 흔적을 담고 있는데, 유력한 원인은 상대적으로 태양에 가까워졌을 때 활성화되는 얼음의 느린 승화이다.

기반암인 더러운 얼음으로부터 물이나 다른 휘발성 물질들이 승화되는 과정에서, 얼음이 아닌 잔여물은 분화구 벽의 경사면에서 내려오는 잔해 사태를 일으킨다. 이러한 사태는 충돌 분화구 근처와 내부에서 종종 관찰되며 '디브리스 앞치마(Debris Aprons)'라고 불린다. 그리고 가끔 분화구 벽은 '굴리(Gullies)'라고 불리는 구불구불한 계곡 모양의 절개로 인해 파이기도 한다.

얼음 승화 가설에서, 낮은 곳에 있는 어두운 물질은 주로 얼음이 아닌 잔해들로 이루어진 덮개로 보인다. 이는 분화구의 열화된 가장자리에서 비롯되었고 대부분 얼음으로 뒤덮인 암반을 덮고 있다.

칼리스토에 있는 여러 표면의 상대적인 나이는 충돌 분화구의 밀도에서 알 수 있다. 지표면이 오래될수록 분화구의 개체 수가 더 조밀해진다. 절대 연대 측정은 실행되지 않았으나, 이론적 고찰을 토대로 볼 때, 분화된 평원은 거의 45억 년 정도 된 것으로 추정되고, 다중 링 구조물과 충돌 분화구의 나이는 선택된 배경 분화 속도에 따라 다르며, 10억 년에서 40억 년 사이에 차이가 있을 것으로 추정된다.

✳ 대기와 전리층

칼리스토는 이산화탄소로 구성된 매우 희박한 대기를 가지고 있다. 이것은 갈릴레오호의 근적외선 매핑 분광기(NIMS)에 의해 파장 $4.2\,\mu m$ 부근의 흡수 특성으로 감지되었다. 칼리스토 표면에서의 기압은 약 $7.5 \times 10^-$

^{12}bar로 추정되고, 입자들의 밀도는 $4 \times 10^8 cm^{-3}$이다. 이 정도로 옅은 대기는 4일 이내로 모두 칼리스토에서 탈출해 버릴 수 있기에, 대기권이 현재처럼 유지될 수 있는 이유는, 얼음 지각에서 천천히 승화되는 이산화탄소에 의해 지속해서 보충되고 있기 때문인 것 같다.

칼리스토엔 전리층도 있는데, $7 \times 10^4 \sim 17 \times 10^4 cm^{-3}$의 높은 전자 밀도는 대기 중 이산화탄소의 광이온화만으로는 설명할 수 없다. 따라서 칼리스토의 대기는 실제로 산소 분자(CO_2의 10~100배 많은 양)에 의해 지배되고 있는 것으로 보인다.

허블 우주 망원경 자료 분석을 통해서, 수소 원자도 검출해 냈다. 촬영된 분광 이미지를 다시 조사하여, 수소 코로나를 나타내는 산란광의 신호를 찾아낸 것이다. 수소 코로나에서 산란된 햇빛으로부터 관측된 밝기는, 선두 반구가 후행 반구보다 약 두 배 더 밝다.

칼리스토의 대기는 충돌 분자 상호 작용의 영향을 더 잘 이해하기 위해 모델링되었다. 연구자들은 칼리스토 대기의 구성 요소들(이산화탄소, 산소, 수소) 사이의 충돌을 모델링하기 위해 기체 운동 역학에 중점을 두었다. 여기에서는 태양열 노출로 인한 화합물의 열 탈착과 그로 인한 표면 온도 변화도 고려하였는데, 이산화탄소와 산소에 의한 수소의 포획으로 설명될 수 있음을 보여주었다.

이 모델은 분자 간의 운동 상호 작용이 대기에 어떤 영향을 미치는지 보여주지만, 고려된 변수에는 분명히 한계가 있다.

토성계

Saturn System

1. 토성

평균 지름	120,536km (적도)
	108,728km (극)
표면적	4.27×10^{10}km²
질량	5.6846×10^{26}kg
궤도 장반경	9.5549AU
	1,429,395,496km
원일점	10.053 508 AU
근일점	9.020 632 AU
이심률	0.05555
궤도 경사각	2.485° (황도면 기준)
	5.51° (태양 적도 기준)
공전 주기	29.4571년
	10,759.22일
	24,453 토성태양일
자전 주기	10시간 33분 38초
자전축 기울기	26.73°
대기압	50~200kPa(상층부 기준)
대기 조성	수소 96%
	헬륨 3%
	메테인 0.4%
	암모니아 0.01%
	중수소화수소 0.01%
	에테인 0.0007%
평균 온도	1bar 기준 134K(-139°C)
	0.1bar 기준 84K(-189°C)
표면 중력	1.065G
겉보기 등급	+1.47~-0.24
위성	83개

토성은 태양계 행성 중에서 두 번째로 크다. 지구와 비교하면 약 95배 정도 무거우며, 부피는 지구의 764배다.

거대한 고리를 가지고 있고, 편평도가 가장 크다. 덩치는 크지만, 힘은 별로 못 쓰는 편이어서, 중력이 1.065G밖에 안 된다.

토성은 목성과 같이 대표적인 가스 행성으로, 밀도가 낮지만, 비중이 일정하지 않기에, 가슴 깊은 곳에 금속 핵을 품고 있을 것으로 보인다.

토성에도 목성처럼 줄무늬가 있으나 희미해서 눈에 잘 띄지 않는다.

한편, 카시니호가 관측한 데이터를 분석한 결과, 핵이 단단한 암석이라 여겼던 기존 정설과는 달리, 얼음, 바위, 금속성 유체가 뒤섞인 상태라는 사실이 밝혀졌다. 그리고 토성이 목성에 밀리지 않는 수준의 강력한 자기권을 보유한 것도 확인되었다. 목성보다 필드 범위는 조금 적으나, 에너지는 목성:토성 질량

외행성계 미스터리

비인 4:1의 격차보다 훨씬 적은 8:5이다.

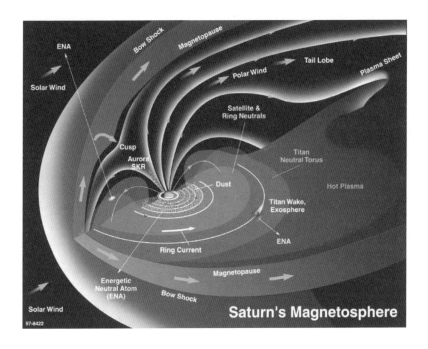

토성은 아름답고 선명한 고리를 가지고 있다. 목성, 천왕성, 해왕성도 고리를 가지고 있으나 가늘고 희미해서 고성능 망원경으로 보아야 관측할 수 있지만, 토성의 고리는 저가 망원경으로도 쉽게 관측할 수 있다.

하지만 1609년에 최초로 토성을 관측했던 갈릴레이는, 망원경의 성능이 너무 떨어져서 고리를 알아차리지 못하고, 토성에 달린 귀라고 생각했다. 1656년이 되어서야 하위헌스가 발전된 망원경으로 그것이 고리임을 밝혀냈다. 그 후 1675년에 카시니가 토성의 고리가 하나가 아니고 여러 개로 이루어져 있다는 사실을 알아냈다.

오랫동안 토성의 고리가 40억 년 이상 전에 형성된 것으로 추정해 왔다. 토성 생성 초기에 주변을 지나는 혜성과 소행성들을 붙잡아 이것들이 띠를 형성했을 것이라고 여겼으나, 보이저 1, 2호 및 카시니호의 관측 결과, 고리의 구성 물질과 성분의 생성 연대가 훨씬 젊다는 것이 밝혀져, 1~2억 년 전쯤 위성 중 하나가 토성의 중력에 의해 부서져 고리가 됐을 거라는 의견이 대두되었다.

하지만 토성 고리의 생성 시기는 아직도 논란의 대상이다. 최근의 대세는 그리 오래되지 않았다고 보는 견해이다. 이는 태양계 초기에 형성됐다면, 지금쯤 얼음 입자가 꽤 더러워졌어야 하는데, 고리의 반사율이 높아서 그렇게 보기 어렵다는 것이다.

주류 학자들의 추정은 대략 9천만~1억 년 전에 지름 400km대 얼음 위성이 로슈 한계로 돌입해 부서져 고리가 된 것으로 본다. 하지만 이에 대한 반론도 적지 않다. 고리가 충분히 더럽혀지지 않은 것은 엔셀라두스의 물 입자가 이를 청소해서 그럴 가능성이 있다고 보는 학자들이 많이 있다.

한편, 토성은 한동안 태양계 최대 위성 보유 행성의 지위를 차지하고 있었다. 그러다가 2023년 2월에 목성 주변에서 13개의 위성이 무더기로 발견되면서 그 지위를 목성에 넘겨주게 되었다. 현재 NASA가 공식적으로 인정한 위성의 수는 총 83개이다.

한편, 토성도 목성처럼 내부운동이 활발하다. 그 예로 목성에 대적반이 있다면 토성엔 대백반이 있는데, 지름이 수천 킬로미터, 최대 풍속이 시속 1,700~1,800km로 막강한 위력을 지니고 있다. 이것은 1876년에 아사프 홀(Asaph Hall)에 의해 처음 관측된 후로 28.5년을 주기로 항상 관측되며, 이 주기는 토성의 북반구가 태양을 바라보는 주기와 일치한다.

작은 점에서 시작해서 규모가 급격하게 커지는 게 특징인데, 크기가 매번 달라서, 1876년에 관측된 것은 60mm 망원경에 가까스로 보일 정도였으나, 1990년에 관측된 것은 북반구 전체를 감쌀 정도로 거대했다.

대백반 발생 원인에 대해서 1990년대에는 컴퓨터 시뮬레이션을 통해 '열적 불안정(Thermal Instability)'이라는 현상에 의해 발생하는 것으로 추정했는데, 2015년에 칼텍에서 이 이론을 보완해, 토성에서 내리는 비와 관련지어, 구체적인 시뮬레이션을 그려냈다.

물 분자가 비가 되어 내리면, 상층부 대기가 가벼워져 대기 상층부와 하층부의 대류 현상을 억제하나, 상층부 대기가 너무 차가워지면, 결국 하층부의 따뜻하고 습한 공기가 급속도로 올라와 거대한 폭풍을 만드는데, 이게 바로 대백반이라는 것이다.

그리고 토성에는 용의 폭풍(Dragon Storm)도 있는데, 대기 하층부에서 발생하며, 대백반과는 달리, 오랫동안 지속되고 강력한 전파가 방출되며, 갑자기 밝게 달아오른 뒤 잠잠해지기도 한다. 2004년에는 소형 폭풍 세 개가 근처에 형성되기도 했는데, 곧 대백반에 흡수되었다. 이런 현상은, 이것이 대기 하층부의 에너지를 상층부로 전달하는 매개체일 수도 있다는 증거일 수 있다.

이런 폭풍 외에 토성의 북극에 있는 육각형 모양의 거대 폭풍도 있다. 지름은 12,000km로, 지구 지름 정도이다. 왼쪽 사진은 카시니호가 약 61만 km 상공에서 촬영한 것이다. 토성의 2만 5천 km 상공에 형성되어

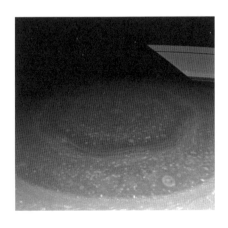

있으며, 지구의 허리케인처럼 수증기로 구성된 소용돌이로 알려져 왔다. 그 중심에는 구름이 없거나 매우 적고, 상층의 구름은 밀도가 매우 높을 것으로 추정되며, 중심부의 회전 속도는 시속 530km에 이른다.

그런데 실험실에서 이 신비

육각형 폭풍

한 현상에 대한 원리 규명에 성공했다. 기체의 유속 차이에 의해 내부와 외부 흐름에 경계가 생기고, 그 경계면의 제트기류가 주변을 둘러싸는 찌그러진 회전 유체와 맞물리며, 육각형을 만드는 것으로 밝혀졌다. 그러니까 눈으로 보기에는 깨끗한 육각형이나, 실제로 유체의 흐름은 육망성 형태에 가까운 웨이브를 그리고 있는 것이다.

토성의 전반에 관한 개요를 살펴보았으니 이제부터는 세부적인 토성의 미스터리를 파헤쳐 보도록 하자.

✳ 난해한 자전 주기

토성은 태양계 행성 가운데 자전 주기가 가장 짧다고 하지만, 가스 행성의 자전 주기는 암석 행성의 자전 주기만큼 엄밀한 개념이 아니고 자전 자체에 난해한 특성이 있어서, 주기 측정은 물론이고 암석 행성과 섞어서 그 순위를 정하기가 애매하다.

고정된 지표면이 없고 부분적으로 속도가 다른 기체가 표면이어서, 전체적인 평균 속도로 자전 주기를 계산할 수밖에 없는데, 토성은 시간 따라 이 평균 속도도 달라진다. 이런 연유도 있고, 지구에서 너무 멀리 떨어져 있어서, 우리는 오랫동안 토성의 자전 주기를 모른 채 살아왔다.

목성의 경우는, 강한 자기장과 전파 활동을 지녀, 우주선 탐사 이전에도 자전 주기를 알고 있었으나, 토성은 상대적으로 자기장도 약하고 발생하는 전파도 미약해서, 지구에서 측정하기 어려웠다.

자전 주기가 10시간 40분이라는 것은 보이저호의 탐사 결과로 밝혀진 것인데, 23년 후 카시니호가 토성을 탐사한 후에는 이 주기가 바뀌었다. 카시니호의 관측 결과에 의하면, 토성의 자전 주기는 이전에 알던 주기와 6분 정도 차이가 있었기 때문이다. 대중이 보기에는 큰 차이가 아닐 수도 있으나 과학자들에게는 아주 심각한 수준이었다. 그런데 이런 차이가 생겨난 연유가 무엇일까? 측정의 오류에서 비롯된 것일까, 아니면 토성의 자전 주기 자체가 실제로 바뀐 것일까?

그런데 버밍햄-서던 칼리지의 두에인 폰티우스(Duane Pontius)와 그 동료들은 그 이유를 의외로 쉽게 찾아냈다. 그 이유는 계절적 변화에 있었다. 다른 가스 행성처럼 토성도 위도에 따라 표면 이동 속도가 다른데, 이런

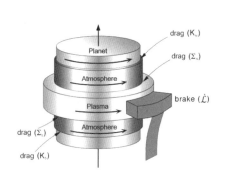

속도 차이를 만드는 것은 태양의 자외선에 의해 형성된 플라스마가 만드는 항력(Drag)이다. 이것은 태양광선의 각도에 따라 차이가 있어, 위도는 물론이고 북반구와 남반구 사이에도 차이가 있다.

그런데 자전축이 3도 정도 기울어져 있는 목성과는 달리, 토성은 27도로 지구처럼 많이 기울어져 있다. 그래서 남반구와 북반구의 자전 속도가 다른 토성을 다른 계절에 방문해 특정 지점에서 자전 속도를 측정하면 다르게 나올 수밖에 없다. 이것은 암석 행성에서는 볼 수 없는 토성만의 독특한 현상이다. 이런 현상은, 보이저호와 카시니호가 같은 계절에 토성을 탐사했다면, 알 수 없었을 것이다.

✳ 자전과 트로이 목마

토성의 공전 속도는 평균 9.68km/s이고, 태양 주위를 한 바퀴 도는 데 29.5년이 걸린다. 목성과 거의 5:2의 평균운동 공명을 형성하고 있으며, 근일점과 근일점 거리는 각각 9.195AU와 9.957AU이다.

그런데 자전 주기는 유체행성이어서 위도마다 다르고, 표면과 내부도 다르게 움직여서 측정하기가 난해하다. 그래서 학자들은 토성의 자전 속도를 특정하기 위해, 지역에 따라 세 가지 다른 시스템을 적용한다.

시스템 I의 주기는 적도대와 극지방의 자전 주기를 측정한 것으로, 10h 14m 00s이고, 남 적도대, 북 적도대를 포괄적으로 보며, 극지방도 이와 비슷한 회전 속도를 가지고 있는 것으로 간주한다. 적도와 극지방을 제외한 다른 지역은 모두 시스템 II로 표시되며, 10h 38m 25.4s의 자전 주기가 부여되었다.

시스템 III은 토성의 내부 회전 속도를 측정한 것이다. 보이저 1호와 2호가 탐지한 행성의 전파 방출량의 변화를 기준으로 측정했는데, 주기는 10h 39m 22.4s이다. 하지만 내부의 회전 주기에 대한 정확한 값은 결정하기는 여전히 난해하다. 2004년에 토성에 접근한 카시니호는 토성의 전파 자전 주기가 10h 45m 45s±36s로 상당히 증가했음을 발견한 바도 있다.

카시니호, 보이저호, 파이오니어호의 측정 결과를 종합해 토성의 자전 속도를 추정해 보면 10h 32m 35s가 나온다. 하지만 행성의 C 고리를 중심으로 한 연구에 따르면, 자전 주기가 10h 33m 38s(+1m 52s, −1m 19s)이다.

그런데 2007년 3월에, 이 행성에서 나오는 전파 방출의 변화가 토성의 자전 속도와 일치하지 않는다는 새로운 사실이 밝혀졌다. 이런 사실이 발견되면서, 전파 방출량을 기준으로 자전 주기를 측정하기가 더 난감해졌다.

이러한 불일치는 토성의 위성 엔셀라두스에서의 간헐천 활동 때문에 발생했을 수 있다. 이 활동으로 토성의 궤도로 방출된 수증기는 전하를 띠게 되고 토성의 자기장에 항력을 만들어 행성의 회전에 영향을 미친다.

사실상 토성의 궤도선이라고 할 수 있는 카시니호는 10년 이상이나 토성의 궤도에 머물렀다. 그런데도 토성의 기본적인 특성 중 하나인, 하루 길이조차 정확히 알아내지 못했다. 처음에 과학자들은 목성에서 그랬던 것처럼, 행성이 방출하는 전파에 근거하여 그 길이를 측정할 수 있을 것으로 생각했다. 하지만 목성의 경우는 행성의 자전과 일치하는 전파를 내보내나, 토성의 킬로미터 복사(Kilometric Radiation)는 그러지 않았다.

"행성의 자전으로 조절되는 전파의 변화는 북반구와 남반구에서 다르다. 그리고 북반구와 남반구의 회전 편차도 토성의 계절에 따라 변화하는 것으로 보인다"라고 NASA가 2014년에 발표했다.

2011년에 NASA는 전파 주기의 변화가 높은 고도의 바람의 변화에서 비롯되었을 가능성이 높다고 주장했으나, 여전히 하루의 길이를 정확히 측정할 방법은 찾아내지 못한 상태였고, 지금도 그러하다.

이런 면에서 토성은 아주 특이한 행성이라 할 수 있는데, 이외에 또 다른 특이점은 트로이 소행성이 없다는 사실이다. 트로이 소행성들은 안정적인 라그랑주 지점에서 태양의 궤도를 도는 작은 천체들로, 궤도를 따라 행성에 대해 60° 각도로 위치한 L_4와 L_5에 모여있다. 그런데 이 천체가 화성, 목성, 천왕성 그리고 해왕성에서 발견되었으나 토성에는 없다.

애초부터 없던 것인가. 원래는 있었는데 어떤 이유로 어디론가 떠나가 버린 건가. 학자들은 후자로 보고 있다. 토성의 트로이 목마가 사라진 원인으로는, 세속적인 공명을 포함한, 궤도 공명 메커니즘 때문인 것으로 추정하고 있다.

✳ 대기와 구름

토성의 바깥 대기는 부피 기준으로 96.3%의 수소와 3.25%의 헬륨이 주성분이다. 헬륨의 비율은 태양에 있는 이 원소의 풍부함에 비해 현저히 적고, 헬륨보다 무거운 원소의 양은 정확히 알지 못하나, 그 비율이 태양계 형성 시의 원시적인 양과 일치한다고 보고 있다. 무거운 원소들의 상당한 부분은 토성의 중심부에 있을 것이다.

토성의 대기에서는 암모니아, 아세틸렌, 에탄, 프로판, 포스핀, 메탄 등이 검출되었다. 위쪽 구름은 암모니아 결정으로 구성되어 있고, 아래쪽 구름은 수산화암모늄(NH_4OH) 또는 물로 구성된 것으로 보인다.

태양으로부터의 자외선 복사는, 대기 상층부에서 메탄 광분해를 일으켜, 아래로 확산하는 일련의 탄화수소 화학 반응으로 이어진다. 이 광화학 작용의 주기(Photochemical Cycle)는 토성의 계절 주기에 의해 조절된다.

토성의 대기는 목성과 비슷한 띠무늬를 보이지만, 토성의 띠는 희미하고 적도 근처에서 훨씬 더 넓다. 그리고 구름의 구성은 깊이와 압력에 따라 다르다. 상층의 구름층에는 100~160K 온도와 0.5~2bar 압력 속에, 주로 암모니아 얼음으로 이뤄진 구름이 떠 있고, 압력이 10~20bar이고 온도가 270~330K인 하층은 암모니아가 포함된 물방울 영역이다.

토성의 대기는 때때로 특이한 모습을 보여준다. 1990년에 허블 우주 망원경은 토성 적도 부근에서 보이저호 탐사 때는 보지 못했던, 거대한 흰 구름의 영상을 촬영했고, 1994년에는 또 다른 작은 폭풍을 촬영했다. 1990년의 폭풍은 토성의 하지 무렵에 주기적으로 북반구에서 발생하는 대백점의 한 예였다. 대백점은 1876년, 1903년, 1933년, 1960년에 관측되었고, 1933년에 가장 잘 관측되었으며, 가장 최근에는 2010년에 관측되었다.

한편, 2015년에 과학자들은 Very Large Array 망원경을 사용하여, 70°N에서 보고되지 않은, 폭풍의 지속되는 징후를 발견했다. 토성의 바람은 해왕성의 바람 다음으로 빠르다. 보이저호의 데이터에 따르면, 최대 풍속은 1,800km/h이다.

열기록법(Thermography)을 이용한 관측에서는, 남극에 따뜻한 극소용돌이가 있다는 것을 발견했는데, 태양계에서는 이러한 현상이 발견한 것은 여기가 유일하다. 토성의 온도가 보통 -185℃이지만, 소용돌이 온도는 종종 토성에서 가장 따뜻한 곳으로 -122℃에 달한다.

한편, 보이저호가 촬영한 사진에서, 대기권의 북극 소용돌이 주변의 약 78°N에서 지속해서 육각형 물결 패턴이 관찰되었다. 육각형의 측면들은 각각 14,500km이고, 전체 구조는 토성 내부의 자전 주기와 같은 10시간 39분 24초 주기로 회전하고 있었다.

이 육각형 패턴은 경도로는 이동하지 않는데, 과학자들 대부분은 이것을 대기의 정재파(Standing Wave) 패턴으로 생각하고 있으며, 실험실에서 유체의 차등 회전을 통해, 이 다각형 모양을 복제하기도 했다.

남극 지역에는 제트기류는 나타나지만 강한 극소용돌이나 육각형의 정재파는 없는 것으로 알고 있었다. 그런데 NASA가 2006년에 카시니호가 남극에 단단히 고정된 '허리케인 같은' 폭풍을 관측했다고 공개하면서 기존 인식이 흔들리게 되었다.

최근에 남극 폭풍의 사진이 공개되었는데, 어쩌면 이 폭풍은 수십억 년 동안 존재했을지도 모른다. 이 소용돌이는 지구 크기에 맞먹으며 시속 550km의 바람을 동반하고 있다.

✱ 거대 폭풍이 밝힌 대기의 구조

일반적으로 토성의 상징은 행성 주위를 감싸고 있는 고리이지만, 토성 자체도 아주 독특한 특징들을 가지고 있다. 목성의 대적점처럼 유명하진 않으나 토성 역시 거대한 폭풍을 가지고 있고, 특히 토성의 육각형 거대 폭풍은 태양계 최대 폭풍 가운데 하나로 독특한 모양으로 인해 세인의 시선을 끌고 있다.

2010년부터 2011년 사이 폭풍의 변화 모습

한편, 2010년에는 토성 표면에 갑자기 거대 폭풍이 발생하기도 했다. 이 폭풍은 토성의 북반구 중위도 지역에서 발생해서 빠른 속도로 커졌으며 그 폭이 15,000km 이상으로 지구보다 더 크게 자라났다. 이 폭풍이 만든 거대한 물결무늬 구름이 카시니호에 의해 선명하게 관측되면서, 목성의 대적점과 비교해서 대백점(Great White Spot)으로 불리기 시작했다. 그 색이 흰색이어서 이런 이름이 붙여졌는데, 웬만한 망원경에 모두 포착될 정도로 크기가 엄청나게 컸다.

토성의 대기와 기후는 매우 역동적이라고 할 수 있다. 대기는 대부분이 수소(96%)이고, 헬륨(3% 수준)과 다양한 색깔을 띤 메탄과 암모니아 등의 미량 원소, 얼음 등이 포함되어 있다. 대기 성분이 이렇기에 폭풍을 구성하는 물질 역시 지구와 다를 수밖에 없다. 다만 폭풍의 생성 원인은 지구와 마찬가지로 온도 차이다.

토성 대기 1기압 수준에서의 평균 온도는 대략 134K이기에, 이런 저온에서 폭풍이 생긴다는 사실 자체에 회의를 품을 수 있으나, 어차피 온도의 상대적인 차이에 의해 상승 기류와 하강 기류가 생기고, 그로 인해 폭풍이 생기므로, 이상하게 여길 것까지는 없다.

이 거대 폭풍을 일으키는 온도 차이는 대략 20K 정도인데, 과학자들은 이미 카시니호가 보내온 적외선 사진을 통해 비콘(Beacon) 지역에서, 원인은 파악하지 못했으나, 온도가 상승한 핫스팟이 있다는 사실을 확인했다. 그런데 이 비콘은 주변에 비해 무려 80K나 높은 온도로 올라가 격렬한 폭풍을 일으켰다가 2011년 8월경에는 서서히 소멸했다.

그런데 이 관측 결과를 분석하고 모델링한, 위스콘신 메디슨 대학의 스로모프스키(L. A. Sromovsky) 연구팀은 이 폭풍으로 토성 아래층의 구성 물질에 대한 결정적인 단서를 얻게 되었다고 발표했다. 토성은 목성과 비슷하게 여러 층의 물질로 된 샌드위치 같은 대기 구성을 하고 있는데, 가장 아래층에는 얼음 결정이 존재하고, 중간층에는 황산암모늄 구름, 그리고 가장 위층에는 암모니아 구름이 존재한다고 추측하고 있었으나 확실하게는 모르는 상태였다. 그런데 거대한 폭풍으로 토성 속살의 구성 물질들이 표면으로 나오게 되면서 이를 탐사할 기회를 얻게 되었다.

연구팀이 근적외선 분석기로 분석한 바에 의하면, 폭풍 구름의 주 구성 성분은 암모니아 얼음(Ammonia Ice, 55%)이었고, 그 외에 얼음(Water Ice, 22%)과 황산암모늄(Ammonia Hydrosulfide, 23%)으로 구성되었다고 한다. 연구팀은 이 폭풍 구름이 대략 200km 안쪽에서부터 상승한 것이며, 주 구성 성분은 물이었으나 상승하면서 온도가 하강하여 얼음이 된 것으로 분석했다. 그 과정에서 구름층을 지나며 암모니아와 황산암모늄으로 코팅되는 것으로 보인다고 했다.

이 연구에 의하면, 토성 대기의 하층부는 역시 얼음으로 구성되어 있다. 그리고 그 위에 황산암모늄과 암모니아층이 존재한다. 그리고 가끔 거대 폭풍이 발생하면, 아래층의 구성 물질이 위까지 올라와 거대한 흰색의 물감을 풀어놓은 듯한 무늬를 만든다. 그러니까 우리는 항상 토성의 대기 상태가 아주 조용할 것으로 여기고 있으나, 실제로는 아주 역동적인 셈이다.

✳ 다이아몬드 강우

토성은 거의 수소와 헬륨으로 구성되어 있음에도 불구하고, 대부분이 기체 상태가 아닌데, 밀도가 토성 질량의 99.9%를 포함하는 반경에 도달하면, 수소가 $0.01g/cm^3$ 이상이 되어 액체가 되기 때문이다. 그리고 중심부로 들어갈수록 토성 내부의 온도, 압력, 밀도가 꾸준히 상승하기에, 더 깊은 층에서는 수소가 금속이 된다.

전형적인 모델 이론에 따르면, 토성의 내부가 목성의 내부와 비슷하게 암석 중심핵이 수소와 헬륨으로 둘러싸여 있으며, 미량의 다양한 휘발성 물질을 지니고 있다. 그리고 왜곡 분석(Analysis of the distortion)에 의하면, 토성은 목성보다 중심이 더 심하게 응축되어 있어, 중심 근처에는 밀도가 높은 물질이 훨씬 더 많이 포함되어 있다.

토성의 중력 모멘트를 내부의 물리적 모형과 결합하여 조사한 결과, 중심핵에 엄청난 압력이 가해진 상태라는 걸 알게 되었다. 과학자들은 오랫동안 중심핵의 지름이 약 25,000km로 지구 질량의 9~22배일 것으로 추정해 왔다. 하지만 토성의 고리를 고려해서 다시 계산해 본 결과, 질량은 지구 17배 정도로, 지름은 토성 전체 지름의 60% 정도로 나왔다.

토성은 중심부는 11,700℃에 이를 정도로 뜨겁고, 태양으로부터 받는 에너지보다 2.5배 더 많은 에너지를 우주로 방출한다. 목성의 경우는 그 열에너지가 느린 중력 압축의 켈빈-헬름홀츠 메커니즘에 의해 생성되지만, 토성은 목성보다 질량이 작기에, 이러한 과정만으로는 열 생성을 충분히 설명할 수 없다. 그렇다면 무엇이 부족한 에너지를 보강해 줄까?

대안적인 메커니즘은, 토성 내부 깊숙한 곳에서 일어나는 헬륨 방울의 강우를 통해 열을 발생한다는 것이다. 물방울들이 저밀도 수소를 통해 내려올 때, 마찰로 열을 방출하게 된다. 이 낙하 방울들은 중심핵을 둘러싸고 있는 헬륨 껍질로 축적되었을 수 있는데, 이러한 다이아몬드 강우가 목성뿐 아니라 토성 안에서도 발생하고 있다는 것이다.

✳ 고리의 기원과 나이

토성의 독특하고 선명한 고리는 널리 알려져 있는데, 토성의 적도에서 6,630km에서 120,700km까지 뻗어있고, 두께는 평균 약 20m이다. 주로 물 얼음으로 구성되어 있으며, 극미량의 톨린 불순물과 약 7%의 비정질 탄소로 코팅되어 있다. 고리를 구성하는 입자들의 크기는 먼지 알갱이에서부터 최대 지름 10m까지 다양하다. 다른 가스 거인들도 고리 체계를 가지고 있지만, 토성의 고리가 가장 크고 아름답다.

고리의 기원에 관해서는 크게 두 가지 가설이 있다. 한 가지는 고리가 토성의 파괴된 위성의 잔재라는 것인데, 위성 중 하나가 행성에 너무 가까이 다가가게 되면서, 토성의 강력한 중력장에 걸려 분쇄되었다. 과학자들은 그 결과로 생긴 잔해들이 오늘날 우리가 보는 고리의 많은 부분을 형성했을 것이라고 믿고 있다.

이 이론은 희생된 위성에 '크리살리스(Chrysalis)'라는 이름 붙인 MIT의 잭 위즈덤(Jack Wisdom)이 이끄는 연구팀이 제안하는 것이다. 위즈덤은 이 이론이 토성 축의 특이한 기울기, 고리들이 토성이 형성된 지 1억 년 이내에 형성되었을 것으로 보는 시각에 도움을 준다고 말한다.

위즈덤과 동료들은 카시니호의 도움을 받아, 과거에 토성과 해왕성이 한때 공명 상태였지만, 약 1억 6천만 년 전에 바뀌었다는 새로운 모델을 개발했다. 그리고 그것은 기본적으로 토성에 드리워져 있던 해왕성의 영향력을 제거했다. 많은 시뮬레이션에서 모든 데이터에 가장 잘 맞는 것은 토성이 상대적으로 큰 위성을 잃는 사례였다.

오늘날, 토성 행성계는 83개의 위성을 보유하고 있는데, 크리살리스는 현재 토성에서 세 번째로 큰 위성인 이아페투스 크기와 비슷했을 것이다. 이 연구팀은 2억 년에서 1억 년 전 사이에 잊힌 위성이 토성의 가장 큰 위성인 타이탄의 중력장에 밀려다니기 시작했다는 가설을 세웠다. 가상의 위성인 크리살리스는 혼란스럽게 움직이면서 타이탄과 이아페투스를 거의 충돌시킬 뻔했을 수 있고, 토성의 파괴 본능을 자극할 만큼 아주 근접했을 수도 있다.

연구자들은 크리살리스가 로슈 한계(Roche Limit)를 넘어서는 바람에, 토성에 의해 파괴되었을 거라고 주장한다. 그렇게 부서진 위성의 잔해가 토성에 의해 소비되고 작은 분획이 오늘날 우리가 알고 있는 그 거대한 고리들을 형성하고 있을 것이라고 보는 것이다.

또 다른 가설은 토성이 형성된, 원래의 성운 물질에서 고리가 형성되었다는 것이다. 토성과 고리가 같은 모태에서 함께 생성되었다는 가장 원초적인 주장이어서 이해하기 쉽지만, 왠지 허술해 보이는 것도 사실이다.

그래서인지 현재는 그 기원이 앞에서 제시한 둘 중 하나가 아니라, 좀 더 복합적으로 보는 경향이 강하고, 그에 힘을 실어주는 증거도 늘어나고 있다.

우선 E 링을 구성하고 있는 몇몇 얼음덩어리들은 엔셀라두스 위성의 간헐천에서 나왔다는 게 밝혀졌다. 그리고 고리를 구성하고 있는 얼음물의 성분도 다양해서, 가장 바깥에 있는 고리 A는 얼음물에서 가장 가깝고, 다른 고리의 물은 그렇지 않다.

그리고 주 고리 너머의 1,200만km 떨어진 곳에 포이베(Phoebe) 고리가 있는데, 다른 고리들에 대해 27°의 각도로 기울어져 있으며, 다른 고리와는 반대 방향으로 돌고 있다. 그렇기에 이 고리의 기원은 다른 고리와는 다르다고 봐야 한다.

한편, 판도라와 프로메테우스를 포함한 토성의 몇몇 위성들은 고리를 가두고 그것들이 퍼지는 것을 막는 셰퍼드 위성의 역할을 한다.

위와 같은 사실로 볼 때, 고리의 생성 원인이 아주 복잡할 것 같은데, 의외로 아주 최근이라고 할 수 있는 2023년 9월에, 몇몇 천문학자들이 토성의 고리가 수억 년 전 두 위성의 충돌에서 비롯되었을 것이라는 연구 결과를 발표했다. 정말 의외였다.

그런데 고리의 기원이 어떠하든, 이 고리들이 언제 생겼을까? 막연해 보이는 이 질문에 대한 대답은, 많은 학자가 해답을 찾기 위해 노력했으나 오랫동안 찾지 못했다. 만약에 카시니호의 희생이 없었다면, 아직도 그 실마리조차 찾지 못하고 있었을 것이다.

하지만 카시니호의 희생이 있었기에, 이제는 어느 정도 그 해답의 근처로 갈 수 있게 되었다. 카시니호는 오랜 시간 토성과 그 위성을 탐사하여 많은 데이터를 남겨놓은 채 토성의 대기에서 장렬한 최후를 맞이했는데, 특히 마지막 순간에 토성의 고리 안쪽으로 들어가면서 희귀한 데이터를 보내주었다.

캘리포니아 대학의 버크하드 밀리처(Burkhard Militzer) 교수가 이끄는 연구팀은 그 소중한 데이터를 바탕으로, 토성의 내부 구조와 고리의 물리적 특성을 확인했다. 토성의 고리를 구성하는 물질의 총질량은 생각보다 적어서 독특한 외형을 지닌 지름 300km 이내의 얼음 위성 미마스의 40%, 달의 2,000분의 1 정도에 불과하다고 한다.

그리고 다양한 원인으로 질량이 변하는 것으로 보아 생성된 시기도 생각보다 짧은 1억 년 이내나 어쩌면 1천만 년 이내일 수도 있다고 한다. 그러니까 우리 인류는 운 좋게 토성에 고리가 있는 시점에 살게 되어 이 것을 목격하고 있는지도 모른다.

한편, 카시니호의 희생으로 얻게 된 토성의 내부 구조에 대한 데이터 를 살펴보면, 토성은 가장 안쪽에 지구 질량의 15~18배에 이르는 고체 핵을 지니고 있으며, 그 주변엔 고압 환경에서 액체 금속 상태가 된 수소 가 있고, 그 바깥은 수소층이 있는 3단계 구조를 지니고 있다.

✱ 토성의 위성들

토성의 위성들은 수십 미터 정도에 불과한 작은 소위성(Moonlet)부터 수 성보다도 반지름이 큰 타이탄까지 다양하고 그 수효도 많다. 2023년을 기준으로, 토성은 궤도가 확인된 위성 145개를 거느리고 있으며, 이들 중 13개가 지름이 50km 이상이다.

여기에 토성의 고리 안에 섞여있는 소위성 수백만 개, 그보다 더 크기 는 작으나 무수히 많은 고리 입자 또한 토성을 돌고 있다. 토성의 위성 중 일곱 개는 덩치가 충분히 커서 안정적인 타원체 모양을 갖추고 있다. 다만 이들 중 유체정역학적 평형 상태에 있는 위성은 하나(타이탄) 아니면 둘(타이탄, 레아)에 불과하다.

토성의 위성 중 주목할만한 천체가 몇 개 있는데, 그중에 타이탄은 태 양계 전체에서 가니메데 다음으로 지름이 크고, 지구 비슷하게 질소가 풍부한 대기를 지니고 있으며, 표면에는 마른 강줄기들과 탄화수소로 이 루어진 호수들이 있다.

엔셀라두스는 남극 지대에서 가스와 먼지로 이루어진 제트를 분출하 고 있고, 이아페투스는 검은색과 흰색의 대조적인 반구(半球)를 가지고 있어서 인상적이다.

토성의 위성 중 24개는 규칙 위성으로, 토성의 적도 면에서 크게 기울어지지 않은 궤도를 순행 공전하고 있다. 이 중 주요 위성이 일곱, 더 큰 위성에 대해 트로이 궤도를 도는 위성이 넷, 서로 궤도를 공유하는 위성이 둘, 토성의 F 고리에서 양치기 역할을 하는 위성이 둘, 토성 고리의 틈 안에서 공전하는 위성이 둘이다. 상대적으로 큰 히페리온은 타이탄에 대해 궤도 공명 상태이고, 나머지 규칙 위성들은 A 고리의 바깥쪽 경계, G 고리의 안쪽, 미마스와 엔셀라두스 사이에서 토성을 돌고 있다.

나머지 58개는 불규칙 위성으로 평균 지름은 4~213km에 걸쳐 있다. 이들의 궤도는 규칙 위성들보다 토성으로부터 훨씬 먼 곳에 있고, 궤도 경사각이 크며, 공전 방향은 순행과 역행이 섞여있다. 이 위성들은 아마도 소행성체들이 포획된 것이든지, 아니면 포획된 천체들끼리 충돌하여 발생한 파편들일 것이다. 불규칙 위성들은 궤도의 특징에 따라 이누이트군, 노르스군, 갈릭군으로 분류되며, 이 중에 가장 큰 것은 토성의 아홉 번째 위성 포이베로, 19세기 말 발견되었다.

토성의 고리들은 현미경으로 봐야 할 정도로 작은 입자로부터 수백 미터 너비에 이르는 소위성들에 이르기까지 다양한 크기의 개체들로 이루어져 있으며 이들은 각자의 공전 궤도에서 토성을 돌고 있다. 토성의 고리 체계를 구성하는, 무수히 많은 무명의 소천체들과 위성으로 등재된 큰 천체들 사이에 명확한 분류 기준이 없어서, 토성의 위성 개수를 정확히 헤아리는 것은 불가능하다.

주변의 고리 물질에 교란을 일으키는 현상을 통해 고리 안에 있는 소위성 150개 이상을 발견했으며 이 수효는 유사한 천체 중 극히 일부일 것으로 보인다. 아직 이름이 붙지 않은 위성은 총 29개인데 이들에게는 각자 속한 군(群)에 따라 이누이트, 노르드, 갈리아 신화 속 존재들의 명칭이 부여될 것이다.

✳ 위성의 생성 비밀

지구가 달과 같은 거대 위성을 거느리게 된 이유에 대해서 유력한 가설로 인정받고 있는 것은 충돌설이다. 화성 크기 정도의 가상 행성이 원시 지구에 충돌해서 지구와 달을 형성했다는 가설이다.

이와 같은 대충돌 가설은 명왕성-카론 등 다른 천체에도 적용될 수 있고, 태양계 밖에도 대충돌의 증거들이 있다고 주장하는 학자들도 있다. 그중에 캘리포니아 대학의 Erik Asphaug 교수는 토성 위성들의 생성에도 대충돌 가설이 적용된다고 주장했다.

목성과는 달리, 토성에서는 타이탄이 총 위성 질량의 96%나 되는, 압도적인 비중을 차지하고 있다. 또한, 타이탄 등 몇몇 위성만이 암석 핵을 가지고 있고, 나머지는 핵이 없거나 상당 부분이 얼음으로 구성된 형태이다.

Asphaug 연구팀은 컴퓨터 시뮬레이션을 통해, 토성의 위성 시스템이 목성과 왜 이렇게 차이가 나는지를 연구했다. 이들은 토성의 위성 시스템이 두 차례의 대충돌을 겪었다면 설명될 수 있다는 결론을 내렸다. 그러니까 위성들이 합체를 반복하는 과정에서 최대 규모의 대충돌이 한 번 일어난 게 아니라, 두 번에 걸쳐 일어났고, 그 과정에서 빠져나간 물질들이 토성의 중간 크기 위성들을 형성했다는 것이다. 이때 주로 얼음과 같은 가벼운 물질들이 타이탄에서 빠져나가서 상대적으로 얼음이 풍부한 작은 위성들이 대거 생겨났다고 본다.

한편, 목성의 위성 시스템은 상대적으로 안정 궤도를 형성하면서 4개 위성은 서로 충돌하지 않고, 다른 작은 위성들이 목성이나 다른 위성에 충돌하는 바람에, 중간 크기 위성이 없는 4개의 거대 위성과 기타 작은 위성들이 존재하게 되었다고 본다.

물론 타임머신을 타고 태양계 탄생 순간으로 돌아갈 수 없는 이상, 진실을 알기는 어려우나, 왜 토성과 목성이 비슷한 거대 가스 행성이면서도 서로 다른 형태의 위성 시스템을 갖게 됐는지 짐작할 수 있게 되었다.

이에 관한 미스터리가 완전히 풀렸다고 할 수는 없으나, Asphaug 연구는 이 미스터리를 풀 가능성을 보여주는 가설이라고 할 수 있다.

✳ 고리에서 태어나는 위성

카시니호는 토성의 고리에서 뜻밖의 현상을 목격했다. 그곳에서 작은 위성의 생성 과정을 엿볼 수 있는 광경을 목격한 것이다. 지난 2013년 4월에 카시니호의 협각 카메라(Narrow Angle Camera)에 촬영된, 토성의 A 고리의 영상을 분석한 과학자들은 그 외곽에서 얼음과 먼지들이 뭉쳐져 뭔가 형성되는 광경을 확인했다.

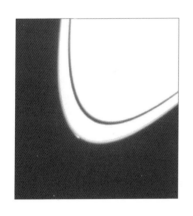

왼쪽 사진을 보면, 토성의 A 고리 아래쪽 가장자리에 작은 점이 보인다. 이 작은 점은 대략 1,200km 정도의 크기인데, 참고로 토성의 A 고리는 토성의 중심에서 122,170~136,775km 떨어져 있으며, 너비는 약 14,600km 정도이고, 두께는 10~30m다.

과학자들은 이 점 같은 물체가 토성의 새로운 위성은 아니지만, 중력에 의해 고리가 변형된 것이 관측된 것으로, 위성이 생성되는 과정을 밝혀줄 단서가 될지도 모른다고 생각하고 있다. 연구팀 수장인 칼 머레이(Carl Murray)는 아마도 새로운 위성이 탄생해서 고리를 떠나는 장면을 목격하고 있는지 모른다고 설명했다. 페기(Peggy)라는 별명이 붙은 이 천체는 사진을 자세히 보지 않으면 찾아내기가 어렵다. 카시니호가 토성에서 120만km 떨어진 지점에서 촬영했고,

픽셀당 하나의 크기는 7km인데 비해 폐기의 크기가 대략 800m 정도여서 잘 보이지 않는다.

그런데 이런 상황은 나아지기는커녕 더 나빠질 개연성이 크다. 토성의 강력한 중력은 폐기가 크게 성장하는 것을 방해할 것이고 나아가 폐기 자체를 파괴할 수도 있기 때문이다. 물론 A 고리에서 빠져나가 토성의 새로운 위성이 되거나, 다른 위성과의 상호 중력 작용으로 인해 합체될 가능성이 없지는 않다.

실제로 토성의 고리는 여러 위성과 상호 작용을 하고 있으며, 이에 따라 고리의 모양 변형되거나 경계가 구분되기도 한다. 예를 들면 바로 A 고리 바깥 궤도와 F 고리 사이를 공전하는 아틀라스(Atlas)가 그러한데 약 최대 40km 지름을 지닌 찌그러진 감자 같은 위성이지만, 그 중력으로 F 고리나 A 고리에 영향을 미칠 수 있다.

A 고리 내부의 엥케 간극에 존재하는 판의 모습   다프니스와 그 중력으로 인한 고리 모양의 변형

또 A 고리 내부에는 325km 너비의 엥케 간극(Encke Gap)이 존재하는데 이는 최대 34km의 지름을 지닌 위성 판(Pan)의 중력 때문에 생긴 것이다. 이와 비슷하게 켈러 간극(Keeler Gap)은 지름 8km 정도의 작은 위성 다프니스(Daphnis)에 의해 생성된 간극이다.

이런 예들을 보면, 폐기는 조만간 다시 부서지든지, 현재의 궤도를 벗어나 프로메테우스나 아틀라스 같은 더 큰 위성에 합체될 수 있다. 물론 지금보다 더 커지지 않고 일종의 미니 위성을 의미하는 소위성(Moonlet)에 머물러 있을 수도 있다. 그리고 희박한 확률이지만, 아예 더 커져서 새 위성이 될 수도 있다.

어쨌든 토성의 고리에서 벌어진 특이한 현상을 카시니호가 찾아냈고, 우리는 놀라운 지식 하나를 얻게 되었다.

✳ 양치기 위성들

프로메테우스(우)와 판도라(좌)

양치기 위성(Shepherd Moon)은 고리의 안쪽과 바깥쪽에서 고리와 같이 공전하며, 고리를 구성하는 물질이 흩어지지 않게 하는 위성으로, 고리의 가장자리를 선명하게 유지하는 역할도 한다.

대표적인 예는 토성 F 링의 안과 밖에서 공전하는 프로메테우스와 판도라다. 이 두 위성이 토성의 F 링을 아주 얇고 가는 모양을 유지시키는 역할을 하고 있다.

목성의 경우는 토성보다 훨씬 빈약한 고리를 가지고 있고, 토성같이 완전하게 고리 물질이 흩어지는 것을 막아주는 양치기 위성을 가지고 있지는 않으나, 그와 비슷한 역할을 하는 것은 존재한다.

목성 고리는 모행성 크기를 고려하면 빈약한 편이지만, 그 빈약한 고리를 메인 링의 밖을 도는 위성 아드라스테아(Adrastea)가 지키려고 노력한다.

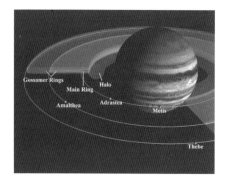

아드라스테아는 메티스와 함께 목성의 가장 안쪽을 도는 작은 위성으로, 목성 지름의 1.8배 정도 되는 거리에서 공전하고 있다. 이 위성의 공전 주기는 너무 빨라서 목성의 자전 주기보다 빠른 7시간 9.5분에 불과하다. 더구나 목성의 중력에 의한 조석력에 의해 공전 주기와 자전 주기가 같아져 한쪽 면이 항상 목성을 바라보고 있다. 크기는 $20 \times 16 \times 14$km 정도로 작은 편이다. 공전 주기가 거의 같은 메티스 역시 아드라스테아와 비슷한 특징을 가지고 있는데 그 크기만 $60 \times 40 \times 34$km로 약간 크다.

이 중에 아드라스테아는 메인 링 바로 밖에서 양치기와 같은 역할을 하고, 메티스는 1,000km 더 안쪽인 128,000km 떨어진 공전 궤도를 돌면서 고리에 무늬를 형성하는 역할을 하는 것으로 보인다.

한편, 천왕성에는 확실하게 양치기 위성 역할을 하는 코델리아(Cordelia)와 오펠리아(Ophelia)가 존재한다. 코델리아는 천왕성의 가장 안쪽에 있는 위성으로 크기는 $50 \times 36 \times 36$km이고, 천왕성에서 평균 49,750km 정도 떨어진 궤도를 공전하고 있다. 공전 주기는 0.335일 정도인데, 이 위성의 바로 밖에 천왕성의 엡실론 고리가 존재하고 있고, 그 밖에 오펠리아라가 있다. 오펠리아는 크기가 $54 \times 38 \times 38$km 정도이고 천왕성에서 평균 53,760km 떨어진 궤도를 공전하고 있다.

해왕성 역시 고리를 지니고 있는데 위성 갈라테아(Galatea)와 애덤스 고리가 상호 작용을 하는 것으로 보인다. 즉 위성 갈라테아가 애덤스 고리 안 1,000km 정도에서 이 고리에 중력을 통해 영향을 미쳐, 양치기 같이 보호하는 것으로 생각된다.

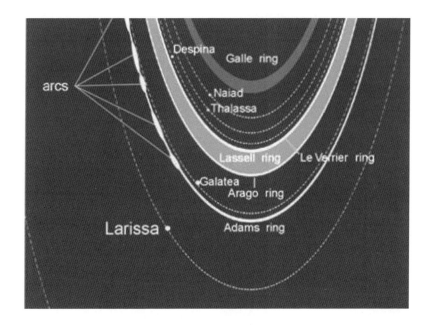

그리고 아마도 아직 밝혀지지 않은 다른 위성 하나가 애덤스 고리에 더 영향을 미치고 있는 것으로 보인다.

이와 같은 양치기 위성은 사실 고리 시스템을 가진 행성에서 드물지는 않을 것으로 생각된다. 그리고 이런 현상은 외계 행성 시스템에도 적용될 것 같다.

2. 타이탄

타이탄은 토성의 가장 큰 위성으로, 지구를 제외하고는 표면 액체의 증거가 확인된 유일한 천체이다.

타이탄은 토성에서 두 번째로 멀리 떨어져 있고, 지구의 달보다 지름이 50% 더 크고, 질량은 80% 더 크다. 목성의 달 가니메데 다음으로 태양계에서 두 번째로 큰 위성이고, 수성보다 크나 질량은 40%에 불과하다.

타이탄은 얼음 지각, 암모니아가 풍부한 액체 물의 지하층이 포함된

다양한 얼음층과 암석 중심부로 분화된 것으로 보인다.

불투명한 대기의 존재는, 카시니호가 탐사하기 전까지 이해할 수 없는, 난해한 대상이었다.

타이탄의 대기는 대부분 질소이고, 그 외의 미세 성분들은 메탄과 에탄 구름, 오르가논 질소 연무를 형성하고 있다. 바람과 비를 포함한 기후는 모래언덕, 강, 호수, 바다(액체 메탄과 에탄), 델타와 같은, 지구와 유사한 표면 특징을 만들어 내며, 계절적 기후 패턴도 조성한다.

타이탄

타이탄의 메탄 순환은 지구의 물 순환과 유사하게 일어난다. 비록 온도가 약 94K로 훨씬 낮지만 말이다. 이러한 요인들 때문에, 타이탄은 태양계에서 가장 지구와 비슷한 천체로 묘사되어 왔다.

✳ 토성에서 멀어지고 있는 타이탄

타이탄이 토성으로부터 멀어지고 있다는 사실은 익히 알려져 있다. 그런데 최근 JPL 연구팀의 분석 결과, 예상보다 100배나 빠르게 멀어지고 있다는 사실이 밝혀져 학계를 놀라게 했다.

위성의 궤도는 여러 가지 요인에 의해 바뀔 수 있는데, 달 역시 지구에서 조금씩 점점 멀어지고 있다. 지구와 달 사이의 조석 마찰로, 에너지를 잃고 있기 때문이다. 달은 현재 지구에서 1년에 3.8cm 정도 멀어지고 있다. 이 수치는 아폴로 탐사 시대에 달 위에 설치한 특수한 거울을 이용해, 레이저로 거리를 측정해 얻어낸 수치이다. 하지만 다른 위성이 모행성에서 멀어지는 거리는 실측할 수 있는 장비를 설치할 수 없어서 추정에 의지해 왔다.

그런데 최근에 JPL의 발레리 라이니(Valéry Lainey)가 이끄는 연구팀이 카시니호 데이터 두 가지를 분석해서, 타이탄이 토성에서 멀어지는 속도를 정밀하게 측정해 냈다. 첫 번째 데이터는 타이탄의 사진으로, 배경이 되는 별의 위치를 기준으로 타이탄의 궤도를 조사했다. 두 번째는 카시니호의 속도를 통해서 타이탄의 중력을 측정하는 방식이었다. 즉 중력을 통해 위치를 역으로 추정한 것이다. 그 결과, 두 데이터 모두 타이탄이 토성에서 1년에 11cm 정도 멀어진다는 사실을 보여줬다.

과학자들은 오랫동안 타이탄이 토성에서 연간 0.1cm 정도 멀어질 것으로 예상해 왔는데, 그 이유는 토성이 지구처럼 복잡한 지형을 지닌 행성이 아니라, 표면이 없는 가스 행성이고 조석 작용으로 인한 마찰도 없을 것으로 보았기 때문이다. 하지만 이제는 토성의 실체가 우리가 알고 있던 것과 다르다는 사실을 알았으니, 멀어지는 거리뿐 아니라, 추정의 기반으로 삼았던 이론까지도 수정해야 할 것으로 보인다.

연구팀은 타이탄이 토성에 미치는 중력 영향이 생각보다 크고, 토성 표면에 특정 파장의 진동을 만들며 많은 에너지를 소모하고 있다는 가설을 내놓았다. 하지만 아직은 근거가 부족한 가설일 뿐이다.

✳ 신비한 대기

지난 수십 년간 해결하기 어려웠던 타이탄 대기의 미스터리 중 하나가 최근에 풀렸다.

타이탄의 대기에는 톨린이라는 유기화학 분자가 다량으로 포함되어 위성을 안개처럼 감싸고 있다. 그런데 이 안개에 디시아노아세틸렌(Dicyanoacetylene, C_4N_2)도 포함되어 있다는 사실이 알려지면서, 과학자들의 시선을 잡아당기게 되었다.

이 물질이 주목받은 것은 다른 행성이나 위성의 대기에서는 쉽게 볼 수 없는 물질이기 때문이다. 태양계에서는 타이탄에만 존재하며, 성층권 구름에 있는 얼음 입자 속에 들어있다.

그런데 오랫동안 이것이 어떻게 생성되었는지는 알 수 없었다. 타이탄의 대기에서 확인된 디시아노아세틸렌의 양이 이 구름이 만들어지는 데 소요되는 양의 1%에 불과했기에, 그 유입처와 생성 메커니즘이 미스터리 대상이 될 수밖에 없었다.

그런데 최근 NASA CIRS(Composite Infrared Spectrometer) 팀의 과학자인 캐리 앤더슨(Carrie Anderson)은 디시아노아세틸렌이 얼음 입자에서 화학 반응으로 꾸준히 생성된다는 이론을 발표했다.

타이탄의 얼음 입자에는 시아노아세틸렌(Cyanoacetylene, C_3HN)이 풍부하고, 이 얼음 입자 외부에는 사이안화수소(Hydrogen Cyanide, HCN)의 막이 존재한다. 바로 이것들이 태양 에너지를 이용해서 고체 상태에서 화학 반응을 일으켜, 더 복잡한 화합물인 디시아노아세틸렌을 합성한다는 것이다.

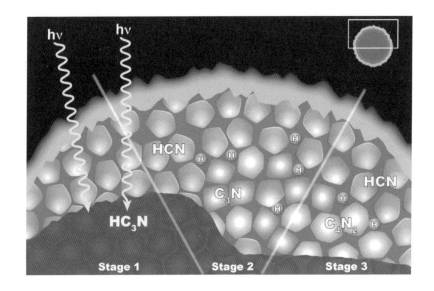

사실 타이탄의 대기는 그 자체로 태양계의 화학 공장이라고 부를 수 있을 정도이다. 대기의 복잡한 화학 반응은 태양계에서 가장 독특한 현상 가운데 하나이다.

이런 사실이 당장 우리에게 유용한 혜택이나 편의를 제공하지는 않지만, 외계 행성에서 일어날지도 모르는 다양한 화학 반응을 이해하는 데 큰 도움을 주는 것은 사실이다.

한편, 타이탄 대기의 주성분인 메테인은 지구의 물과 같은 역할을 하면서 다양한 기상 현상을 일으키고, 더 나아가 태양 빛에 의해 화학 작용을 일으켜 더 복잡한 탄화수소도 만든다.

보이저호의 관측 결과에서는 메테인은 물론 2개의 탄소 원자를 가진 분자인 에테인(Ethane), 에틸렌(Ethylene), 에틴(Ethyne), 그리고 3개의 탄소 원자를 가진 프로페인(Propane), 프로핀(Propyne)을 발견했다. 하지만 당연히 있을 것으로 여겨진 프로필렌(Propylene)은 발견되지 않아서, 과학자들의 주요 연구 대상이었다.

그런데 최근에 카시니호의 데이터를 분석한 과학자들이 프로필렌의 존재를 확인하는 데 성공했다. 사실 프로필렌은 타이탄의 대기 곳곳에 분포하고 있었다. 카시니호에 탑재된 합성 적외선 분광기(Composite Infrared Spectrometer)가 프로필렌 분자의 모습을 포착해서 과학자들이 보이저호 탐사 후부터 오랫동안 품고 있던 의문을 말끔히 해소해 주었다.

사실 프로필렌은 우리에게 매우 친숙한 물질이다. 음식물을 담는 반투명 용기에 주로 사용되는 플라스틱의 원료가 되는 물질이다. 또 액화석유가스로도 사용되고, 중합 가솔린의 제조 원료로 사용되며, 다양한 석유화학제품의 원료로써 여러 화학제품을 만드는 데도 사용된다.

대기 중에 프로필렌 분자가 있다는 것은 타이탄에는 더 다양한 탄화수소 분자들이 존재한다는 의미이기도 하다. 이것을 지구로 가져와서 사용하는 것은 비용과 에너지를 고려하면 타산이 맞지 않으나, 미래에 우주로 진출할 후손들은 탄화수소 원료를 지구가 아닌 타이탄에서 공급받게 될지도 모르겠다. 석유화학제품의 원료로 널리 쓰이는 프로필렌이 지구가 아닌 곳에서 확인되었다는 사실이 흥미롭다.

✳ 대기와 구름

타이탄은 상당한 대기층을 가진, 태양계의 유일한 위성으로 알려져 있으며, 지구의 대기층을 제외하고는 유일하게 질소가 풍부하다. 그리고 카시니호가 관측한 바에 따르면, 타이탄은 금성처럼 표면보다 훨씬 빨리 자전하는 대기를 가진 '슈퍼 로테이터(Super Rotator)'이다.

보이저호의 관측에 따르면, 타이탄의 대기는 지구보다 밀도가 높으며 표면 압력은 약 1.45 기압이다. 불투명한 연무 층은 태양과 다른 근원으로부터 광선을 대부분 차단하고, 타이탄의 표면 특징을 보호해 준다. 타이탄의 대기는 넓은 파장에서 불투명하기에, 표면의 완전한 반사 스펙트럼을 지구에서 얻는 것은 불가능하다. 그래서 2004년에 카시니-하위헌스호가 도착하고 나서야, 표면의 직접적인 이미지 데이터를 얻을 수 있었다.

타이탄의 대기 주된 구성 성분은 질소(97%), 메테인(2.7±0.1%), 수소(0.1-0.2%)이며, 에테인, 디아세틸렌, 메틸아세틸렌, 아세틸렌, 프로페인과 같은 미량의 탄화수소 및 시아노아세틸렌, 시안화수소, 이산화탄소, 일산화탄소, 시안젠, 아르곤, 헬륨과 같은 기타 가스들이 있다.

탄화수소 계열은 타이탄의 대기 상층부에서, 태양의 자외선에 의해, 메탄이 분해되어 스모그가 생성되는 과정에 형성되는 것으로 보이는데, 메탄의 궁극적인 기원은 극저온 화산에서 분출된 것일 개연성이 크다.

타이탄의 표면 온도는 약 94K이다. 이 온도에서, 얼음은 극도로 낮은 증기압을 가지고 있어서, 존재하는 작은 수증기는 성층권에 한정되어 있다. 타이탄에서는 햇빛이 표면에 닿기 전에 약 90%가 두꺼운 대기에 흡수된다.

대기 중 메테인은 타이탄의 표면에 온실 효과를 조성하지만, 대기의 안개는 햇빛을 흡수해 온실 효과 일부를 제거한다. 타이탄의 표면을 상층 대기보다 더 차갑게 만드는 반 온실 효과를 일으키는 것이다.

메테인, 에탄 또는 다른 단순한 유기 물질로 구성된 것으로 추정되는 구름은 흩어져 있고 연무를 내뿜는다. 일반적으로 구름은 타이탄 디스크의 1%를 차지하지만, 구름의 범위가 8%까지 급속히 확장되는 폭발 현상이 관찰되기도 한다.

이를 설명하는 가설은, 여름 동안 높아진 일조량이 대기 중에 대류를 일으킬 때 상대적으로 따뜻한 구름이 형성된다는 것이다. 하지만 이런 가설은 하지 이후는 물론이고, 봄에도 구름 형성이 관측됐다는 사실 때문에 지지받지 못하고 있다.

✳ 고도의 거대 구름

타이탄은 태양계에서 가장 두꺼운 대기를 가지고 있는데, 이 대기에서는 매우 독특한 현상이 일어나고 있다.

대기 중 탄화수소 분자가 서로 결합해서 더 복잡한 유기물을 만들어 내고, 단순한 메테인이나 에테인 같은 액화천연가스 성분이 구름을 만들어 낸다.

이외에 이보다 더 독특한 기상 현상도 목격된 바 있다. 카시니호는 2012년에 타이탄의 남극에서 수백 마일에 이르는 거대한 소용돌이 구름을 목격했다. 토성이 29년을 주기로 태양 주위를 공전하기 때문에, 타이탄의 1년 역시 그 정도 되는데, 타이탄의 남극이 여름에서 가을로 변하는 과정에 이 소용돌이 구름이 생성된 것으로 보인다.

카시니호는 이 소용돌이 구름에 대해서 상세한 관측을 시행했는데, 뜻밖에도 이 구름은 형성되기 쉬운 낮은 고도에서 발생한 것이 아니라 무려 300km 상공에서 발생한 것이었다. 이 연구팀의 수장인 렘코 데 콕(Remco de Kok)은 높은 고도에서 거대한 구름이 형성된 사실에 대해 몹시 놀랐다고 말했다.

이 미스터리 구름은 연구자들의 시선을 단번에 잡아당겼는데, 카시니호에 탑재된 가시광 및 적외선 분광기인 VIMS(Visual and Infrared Mapping Spectrometer)는 이 구름에 대해 놀라운 정보를 더 알려주었다. 그것은 이 구름이 시안화수소(Hydrogen Cyanide)의 얼음으로 구성되어 있다는 사실이다. 맹독성의 물질인 시안화수소는 타이탄의 대기에 흔한 물질이 아니다.

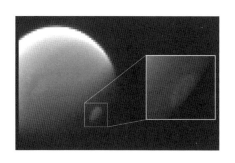

대기에 질소가 다량으로 분포하고 있고 탄화수소도 많아서 이 기체가 자연스럽게 소량이 생성되는 것은 사실이나, 이것들만 모여서 수백 킬로미터 상공에 올라가 구름을 형성한 것은 놀라운 일이 아닐 수 없다.

시안화수소 얼음 알갱이들이 모여 구름을 형성하려면 이 위치의 압력을 고려할 때 −148℃ 이하의 낮은 기온이 필요한데 이 기온은 과거의 과학자들이 생각했던 온도보다 훨씬 낮은 것이다. 카시니호의 CIRS(Composite Infrared Spectrometer)의 관측 결과는 타이탄의 남반구 대기의 온도가 생각했던 것보다 훨씬 빠르게 낮아지고 있다는 것을 추가로 알려주었다. 카시니호의 관측 결과가 아니었다면 이와 같은 기괴한 현상이 가능할 것이라고 누구도 예측하지 못했을 것이다.

하지만 그렇다고 하더라도 300km 고도에 지름 수백 마일 규모의 거대 독성 구름이 형성되는 메커니즘은 여전히 충분하게 설명할 수 없다. 어떻게 그 높은 고도에 독성 가스가 집중적으로 모일 수 있는지부터가 설명되지 않는다. 타이탄의 높은 상공에 피어난 독성 구름은 정말 미스터리다.

NASA의 연구 책임자 스콧 에딩턴(Scott Edgington)은 카시니호 임무 종료 시점까지 타이탄의 대기의 모습을 지속해서 관찰했으나, 타이탄의 한 계절의 길이가 7.5년에 달해서 원인을 찾는 데 한계가 있다고 말했다. 계절 따라 변하는 대기의 상태에 대한 종합적인 분석이 어렵다는 뜻이다.

남반구의 모습이 계절 따라 어떻게 변하는지 알기 어렵고, 계절이 바뀌면 북반구에서도 이런 모습이 나타나는 것인지, 남반구에만 생겼다가 그냥 사라지는 것인지를 도저히 알아낼 수 없기에 그의 연구는 한계가 있을 수밖에 없다.

카시니호의 수명이 더 길었으면 새로운 성과를 거둘 수도 있었겠으나 카시니호는 10년이 넘게 탐사하는 동안 연료가 거의 다 떨어져 임무 수행이 어려운 상태에 이르고 말았다. 그냥 두면 토성의 위성에 충돌할 가능성이 있고 위성을 오염시킬 수도 있어서 안전하게 토성의 대기에 충돌시켜 태워버렸다.

✳ 타이탄의 단층대

타이탄은 두꺼운 대기와 호수가 있는 표면을 지니고 있다. 뿌연 안개 같은 탄화수소의 증기 때문에 표면 지형을 자세히 볼 수는 없으나, 카시니호는 레이더를 이용해서 탄화수소 호수와 다양한 지형을 관찰했다. 그 결과 타이탄이 지구처럼 복잡하고 다양한 지형을 지닌 위성이라는 사실이 밝혀졌다.

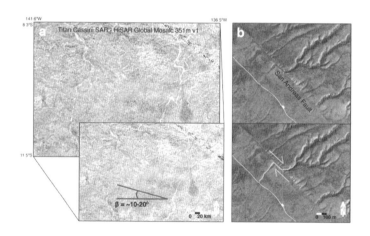

한편, 하와이 대학의 해양 및 지구 과학기술부의 과학자들은 타이탄 지각에 관한 연구 모델을 통해, 얼음 지각 표면에 샌안드레스 단층(San Andreas Fault)과 유사한 단층대가 존재할 가능성을 제기했다.

얼음 지각에 단층이나 균열을 지닌 위성은 생각보다 많은 편이다. 대표적인 예로 목성의 위성인 유로파와 토성의 위성 엔셀라두스가 있는데,

이들은 표면에 큰 균열이 있고 여기에서 간헐적인 수증기 분출이 발생하고 있다. 얼음 지각 아래 액체 상태의 물이 존재하고 그것이 모행성의 중력 변화에 동력을 얻어 외부로 분출되는 것이다.

그런데 유로파와 엔셀라두스가 그렇다면 타이탄도 마찬가지일 가능성이 높다. 타이탄 역시 지각 아래에 액체 상태의 물이 존재하며, 토성을 공전하면서 중력의 세기가 변해 단단한 얼음 지각에 균열이 생기고 지속해서 힘을 받을 수 있다. 물론 단층이나 판 구조를 구체적으로 확인한 것은 아니지만, 과학자들이 단층의 증거로 보이는 지형을 찾아낸 것은 사실이다.

단층이나 지각판 운동이 실제로 발생하는지 확인하기 위해서는 지표를 직접 탐사해야 하는데, 이 임무는 타이탄 표면을 날아다니면서 탐사할 드래곤플라이 탐사선의 임무다.

✳ 타이탄 사구

타이탄은 태양계의 위성 가운데 가장 독특한 위성이다. 두꺼운 대기를 지니고 있을 뿐 아니라, 표면에 액체를 지니고 있어, 지형이 다양하고도 특별하다. 그런 특성에는 거대한 탄화수소 호수나 유기물이 풍부한 대기만이 아니라, 적도에 펼쳐진 거대한 사구 지형도 포함된다.

최근에 독일 행성 과학 연구소의 제레비 브로시어(Jeremy Brossier) 연구팀은 카시니호가 보내온 데이터를 분석하여, 타이탄의 거대 사구 지형의 생성 과정을 조사했다. 그 결과, 타이탄의 사구 지형 역시 지구에서 흔히 볼 수 있는 사구 지형과 생성 과정이 비슷한 것으로 나타났다.

다만 모래가 아니라 톨린과 물이 얼어 형성된 입자로 구성된 사구라는 점이 지구와 다르다. 이번 연구에서 과학자들은 카시니호의 VIMS 장치 관측 데이터를 기반으로, 실험실에서 타이탄 표면의 지질학적 과정을 재

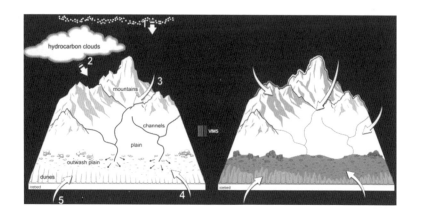

구성했다. VIMS는 일종의 카메라로, 일반적인 카메라와의 차이점은 특정 파장에서 관측하는 것이 아니라, 300-5,100nm의 매우 넓은 파장에서 사진을 촬영한다는 사실이다. 물질마다 반사되는 파장이 조금씩 달라서, 과학자들은 VIMS의 데이터를 분석하여 타이탄 표면의 물질 구성을 알아낼 수 있었다. 물론 이를 통해 사구 지형뿐 아니라 타이탄의 지형 생성원인도 조사할 수 있다.

사구 형성의 첫 단계는 타이탄 적도 부근의 산에 탄화수소 구름이 걸려있다가 여기서 탄화수소가 응결되어 눈과 비로 내리는 것이다. 분자량이 큰 톨린의 경우 액체 상태보다는 고체 상태의 얼음 입자로 존재하게 되는데, 액체 메테인의 비가 내려 지형을 침식하고 입자들을 하류로 흘려보내게 된다. 이 입자들은 하류의 평원에 쌓이게 되는데 메테인이 다시 증발해 사라져도 남아서 얼음 사막을 형성하기 시작한다. 그 후 여기에 바람이 불어와 거대한 사구 지형을 만드는 것이다.

이 사구 지형이 펼쳐진 얼음 사막의 면적이 나미브 사막과 비슷한 크기인 300만km²로 추정되는데, 큰 지형인 만큼 세부적으로는 매우 다양한 형태를 지니고 있을 것으로 예상된다. 더 흥미로운 사실은 여기에 물이 있다는 사실이다. 바로 여기에 있는 얼음 입자가 순수한 탄화수소가 아니라, 일부 물의 얼음을 포함하고 있다고 한다. 정말 신비롭다.

✴ 신비한 섬

태양계에서 표면에 액체 상태의 바다나 호수가 있는 천체는 지구와 타이탄뿐이다. 다만 지구에서는 물이 주성분이고 타이탄에서는 탄화수소가 주성분이라는 분명한 차이는 있다. 그래서 타이탄의 표면에는 강, 호수, 섬 같은 지형 외에, 지구에서는 존재할 수 없는 지형지물도 관찰된다.

카시니호는 타이탄의 표면에서 이와 관련된 아주 특이한 현상을 발견했다. 섬이나 육지 지형이 사라지거나 혹은 갑자기 나타나는 현상이 그것이다. 미스터리 섬이라고 이름 붙여진 이 지물의 정체에 대해서는 아직 어떤 결론도 내리지 못한 상태이다.

그런데 막연한 억측만 난무하는 첫 번째 이유는, 지형을 세밀하게 관측하기가 불가능한 상태이기 때문인 것 같다. 타이탄의 대기는 짙은 안개 같은 탄화수소 구름으로 덮여있어 표면을 직접 관측하기가 힘들다. 그래서 레이더를 이용해 표면을 관측하기에, 실제 표면의 모습이 아니라 반사된 전파를 모아서 만든 지형도를 살필 수밖에 없다. 그래서 이 마법의 섬의 실체를 파악하는 데는 근본적인 한계가 있다.

프랑스와 멕시코의 과학자들은 Nature Astronomy에 이것이 탄화수소의 표면에 형성된 거품일 가능성이 크다는 주장을 내놓았다. 사실 이것은 호수나 바다의 수위와 관련 없이 생성되었다가 사라지기에, 견고하게 고정되어 있는 지형지물이 아닐 가능성이 제기되는 것이다.

연구팀은 타이탄의 바다 구성 성분과 온도를 기반으로 컴퓨터 시뮬레이션을 진행해, 질소의 거품이 형성되어 표면으로 분출될 수 있다는 결론을 얻어냈다. 물의 거품은 곧 사라지지만, 탄화수소의 거품은 더 오래 지속될 수 있다.

만약 이런 추정이 사실이라면, 언젠가 타이탄의 바다를 직접 눈으로 보게 되었을 때 우리는 바다에 떠 있는 거대한 비누 거품 같은 구조물을 발견하게 될 것이다.

현재 탐사선을 타이탄에 바다에 띄울 계획을 하고 있는데, 아직 발사까지는 많은 시간이 남아있어서 이에 관한 비밀을 푸는 데는 시간이 꽤 걸릴 것 같다. 과연 진짜 거품일지 아니면 상상하지 못했던 다른 구조물일지 궁금하다.

✳ 미니 나일강

2012년 12월에 JPL은 카시니호가 타이탄의 표면에서 찾은 강의 모습을 매우 상세한 이미지로 추출하는 데 성공했다. 타이탄의 표면은 사실 탄화수소 화합물로 구성된 연기 같은 두꺼운 대기에 가려져 있어서, 레이더를 사용해야만 고해상도 표면 지도를 그릴 수 있다. 카시니호는 이 방법으로 타이탄 표면을 관측하여, 그 안에서 약 400km에 달하는 강의 모습을 찾아냈다. NASA는 이를 미니 나일강(Mini Nile River)으로 부르기로 했다.

이 연구에 참여한 과학자인 Jani Radebaugh는 강의 모습이 생각했던 것보다 직선에 상당히 가깝다며, 이것이 타이탄 표면이 지각 단층선을 따라 흐르는 것 같다고 언급했다. 이에 관한 연구는 더 해봐야 알겠으나 타이탄 강의 전체적인 모습은 지구의 것과 매우 비슷하다.

하류로 갈수록 강줄기는 굵어지고, 여러 지점에서 지류와 합쳐져 더 큰 줄기를 이루며, 거대한 호수와 만나는 지점에서는 삼각주와 비슷한 지형을 형성한다.

이번에 발견된 미니 나일강은 지구의 나일강 길이의 10분의 1 이하 수준으로, 길이가 대략 400km 정도 된다. 그러나 지구와 타이탄은 전체적

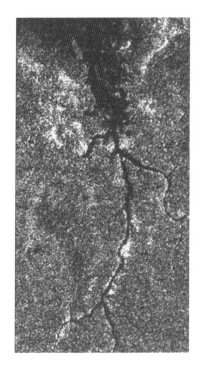

인 크기가 상당히 차이가 나기에, 결코 작은 크기가 아니다.

흐르는 것이 물이 아니라 액체 탄화수소지만, 지구 이외의 천체에서 액체가 흐르고 있는 강이 있는 곳은 타이탄이 유일하기에 상당한 의미가 있다. 물론 과거의 화성에도 큰 강이 흐르고 호수와 바다도 존재했던 것으로 보이지만, 그것은 정말 아득한 과거 시점에 있었던 일이고 현재는 간신히 그 흔적만 남아있다.

타이탄에 관한 보다 자세한 관측이 가능해지면, 지구의 강과 호수와는 다른 타이탄의 강과 호수, 그리고 그와 연관된 지형들에 대해 많은 데이터를 얻을 수 있을 것이다. 과연 타이탄의 강과 그 주변 지형에는 어떤 특징들이 숨어있을지 궁금하다. 우리가 상상하지도 못했던 현상들이 그 속에 숨어있을 수 있고, 나아가 지구의 생물과는 근본적으로 다른 생물들이 발견될 수 있을지도 모른다.

✳ 호수와 수로

탄화수소 호수의 존재 가능성은 보이저호가 처음 제시했지만, 1995년에 허블 우주 망원경의 관측 데이터를 비롯한 다른 데이터들을 통해, 위성 전체에 지구상의 물과 비슷한 액체 메테인이 산재하고 있다는 사실을 알기 전까지는, 호수의 존재에 대해 확신을 갖진 못하고 있었다.

그 후 카시니호 미션이 그 가설이 사실임을 확인해 줬다. 2004년에 카시니호가 토성계에 도착했을 때, 탄화수소 호수나 바다가 표면에서 반사되는 햇빛으로부터 감지될 것으로 기대했지만, 처음에는 그 반사가 관찰되지 않았다. 하지만 얼마 후에 타이탄의 남극 근처에서 온타리오 라쿠스(Ontario Lacus)라는 이름의 어두운 지형이 확인되었다. 이 지역은 호수일 게 거의 확실했다.

2006년 7월에 카시니호의 레이더가 당시 겨울에 있었던 북반구에 근접 촬영을 시도했고, 마침내 북극 근처에서 크고 매끄러운 패치들을 포착해 냈다. 이 관측 결과를 바탕으로, 과학자들은 2007년 1월에, 타이탄에서 메테인으로 가득 찬 호수의 명백한 증거를 찾아냈다고 발표했다.

카시니호 미션 팀은 이 이미지화된 특징들이 지구 밖에서 발견된 최초의 액체 호수라고 결론지었다. 일부 지역에는 액체와 관련된 수로가 보였는데, 액체 침식의 특징은 최근에 일어난 것으로 보였다.

일부 지역의 수로에는 아주 적은 침식만 있었는데, 이는 타이탄에서의 침식이 극도로 느리거나, 최근에 일어난 다른 현상들이 오래된 강바닥과 지형들을 지워버렸을 수도 있음을 암시하는 것이었다.

그렇게 호수와 수로가 확인되었으나 전체적으로 보면, 호수와 수로는 표면의 극히 일부만을 덮고 있었기에, 타이탄은 지구보다 훨씬 건조한 곳이었다. 호수 대부분은, 태양광이 상대적으로 부족해 증발을 막아주는, 극지방 근처에 집중되어 있었다. 샹그릴라 지역의 하위헌스호 착륙장 근처를 포함한 적도 지역에도 호수 몇 개가 있었으나 규모가 작았다. 적도의 호수들은 지하 대수층이 기반인 오아시스 형태로 보였다.

카시니호는 탐사 초기에 이미 호수와 수로의 존재를 확인했으나 그 후에도 그에 관한 탐사를 지속했고, 성과도 이어졌다. 2008년 6월에 카시니호의 가시광선 및 적외선 지도 분광기는, 온타리오 라쿠스에서 의심할 여지 없는 액체 에테인의 존재를 다시 확인했고, 2008년 12월에는 온타리오 라쿠스 상공을 직접 통과하여 레이더에서 거울반사 현상을 관측했다. 반사의 강도는 탐사선의 수신기를 만족시켰는데, 이는 표면의 바람이 최소이거나 호수의 탄화수소 유체의 점성이 강하다는 것을 의미한다.

2009년 7월에 카시니호의 VIMS는 북극 지역의 징포 라쿠스(Jingpo Lacus)라고 불리는 곳에서, 매끄러운 거울 같은 표면을 나타내는 특별한 반사를 관찰했다. 거울반사는 레이더 영상에서 추출한 큰 액체 물체의 존재에 대한 추론을 뒷받침한다.

2014년에 발표된 분석에서는, 타이탄의 메테인 바다 3개의 깊이를 더 완벽하게 그려냈다. 리게이아 마레의 평균 깊이는 20~40m이고, 어떤 지역은 레이더 반사가 전혀 기록되지 않아 200m 이상의 깊이인 것으로 보였다. 타이탄의 메테인 바다 중 두 번째로 큰 바다인 리게이아 마레는, 미시간(Michigans) 호수 3개를 채울 만큼 많은 액체 메테인을 담고 있었다.

리게이아 마레

리게이아 마레

2013년 5월에 카시니호의 레이더 고도계는 타이탄의 두 번째로 큰 탄화수소 바다인 리게이아 마레와 연결된 배수망인 비드 플루미나(Vid Flumina)를 관측했다. 수신된 고도계 에코를 분석한 결과, 수로는 경사가 급한 협곡에 있으며, 액체로 가득 차 있음을 시사하는 강한 표면 반사가 나타났다.

수로 시스템의 하위 지류에서도 스펙트럼 반사가 관찰되는 것으로 보아, 타이탄에 긴 수로의 존재를 보여주는 강력한 증거라 할 수 있다.

카시니호는 2006년부터 2011년까지 여섯 차례에 걸쳐 타이탄을 비행하는 동안, 타이탄의 변화하는 모양을 추론할 수 있는 방사선 추적 및 광학 항법 데이터를 모았다. 타이탄의 밀도는 암석의 60%, 물와 40% 정도인 물체와 일치한다.

그리고 연구팀의 분석에 따르면, 타이탄의 표면은 궤도를 돌 때마다 최대 10m씩 오르내릴 수 있다. 이 정도의 뒤틀림은 타이탄의 내부가 변형이 가능한 상태라는 뜻인데, 가장 가능성 있는 모델은 수십 킬로미터 두께의 얼음 껍질이 바다 위에 떠 있는 상태다.

2014년 7월에 NASA는 타이탄 내부의 바다가 사해만큼 짜다고 보고했다. 그리고 2014년 9월, 타이탄의 메테인 강우가 '알카노퍼(Alkanofer)'라고 불리는 지하의 얼음 물질 층과 상호 작용하여, 강과 호수로 흘러들어 갈 수도 있는 에테인과 프로판을 생성할 수도 있다고 보고했다.

2016년에 카시니호가 타이탄에서 리게이아 마레로 흘러드는 깊고 가파른 면의 협곡에서 유체로 가득 찬 수로의 증거를 발견했다. 협곡의 이 수로는 깊이가 240~570m에 이르며 40°의 가파른 옆면을 가지고 있는데, 지구의 그랜드 캐니언과 같이 지각 상승과 해수면 하강의 조합으로 형성된 것으로 여겨진다.

✴ 타이탄에 잠수함을

NASA는 지구 이외의 천체에 있는 바다를 탐사하려는, 야심 찬 계획을 세우고 있다. 물론 그 대상은 한정되어 있다. 얼음 지각 밑에 바다가 있을 것으로 예상되는 유로파와 엔셀라두스, 그리고 표면에 탄화수소 호수가 있는 타이탄이 그 대상이다.

이 가운데 유로파와 엔셀라두스의 바다는 두꺼운 얼음층에 덮여있어서 탐사선을 보내기 어려워, 현재는 간헐천이 내뿜는 증기를 통과하는 방법을 연구하고 있을 뿐이다. 그렇지만 타이탄은 표면의 거대 호수에 바로 탐사선을 보내면 되기에, 우선 탐사 대상으로 주목하고 있다.

물론 타이탄의 거대 호수를 탐사하는 일 역시 그렇게 간단한 문제가 아니다. 카시니호의 탐사 덕분에 호수의 정확한 크기와 위치는 알아냈으나, 깊이를 비롯한 다른 물리량에 관한 정보는 없는 상태이다. 특히 이 호수는 물이 아니라 극저온의 액체 탄화수소로 이뤄져 있어서 지구의 호수와는 환경이 완전히 다르다. 그래서 이런 곳에 보낼 잠수함을 개발하기 위해서는 많은 연구가 필요하다.

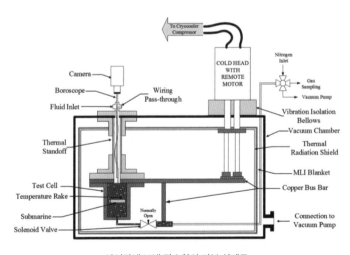

타이탄에 보낼 잠수함의 기본 설계도

이에 관한 대표적인 연구팀은 워싱턴 주립대학의 연구팀이다. 이 팀은 극저온, 고압 환경에서 견딜 수 있는 잠수함, 센서, 전자 계통을 테스트하기 위해, 모의 환경을 만들어서, 그 안에서 발생할 수 있는 상황에 관해서 연구하고 있다.

이런 환경에서는 센서나 전자 계통, 동력 계통이 극심한 스트레스를 받게 된다. 그리고 극저온의 액체 탄화수소 속에 열을 내는 탐사선이 들어가게 되면 메테인과 질소 등이 다시 기화되면서 거품이 발생할 수 있다. 이런 현상이 발생하면 잠수함을 통제하기 어려워진다.

타이탄에 액체 호수가 있다는 사실을 알아낸 것도 그리 오래되지 않았는데, 인류는 벌써 그 호수에 잠수함을 보내어 그 속을 탐사할 꿈을 꾸고 있다. 천체의 미스터리야말로 인류를 끊임없이 꿈꾸게 하는 것 같다.

✳ 얼음 화산과 산(Cryovolcanism and Mountains)

타이탄 표면의 호수 분포에 대한 지도는, 대기에 메테인이 지속해서 존재하는 것을 설명하기에 충분하지 않다는 것을 드러냈기에, 상당한 양의 메테인이 화산 활동을 통해 추가될 것으로 추정할 수밖에 없게 되었다.

문제는 아직도 극저온 화산으로 해석할 수 있는 표면 특징이 부족하다는 것이다. 2004년 카시니호의 레이더 관측으로 밝혀진, 대표적인 특징 중 하나인 가네사 마쿨라(Ganesa Macula)는 금성에서 발견된 '팬케이크 돔(Pancake Domes)'과 유사하여, 2008년 12월에 미국 지구 물리학 연합 연례 회의에서 이 가설을 반박하기 전까지는, 극저온 화산으로 여겨왔다.

하지만 다시 분석해 본 결과, 밝고 어두운 패치의 우연한 조합에서 비롯된 것으로 판명되었고, 2004년에 카시니호가 극저온 돔으로 해석되는, '토르톨라 파쿨라'라 불리는 특징을 발견하기도 했지만, 이 역시 착각으로 판명되었다.

그러다가 2008년 12월에야 화산과 관련된 결정적 근거가 발견되었다. 타이탄의 대기에서 비정상적으로 오래 지속되는 '밝은 점(Bright Spots)' 두 개가 발견되었는데, 단순한 기상 패턴으로는 설명할 수 없을 정도로 지속되었기에, 극저온 화산의 결과물로 인정하게 되었다.

그리고 길이 150km, 폭 30km, 높이 1.5km의 산맥도 카시니호에 의해 발견되었는데, 얼음 물질로 이루어져 있고 메테인 눈으로 덮여있는 것으로 생각되며, 근처의 충돌분지에 의해 영향을 받은 지각판의 움직임으로 산의 물질이 부풀어 오른 것으로 보인다. 그러나 화산 활동의 증거는 여전히 부족한 상태다.

어쨌든 카시니호의 정밀한 탐사가 있기 전에는, 과학자들은 타이탄 지형 대부분이 충돌 구조물일 것으로 추정했으나, 이 발견들은 산들이 지구와 비슷하게 지질학적 과정을 통해 형성되었다는 것을 알게 됐다.

하지만 2008년에 Ames Research Center의 행성 지질학자인 제프리 무어가 타이탄의 지질에 대한 새로운 견해를 제시했다. 그는 타이탄에서 지금까지 명확하게 확인된 화산 특징이 없다는 점에 주목하면서, 타이탄은 충돌 분화, 충적층 및 빙하 침식, 기타 외부 생성 과정에 의해서만 표면이 형성되는 지질학적으로 죽은 세계라고 주장했다. 이 가설에 따르면, 메테인은 화산에 의해 배출되지 않고 타이탄의 차가운 내부에서 서서히 확산한다.

가네사 마쿨라(Ganesa Macula)의 경우, 중앙에 어두운 사구가 있는 침식된 충돌 분화구일 수 있다. 일부 지역에서 관측된 산악 능선은, 대형 다중 고리 충격 구조의 심하게 열화된 스카프 또는 내부의 느린 냉각으로 인한 수축의 결과로 설명될 수 있다.

밝은 Xanadu 지형의 경우는, 칼리스토 표면에서 관측된 것과 유사하게 심하게 분화된 지형일 수 있다. 실제로 대기가 부족하지 않았다면 칼리스토는 이 시나리오에서 타이탄 지질학의 모델이 될 수 있을 것이다. 하지만 제프리 무어의 주장이 대세가 될 수는 없을 것 같다. 화산 특징이 부족하긴 해도, 탐사 데이터와 그에 관한 연구가 늘어날수록, 그에 관한 근거가 쌓여가고 있기 때문이다.

2009년 3월에는 타이탄의 Hotei Arcus라고 불리는 지역에서 용암류와 비슷한 구조물이 발견되었는데, 몇 달에 걸쳐 밝기가 변동하는 것으로 보였다. 이것을 설명하기 위해 많은 현상이 제시되었지만, 용암 표면 아래에서 분출된 것일 가능성이 크다.

2010년 12월에 카시니호 미션 팀은 지금까지 발견된 것 중 가장 놀라운 극저온 화산의 존재를 발표했다. 소트라 파테라(Sotra Pattera)라는 이름의 이 산은 적어도 세 개의 산으로 이루어진 사슬로 있으며, 각각의 높이는 1,000~1,500m이고, 몇 개는 큰 분화구에 의해 덮여있으며, 주변의 땅은 얼어붙은 용암 흐름에 의해 덮여있는 것처럼 보였다.

타이탄의 극지방에서도 칼데라와 같은, 극저온 폭발을 통해 형성된 것으로 추정되는 분화구 지형이 확인되었다. 이러한 지형은 때때로 중첩되어 있으며, 높은 테두리, 후광, 내부 언덕 또는 산과 같은, 폭발 및 붕괴를 암시하는 특징을 가지고 있다.

그리고 타이탄의 최고봉 대부분은 적도 부근에서 소위 '리지 벨트(Ridge Belts)'라고 불리는 곳에서 발견되는데, 이들은 지각판의 충돌과 좌굴에 의해 형성된 로키산맥이나 히말라야산맥과 같은 지구의 굴곡진 산이나, 녹는 하강 판에서 솟아오른 안데스산맥과 같은 섭입대 같은 것으로 여겨진다.

그런데 이러한 지형들이 형성될 수 있는 메커니즘은 토성으로부터의 조석력이다. 타이탄의 얼음 맨틀은 지구의 마그마 맨틀보다 점성이 덜하고, 얼음 기반암은 지구의 것보다 부드러워서, 모행성의 조석력이 없다면, 산이 지구의 그것만큼 높아지지 못할 것이다. 2016년에 카시니호 미션 팀은 가장 높은 산이라고 생각하는 것을 발표했는데, Mithrim Montes 산맥에 있는, 높이 3,337m의 봉우리였다.

얼음은 물보다 밀도가 낮아서, 타이탄의 물 마그마는 단단한 얼음 지각보다 밀도가 높다. 이것은 타이탄에 있는 극저온 화산 활동이 작동하기 위해서는 토성 근처에서 오는 조석 굴곡을 통해 많은 양의 추가 에너지가 필요하다는 것을 의미한다.

✳ 검은 적도 지형

2000년대 초, 천체 망원경으로 촬영한 타이탄 표면의 이미지에, 어두운 지형이 적도에 걸쳐있는 게 드러났는데, 카시니호가 도착하여 살피기 전까지는, 이 지역을 액체 탄화수소 바다로 여겼다.

그런데 카시니호에 의해 포착된 레이더 이미지에 따르면, 이 지역 중 일부는 긴 사구로 덮여있는, 높이가 약 100m, 폭이 약 1km, 길이는 수십에서 수백 킬로미터에 이르는 광범위한 평원이다.

이런 사구의 방향은 평균 풍향에 순응한다. 타이탄의 경우, 안정적인 지역풍이 조석풍(초속 약 0.5m)과 결합한다. 조석풍은 토성의 조석력의 결과로, 지구에 있는 달의 조석력보다 400배나 더 강하고, 적도를 향해 바람을 몰아가는 경향이 있다. 이런 풍향 패턴은 서쪽에서 동쪽으로 정렬된, 긴 사구의 표면에 과립 물질이 점차 쌓이게 하고, 사구의 정상 부근은 바람의 방향을 따라 부서지게 된다.

타이탄의 모래는 지구의 모래처럼 규산염의 작은 알갱이들로 이루어진 것이 아니라, 액체 메테인의 비가 물-얼음 기반암을 침식했을 때나, 갑작스러운 홍수의 결과로 만들어진 입자일 수 있으며, 대기 중 광화학 반응으로 생성된 톨린이라는 유기 고체(Organic Solids)에서 비롯된 것일 수도 있다.

타이탄 사구의 모래 밀도는 낮은 편이다. 낮은 밀도와 타이탄 대기의 건조함이 합쳐지면 정전기로 인해 알갱이들이 뭉치게 될 수 있다. 그리고 추분 무렵에 부는 강한 다운 버스트 바람은, 마이크론 크기의 고체 유기 입자를 사구에서 끌어올려 먼지 폭풍을 만들어 낼 수도 있다.

✳ 탄화수소 호수와 생명체

현재까지 알려진 바에 의하면, 태양계에서 지구 이외에 액체 상태의 물이 있고, 강과 호수가 있는 장소는 타이탄이 유일하다. 그러나 액체 대부분이 메테인이나 메테인보다 좀 더 복잡한 탄화수소다. 물과는 거리가 있는 원소들이다. 우리가 아는 생명체는 모두 물에 기반하고 있어, 타이탄의 차가운 탄화수소 호수는 생명체가 살 수 없는 공간으로 여겨진다.

하지만 이런 관점은 지구에 살고 있는 인간의 관점이다. 우리의 관점에서 바라보는 시각은 진리가 아닐 수 있을 뿐 아니라, 편협된 사고에서 비롯된 무지한 발상일 수 있다는 말이다. 그렇기에 어쩌면 타이탄의 호수에는 우리가 전혀 상상하지 못하는 생명체가 있을지도 모른다.

탄소와 수소는 복잡한 유기 분자를 만들기에 적합한 질료들이고, 타이탄에는 이들 원소와 함께, 질소 같은 다른 원소들도 풍부하게 존재하기에, 이것들을 기반으로 복잡한 유기체가 발생할 수도 있다고 봐야 한다.

코넬 대학의 연구팀은 물 대신 메테인을 기반으로 한 생명체가 생성될 수 있는지를 연구했다. 화학 공학과의 제임스 스티븐슨(James Stevenson), 화학 분자 역학 전문가 팔렛트 클랜시(Paulette Clancy), 미국 코넬 대학의 전파 물리학자인 조나단 루닌(Jonathan Lunine) 등은 물이 아닌 메테인의 기반으로 한 생명체가 가능할지를 화학적 모델링으로 규명했다.

루닌은 카니시-하위헌스호 미션을 담당했던 과학자로, 이미 타이탄의 메테인-에테인 호수에서 생명체가 발생할 수 있는지에 관해서 관심을 가지고 있었기에, 연구를 주도하며, 화학자들의 도움을 받아 가능한 모델을 구상하게 되었다. 이들이 초점을 맞춘 것은 세포막이었다.

지구 생명체를 구성하는 가장 기본적인 구성 요소는 인지질(Phospholipid)로 된 세포막과 DNA 같은 유전 정보다. 세포막은 인지질과 단백질을 통해서 다양한 물질의 통로가 되며, 주변의 무생물 환경과 생물 환경을 나누는 결정적인 차이를 만든다. 그래서 모든 것을 다 버린, 최소의 생명체인 바이러스도 껍데기와 유전 정보는 버릴 수 없다.

연구팀은 타이탄의 호수에는 거의 존재하지 않는 산소를 제외한, 탄소, 질소, 수소를 기반으로 한 가상의 세포막을 연구했다. 여기에 아조토좀(Azotosome)이라는 명칭을 붙였는데, 이는 Nitrogen Body라는 의미입니다. 이 구조물은 세포 자체보다는 세포막 모델로 연구되는 리포좀(liposome)의 유사체라고 할 수 있다.

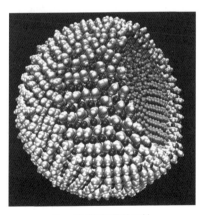

9nm의 아조토좀의 모형

연구팀에 의하면, 이 아조토좀은 리포좀과 유사하게 상당히 안정적인 구조였다고 한다. 특히 아크릴로니트릴 아조토좀(Acrylonitrile Azotosome)은 마치 인지질처럼 안전성과 더불어 유연성과 강도도 가졌다고 한다.

이를 확인한 연구팀은 앞으로 실제 메테인 환경에서 이 작은 아조토좀들이 어떻게 움직일 수 있는지를 연구할 계획이라고 한다. 아직은 학계의 집중조명을 받지 못하고 있으나 이런 연구의 시도는 엄청난 잠재력을 품고 있다.

만약 액체 상태의 물을 필요로 하지 않거나, 극저온의 세계에서 살 수 있는 생명체가 존재할 수 있다면, 우주는 우리가 상상하는 것 이상으로 다양한 생명체가 번성하는 장소일 수 있다. 현재 우리는 지구가 생명체가 존재할 수 있는 유일한 행성이고, 지구인이 우주 유일의 지성체라고 여기고 있으나, 자연의 창의성은 인간의 상상력보다 넓고 깊다는 사실을 상기할 필요가 있다.

✴ 프리바이오틱 상태 및 생명

타이탄은 복잡한 유기 화합물이 풍부한 프리바이오틱(Prebiotic) 환경으로 여겨지지만, 표면이 -179℃의 깊은 동결 상태에 있기에 생명체가 존재할 수 없다. 하지만 얼음 껍질 아래에 거대한 바다를 품고 있는 것으로 보이고, 그 바닷속 환경은 미생물에게 적합할 가능성이 크다.

카시니-하위헌스호 미션은 생물학적 특징이나 복잡한 유기 화합물에 대한 증거를 충분히 제공하지 못했으나, 타이탄 환경이 원시 지구와 유사한 면이 많다는 증거는 충분히 제시한 것 같다. 과학자들은, 초기 지구의 대기가 타이탄에 수증기가 부족하다는 사실을 제외하고는, 타이탄의 현재 대기와 구성이 비슷했을 것으로 추측한다.

밀러와 유리의 실험(Miller-Urey experiment)과 몇몇 후속 실험들은, 타이탄과 비슷한 대기에 자외선이 더해지면, 복잡한 분자와 톨린과 같은 고분자 물질이 생성될 수 있다는 것을 보여주었다. 실제 반응은 질소와 메테인의 해리로 시작되어, 시안화수소와 아세틸렌을 형성한다.

이외에 추가적인 반응도 광범위하게 연구되었는데, 타이탄의 대기에 있는 것과 같은 가스들의 조합에 에너지를 가했을 때, DNA와 RNA의 구성 요소인 뉴클레오티드 염기가 생성되었고, 단백질의 구성 요소인 아미노산도 발견되었다고 보고되었다.

2013년 4월에는 NASA가 타이탄의 대기를 시뮬레이션한 연구에 근거하여, 복잡한 유기 화학 물질이 타이탄에서 발생할 수 있다고 보고했고, 2013년 6월 6일에는 IAA-CSIC의 과학자들이 타이탄의 대기 상층부에서 다환방향족탄화수소(PAH)가 검출되었다고 보고했다.

그리고 2017년 7월에는 카시니호 미션의 과학자들이 타이탄의 대기 상층부에 탄소 사슬 음이온이 존재한다는 것을 확인했다. 이러한 고반응성 분자(Highly Reactive Molecules)는 성간 매질에서 복잡한 유기 물질을 만드는 데 기여하는 것으로 알려져 있었기에, 복잡한 유기 물질을 만드는 데 있어 보편적인 디딤돌이 될 수 있다고 강조했는데, 이틀 후에는 세포막과 소포 구조 형성과 관련 있는 아크릴로-니트릴(Acrylonitrile)이 타이탄에서 발견되었다고 추가로 보고했다.

그 후 2018년 10월에는 단순한 유기 화합물에서 복합 다환방향족탄화수소(PAHs, polynuclear aromatic hydrocarbons) 물질로의 저온 화학 경로를 보고했다. 이러한 화학적 경로는 타이탄의 저온 대기에서 PAHs가 존재할 수 있는 이유를 설명하는 데 도움이 될 수 있다.

한편, 이러한 연구 결과는, 생명체로 화학적 진화를 시작하기에 충분한 유기 물질이 타이탄에 존재하며, 현재 확인한 것보다 더 긴 기간 동안 액체 상태의 물이 존재했음을 시사한다.

하지만 현재 확인된 표층수가 없는 상태이기에, 이런 가설이 성립하려면, 액체 상태의 물이 동결 분리 층(Frozen Isolation Layer) 아래에 보존되어 있을 것이라고 가정해야 한다.

그래서 일부 학자들은 고심 끝에 액체 암모니아 바다가 지표면 깊은 곳에 존재한다는 가설을 세웠다. 또 어떤 이들은 얼음 지각 아래에 생명체가 생존할 수 있는 암모니아-물 용액이 있을 것이라고 제안하기도 했다.

어떤 가정이든, 내부와 상층 사이의 열전달(Heat Transfer)은 지면 아래의 생명력이 유지되는 데 매우 중요하다. 타이탄에서의 미생물 존재 여부는, 메테인과 질소 등의 질료 위에 생물 발생 메커니즘이 동작하는지에 달려있다.

어떤 과학자들은 지구의 유기체가 물속에서 사는 것처럼 타이탄의 액체 메테인 호수에도 생명체가 존재할 수 있다고 추측해 왔다. 그런 유기체가 실재한다면, 산소 대신 수소를 흡입하고 포도당 대신 아세틸렌으로 대사하며, 이산화탄소 대신 메테인을 내뿜을 것이다.

지구상의 모든 생명체는 액체 상태의 물을 용매로 사용한다. 물이 메테인보다 더 강한 용매이기는 하지만, 타이탄의 가상 생명체는 메테인이나 에테인과 같은 액체 상태의 탄화수소를 사용할 수 있을지 모른다.

사실 물을 용매로 사용하는 생명체가 무조건 유리한 것은 아니다. 물은 화학적으로 반응성이 강해서 가수분해를 통해 큰 유기 분자가 분해될 수 있으나, 용매가 탄화수소인 생명체는 이런 식으로 생체분자가 파괴될 위험이 적다.

2005년에 우주생물학자 크리스 맥케이(Chris McKay)는 타이탄의 표면에 메테인 생성 생명체가 존재한다면, 타이탄 대류권의 혼합 비율에 영향을 미칠 것이라고 주장했다. 수소와 아세틸렌 농도가 예상보다 낮을 것으로 보는 것이다.

지구상의 메테인 생성 유기체와 유사한 대사율을 가정한다면, 분자 수소의 농도는 가상의 생물학적 침강(Hypothetical Biological Sink)에 의해서만 타이탄 표면에서 1,000배 떨어질 것이다.

맥케이는 생명체가 실제로 존재한다면, 타이탄의 낮은 온도는 매우 느린 대사 과정을 초래할 것이지만, 효소와 유사한 촉매의 사용으로 빠르게 할 수도 있다고 지적했다. 그는 또한 메테인에 대한 유기 화합물의 낮은 용해도가 어떤 형태의 생명체에 대해서는 더 중요한 도전을 제시한다고 언급했다. 활성 수송 형태와 표면 대 부피 비율이 큰 유기체는 이런 사실에 의해 야기되는 단점을 줄일 수 있다.

2010년에 존스 홉킨스 대학의 대럴 스트로브는 타이탄의 상층 대기층에서 하층 대기층에 비해 더 많은 분자 수소가 존재함을 확인했으며, 비교적 빠르게 하강하면서 타이탄 표면 근처에서 수소가 사라진다고 주장했는데, 이런 연구 결과는, 맥케이가 예측했던 생명체가 메테인 생성 시 유발하는 효과와 일치했다.

같은 해, 또 다른 연구에서는 타이탄 표면에 아세틸렌의 수치가 낮게 나타났는데, 이는 탄화수소를 섭취하는 유기체의 가설과 일치한다고, 맥케이가 해석했다. 그는 생물학적 가설을 다시 언급하면서도, 수소와 아세틸렌 발견에 대한 다른 설명들, 예를 들어 아직 밝혀지지 않은 물리적 또는 화학적 과정(예를 들어 탄화수소 또는 수소를 수용하는 표면 촉매)의 가능성, 또는 물질 흐름 모델 등의 결함 가능성이 높다고도 주장했다.

한편, 아세틸렌 발견과 관련하여, NASA 우주생물학 연구소 타이탄 팀의 수석 연구원인 마크 알렌은 특별한 의견을 내놓았다. 햇빛이나 우주광선은 대기 중의 얼음 에어로졸에 있는 아세틸렌을 복잡한 분자로 변화시켜 땅으로 떨어트릴 수 있다고 했다.

NASA는 이런 다양한 논의에 대해서 다음과 같이 지적했다. "현재까지 메테인 기반 생명체는 가상에 불과하다. 과학자들은 아직 어디에서도 이런 형태의 생명체를 발견하지 못했다. 다만, 일부 과학자들이 이러한 화학적 특징이 원시적이고 이질적인 형태의 생명체가 존재한다는 주장을 뒷받침하거나 타이탄 표면에 생명체가 생기기 시작한 전조라고 믿고 있을 뿐이다."

한편, 2015년 2월에 극저온(Deep Freeze) 조건에서 액체 메테인에서 기능할 수 있는 가상의 세포막이 모델링되었다. 탄소, 수소, 질소를 포함하는 작은 분자들로 구성된 그것은 인지질, 탄소, 수소, 산소, 인의 화합물로 구성된 지구의 세포막과 같은 안정성과 유연성을 가지고 있다. 이 가상의 세포막은 질소를 뜻하는 프랑스어인 아조테(Azote)와 리포좀(Liposome)의 조합인 '아조토좀(Azotosome)'이라고 불리고 있다.

어떻든 이러한 가능성에도 불구하고, 타이탄에 실제로 생명체가 존재하려면 엄청난 장애물을 극복해야 한다. 태양으로부터 아주 먼 거리에 있는 타이탄은 차갑고, 온실 효과를 일으킬 만한 이산화탄소도 부족해 보이며, 대기의 조성도 생명체가 존재하기에 여전히 부적합해 보인다. 그리고 타이탄의 표면에는 물이 고체의 형태로만 존재한다.

그렇기에 우리가 기대하는 것만큼 생명체가 존재할 가능성이 높지는 않다. 하지만 이에 대한 탐사와 연구는 여전히 가치가 있다. 비록 생명체 자체는 존재하지 않을지 모르지만, 타이탄의 프리바이오틱 조건과 관련된 유기 화학은, 지구 생물권의 초기 역사를 이해하는 데도 도움이 된다.

✷ 타이탄의 생명체

타이탄의 생명체 존재 가능성은 오래된 논쟁거리다. 보는 시각에 따라서 생명체가 존재 확률이 급변할 수 있는 대상이 타이탄이기 때문이다.

애초에는 그 가능성에 대해 회의적 시각을 가진 과학자들이 압도적으로 많았다. 지구와는 달리 매우 혹독한 환경에 단위 면적당 받는 태양 에너지도 지구에 비해 매우 적으며, 대기에서 생명 활동의 징후를 찾을 수 없었기 때문이다. 하지만 타이탄에 관한 데이터가 모이고 그에 관한 연구가 늘어나며 생명 존재 가능성을 생각하는 의견이 늘어나기 시작했다.

우리가 물에 기반한 생명 환경에 살고 있어서, 생명체는 액체 상태의 물이 없으면 존재할 수 없다는 생각에 지나치게 얽매여 있다는, 자각이 확산한 게 결정적인 전기였다. 타이탄의 대기와 호수에는 상당량의 메테인, 에테인, 프로판 등이 존재하고 암모니아 역시 얼음 화산을 통해 공급되고 있으며, 지구에 비해서는 약한 태양 에너지이지만, 대기 상부에서 복잡한 유기 화합물을 생산하는 데는 충분한 양이 공급되고 있다는 사실을 주목하게 된 것이다.

이러한 환경이 짧은 시간이 아니라 수십억 년간 지속되었기에, 상당한 유기 화합물들이 타이탄에 존재할 가능성이 있다고 여기는 학자들이 늘어났는데, 이런 화합물에는 지질 성분뿐 아니라 아미노산 등 복잡한 유기 생명체를 합성하는 데 필요한 물질들이 들어있을 수 있다.

화합물의 복잡도나 종류를 알기 위해서는, 추가적인 탐사가 더 필요하겠으나, 어떤 물질들이 물에 의존하지 않더라도 생명현상이라고 부를 만한 특징을 가지고 있다면, 그것을 생명체라고 인정해야 하지 않겠는가.

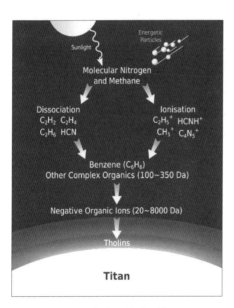

9nm의 아조토좀의 모형

예를 들면, 자기 복제를 통한 후손을 남길 수 있고, 항상성을 유지하며 외부와 구분되는 막을 지닌 유기체라면, 그것의 기반이 물이 아니더라도 생명체라고 부를 만한 조건은 갖춘 셈이다. 그리고 만약 그런 것이 타이탄에 실재한다면 우리는 생명의 정의에 대해 근본적으로 다시 생각해 봐야 할 것이다. 또한, 이러한 발견은 외계 행성의 생명체 탐사에 아주 중요한 정보를 제공할 수도 있다.

또 다른 가능성은 물에 의존하고 물에서 생존하는 생명체의 존재 가능성이다. 타이탄은 구성 성분 중 상당 부분이 물인 위성이다. 여기에 토성의 강력한 중력으로 인해 강한 조석력이 작용하고 있기에 내부에 액체 상태의 물이 존재할 가능성이 작지 않다. 내부에 바다를 숨기고 있고, 이곳에 유기물이 풍부하다면 이것이 생명의 단서가 될 수도 있다. 다만 이 경우는 얼음 지각을 뚫고 들어가 봐야만 그에 대한 확인이 가능하다.

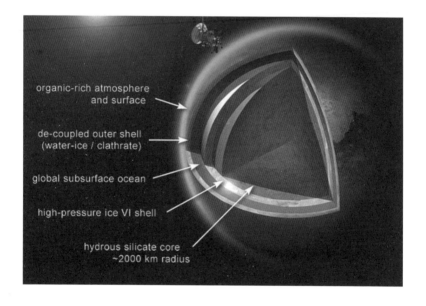

한편, 이미 학계 일부에서, 과거 지구에 대충돌 사건이 일어났을 때, 우주 공간으로 날려간 지구 암석에 생명체가 포함되어 다른 천체에 생명체가 전파되었을 수도 있다는 주장이 제시된 적이 있다. 이런 주장은 판스페르미아(Panspermia)설의 일종이라고 할 수 있는데, 실제로 타이탄에서 지구 생명체와 아주 유사한 생명체가 발견될 수도 있다는 뜻이 내포되어 있다.

물론 타이탄에서 생명체가 발견되더라도, 유전 물질로 DNA/RNA처럼 우리에게 친숙한 물질을 사용하지 않거나, 에너지원으로 ATP를 사용하지 않는다면, 그것은 지구 생명체와는 무관한, 타이탄에서 기원한 생명체일 가능성이 크다.

그런데 만약 타이탄에서 DNA를 유전 물질로 사용하고 ATP를 에너지원으로 사용하는 미생물이 발견된다면, 그것이 지구에서 기원한 생명체와 연관성이 있다고 여겨야 할까? 사실 지구 미생물이 실제 타이탄에 도달한다고 해도 지구와는 너무 다른 환경이기에 거기서 생존할 수 있을지는 의문이다.

아마 대부분 미생물은 적응하지 못할 것으로 보인다. 아무리 환경에 대한 적응력이 좋은 미생물이라도 -179℃에서 적응해 살아가기에는, 물 기반의 생명체에게는 너무 가혹하다. 하지만 타이탄의 내부 바다가 있다면 이야기가 다르다.

그리고 우리의 예상과 달리, 타이탄 표면에 다른 무언가가 존재할지도 모른다. 미래의 탐사선이 표면에 착륙하면, 거기서 전혀 예상하지 못했던 생명체 종류를 발견할지도 모른다. 그런 생명체를 발견하게 된다면, 그것이 지구와 같은 기원을 가지는지 아닌지를 알기 위해 우리는 에너지의 기반 물질이 무엇인지, 그리고 유전 물질이 무엇인지 알아낼 필요가 있다.

또한, 타이탄 표면에 생명체 비슷한 게 없다고 해도, 위성의 내부까지 살펴봐야 한다. 얼음 지각 안으로 들어가기 힘들다면, 얼음 화산 분출에서 데이터를 얻어서라도 연구해야 한다.

그렇게 노력해서 만약 타이탄에서 기원한 것이 분명해 보이는 생명체나 그와 비슷한 유기체를 발견하게 된다면, 우리는 생명체에 대한 정의를 변경하거나, 생명체가 살 수 있는 거주 가능 지역에 대한 기존의 생각을 완전히 바꿔야 할 것이다. 우리는 액체 상태의 물이 존재할 수 있는 곳에만 생명체가 살 수 있다고 생각하는 경향이 강하지만, 그것은 진실과는 무관한, 우리의 편견일 가능성이 크다.

3. 엔셀라두스

엔셀라두스는 토성의 위성 중 여섯 번째로 큰 위성으로, 지름은 타이탄의 약 1/10에 해당하는 약 500km이다. 대부분 깨끗한 얼음으로 덮여 있으나, 오래되고 구멍이 뚫린 지역도 적지 않고, 구조적으로 변형된 지형도 있어서, 다양한 표면 특징을 가지고 있다.

엔셀라두스는 1789년에 윌리엄 허셜에 의해 발견되었지만, 보이저호가 토성 주위를 비행할 때까지 실체가 거의 알려지지 않았다.

그 후 2005년에 카시니호가 엔셀라두스에 근접 비행을 시작하면서, 표면과 환경이 구체적으로 드러났다.

엔셀라두스

카시니호는 남극 지역에서 예상치 못했던, 물이 풍부한 플룸이 분출하는 것을 발견했다. 남극 근처의 극저온 화산은 초당 약 200kg의 수증기, 수소, 다른 휘발성 물질, 염화나트륨 결정과 얼음 입자를 포함한 고체 물질의 분출물을 우주로 분사하고 있었다. 수증기 중 일부는 눈으로 엔셀라두스로 되돌아갔고, 나머지는 우주공간으로 탈출하여 토성의 E 고리에 구성 물질을 공급하고 있었다.

이러한 간헐천 관측 결과는, 남극 지역에서 발생하는 내부 열과 극소수의 충돌 분화구의 발견과 함께, 엔셀라두스가 현재 활발한 지질 활동을 하고 있음을 알게 해주었다.

거대 행성 시스템에 들어있는 다른 위성들처럼 엔셀라두스도 주변 천체와 궤도 공명을 이루고 있다. 디오네와의 공명은 조석력에 의해 감쇄된 궤도 이심률을 자극하고, 조석력으로 내부를 가열하여, 지질학적 활동을 촉진한다.

카시니호는 엔셀라두스 플룸의 화학적 분석을 수행하여 열수 활동에 대한 증거를 찾았다. 그리고 그에 관한 추가 연구를 통해서, 엔셀라두스의 열수 환경에는 지구의 열수구 미생물 중 일부가 거주할 수 있으며, 플룸에서 발견된 메테인이 그러한 유기체에 의해 생성될 수 있다는 결론을 내리게 되었다.

✴ 궤도와 E 고리

엔셀라두스는 디오네, 테티스, 미마스와 함께 토성의 주요 내부 위성 중 하나다. 토성의 구름 꼭대기에서 180,000km 떨어진 궤도를 돌고 있으며, 그 궤도는 미마스와 테티스의 궤도 사이에 있다.

엔셀라두스는 토성을 32.9시간마다 한 바퀴 도는데, 디오네와 2:1 평균 운동 궤도 공명을 하고 있어서, 디오네가 궤도를 한 바퀴 돌 때마다 토성 주위를 두 번씩 돈다.

이러한 공명은 엔셀라두스의 궤도 이심률(0.0047)을 유지시키고, 조석 변형을 초래하며, 이 변형으로 발산되는 열은 지질학적 활동의 가열원이 된다.

가스 행성의 위성들 대부분이 그렇듯이, 엔셀라두스도 토성을 향해 조석 고정되어 있다. 공전 주기와 자전 주기가 동기화되어 있기에, 토성을 향해 한쪽 면만을 보이고 있다. 하지만 지구의 달과는 달리, 자전축의 기울기 탓에 칭동(Libration, 稱動)이 나타나지는 않는다.

한편, 혜성과 구성 성분이 비슷한 엔셀라두스의 플룸이 토성의 E 고리에 있는 물질의 근원인 것은 분명해 보인다. E 고리는 토성에서 가장 넓고 바깥쪽에 있는 고리이며, 미마스와 타이탄의 궤도 사이에 분포하는, 미세한 얼음 또는 먼지 물질로 이루어진, 넓게 확산된 형태이다.

수학적 모델은 E 고리의 수명이 10,000년에서 1,000,000년 사이로 불안정하다는 것을 보여준다. 따라서 E 고리를 구성하는 입자들은 지속해서 보충되어야 한다.

엔셀라두스는 가장 좁으나 밀도가 높은, 토성 고리의 내부를 공전하고 있다. 1980년대부터 몇몇 학자들이 엔셀라두스가 고리 입자의 주요 공급원이라고 의심했는데, 2005년에 카시니호 탐사를 통해 확인되었다.

우주 먼지 분석기(Cosmic Dust Analyzer, CDA)로 엔셀라두스 근처에서 입자의 수가 증가한 것을 발견하여, E 고리의 주요 공급원임을 확인한 것이다. 자기계와 UVIS로 관측한 가스 구름도 엔셀라두스 남극 근처의 분출구에서 발원한 극저온 플룸(Cryovolcanic Plume)이 원천이었다.

✳ 남극 플룸

1980년대 초 보이저호가 엔셀라두스를 만난 이후, 과학자들은 이 위성이 신선한 표면을 가지고 있고, E 고리의 중심부에 있다는 사실을 근거로, 지질학적으로 활동적일 것으로 추측했다. 동시에 엔셀라두스가 E 고리에 있는 물질의 근원이라고 보았는데, 그것은 엔셀라두스가 수증기를 품은 플룸을 분출하고 있다는 사실을 알았기 때문이다.

카시니호가 2005년 1월에 촬영한 영상과학 서브 시스템(ISS) 사진에서 얼음 입자 플룸을 발견했으나, 공식적인 발표는 미뤘다. 그 후 2005년 2월에 자기 계측기(Magnetometer Instrument)의 자료를 통해, 행성 대기에 대한 증거를 발견했으며, 자력계로 중성 가스의 국부 이온화와 일치하는 자기장의 편향도 확인했다.

카시니호 미션 연구팀은 대기 가스가 남극 지역에 집중되어 있으며, 극에서 떨어진 곳의 대기 밀도는 훨씬 낮다고 판단했다. 자외선 영상 분광기는 자력계와 달리, 적도 상공을 지날 때 엔셀라두스 상공의 대기를 감지하는 데 실패했으나, 남극 상공을 지날 때는 분출된 수증기를 감지해 냈다.

카시니호는 이 가스 구름을 통과하며, 이온 및 중성 질량 분석기(INMS)와 우주 먼지 분석기(CDA) 등의 기기들을 사용하여, 플룸의 샘플을 채집했다.

그 후 2005년 11월에 촬영한 사진은 플룸의 미세한 구조를 보여주었고, 표면에서 거의 500km까지 뻗어있는 더 크고 희미한 분사 기류들도 확인해 주었다. 입자의 벌크 속도는 초당 1.25±0.1km, 최대 속도는 3.40km/s이었다.

엔셀라두스 남극의 플룸

그리고 카시니호의 자외선 이미징 분광계(UVIS)는 2007년 10월에 엔셀라두스와 다시 만나면서 플룸을 상세히 관측했다. 영상, 질량 분석, 자기권 자료를 종합해서 분석한 결과, 관측된 남극 플룸이 지구의 간헐천이나 푸마롤(Fumaroles)과 유사한 가압된 지하에서 뿜어져 나오는 게 확실하다는 결론이 내려졌다.

주기적 또는 간헐적 방출은 간헐천의 고유한 특성이기에, 푸마롤과 유사했다. 엔셀라두스의 플룸은 몇 번 연속적으로 관찰되기도 했는데, 분출을 촉진하고 지속시키는 메커니즘은 조석 가열로 보였다.

남극 제트의 분출 강도는 엔셀라두스의 공전 위치에 따라 크게 다른데, 엔셀라두스가 근일점에 있을 때 플룸이 약 4배 더 강하다. 플룸 활동의 대부분은 커튼 같은 넓은 분출로 이루어지고 있는데, 시야 방향과 국부적인 기하학적 조합으로 인한 착시로, 플룸이 분사 기둥들의 집합처럼 보인다.

✳ 지질과 호랑이 줄무늬

보이저 2호는 1981년 8월에 엔셀라두스의 표면을 자세히 관측한 최초의 우주선이다. 그것이 촬영한 이미지를 보면, 분화된 지형, 매끄러운 지형, 그들 지형과 경계를 이루는 울퉁불퉁한 지형 등이 드러나 있고, 광범위한 선형 균열과 반흔도 보인다.

그리고 평탄한 지형에 상대적으로 분화구가 적다는 사실을 고려하면, 이 지역들은 생각보다 젊은 것 같다. 따라서 엔셀라두스는 최근까지 '수화산(Water Volcanism)'이나 지표면을 새롭게 하는 과정들을 통해 활발하게 활동했던 것으로 보인다.

보이저호가 엔셀라두스를 떠난 후에 한동안 방문객이 없다가 2005년에야 카시니호가 방문했는데, 카시니호는 보이저호보다 훨씬 더 세밀하게 관측했다. 그 결과, 보이저호가 관측했던 매끄러운 평야는 수많은 능선과 스카프로 가득 찬, 분화구가 없는 지역으로 드러났고, 상대적으로 오래된 분화구 지형에는 수많은 균열이 발견되었다. 이는 분화구가 형성된 후에 표면이 광범위하게 변형되었고, 주요 사건들이 최근에 일어났음을 시사한다.

그리고 남극 근처의 기이한 지형과 같이, 보이저호가 미처 보지 못했던, 젊은 지형의 몇몇 추가적인 특징들이 발견되었는데, 여기에는 엔셀라두스 내부가 액체 상태라는 암시가 들어있다.

또한, 카시니호는 분화구의 분포와 크기를 더 자세히 관찰하여, 엔셀라두스의 분화구 중 많은 것들이 이완과 분열을 통해 심하게 변형됐음을 보여주었다.

이러한 현상이 발생하는 속도는 얼음 온도에 따라 달라진다. 상대적으로 따뜻한 얼음은 더 차갑고 더 단단한 얼음보다 변형되기 쉽다. 점성이 있는 완화된 분화구는 돔형 바닥을 가지는 경향이 있고, 심하게 변형된 경우는 테두리가 살아있어야만 분화구로 인식된다.

한편, 엔셀라두스에는 여러 종류의 구조적 특징들을 발견됐는데, 그중에는 수조, 스카프, 골과 능선 벨트가 포함되어 있다. 카시니호의 탐사 결과는, 구조적 변화가 엔셀라두스의 지배적인 변형 방식이며, 여기에는 대규모 균열이 포함되어 있다.

이러한 지형은 지질학적으로 젊다고 판단되는데, 그 이유는 그것들이 다른 지질학적 특징들을 덮거나 가로지르며 돌출된 노두와 함께 흔적을 드러내고 있기 때문이다.

엔셀라두스의 구조론 토대는 곡선 모양의 홈과 홈을 품고 있는 능선에서 유래되었다. 보이저호가 처음 발견한 이 홈 밴드는 매끄러운 평야와 분화된 지역을 분리하는 경우가 많다. 사마르크(Samark)와 술시(Sulci)처럼 홈이 있는 지형은 가니메데의 홈이 있는 지형을 연상시키는데, 가니메데와는 달리, 엔셀라두스의 홈 지형이 일반적으로 더 복잡하다. 사마르크와 술시에서는 균열과 평행하게 있는 암점이 발견되기도 했다. 이 점은 평원 지대 안에 있는 붕괴 구덩이로 보인다.

엔셀라두스는 단층과 홈이 있는 밴드 외에도 여러 종류의 지형을 가지고 있다. 단층 대부분은 구멍이 뚫린 지형을 가로지르는 띠에서 발견되는데, 많은 것들이 충돌 분화구에 의해 생성된 레골리스에 영향을 받았을 것이다.

구조적 특징의 또 다른 예는, 보이저호가 처음 발견하고 카시니호가 훨씬 높은 해상도로 촬영해 낸 선형 홈이다. 이러한 선형 홈은, 홈 및 능선 벨트 같은 지형을 가로질러 절단하고 있는데, 깊은 균열과 마찬가지로, 젊은 특징 중 하나이다.

엔셀라두스에서 융기가 관측된 적이 있지만, 융기로 형성된 능선들은 상대적으로 범위가 제한되어 있고 높이가 1km 정도를 넘지 않는다.

한편, 2005년 7월에 카시니호가 촬영한 사진은, 엔셀라두스의 남극을 둘러싸고 있는, 독특하게 변형된 지역을 보여주었다. 남위 60도까지 북위 60도에 이르는 이 지역은 지각 균열과 능선으로 뒤덮여 있는데, 이 지역에서는 충돌 분화구가 거의 보이지 않는 것으로 보아, 가장 어린 표면임을 알 수 있다.

이 지역의 중심 부근에는 능선으로 둘러싸인 네 개의 균열이 있는데, 비공식적으로 '호랑이 줄무늬(Tiger Stripes)'라고 불린다.

이 지역에서 가장 어린 곳으로 보이는데, 거친 알갱이의 민트 그린색 물 얼음으로 둘러싸여 있으며, 주로 노두와 잘린 벽의 표면에서 볼 수 있다. 여기에 파란 얼음도 표면에 있는데, 이는 이 지역이 아직 E 고리의 물 얼음으로 덮이지 않았을 만큼 젊다는 것을 시사한다.

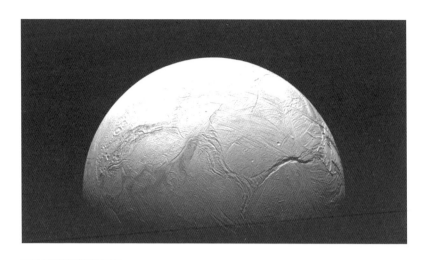

호랑이 줄무늬

시각 및 적외선 분광기(VIMS) 탐지의 결과는, 호랑이 줄무늬를 둘러싼 녹색 물질이 엔셀라두스 표면의 나머지 부분과 화학적으로 다르다는 것을 알려준다. VIMS는 줄무늬에서 수정처럼 생긴 물 얼음을 감지했는데, 이는 그 얼음들이 꽤 젊거나, 표면 얼음이 최근에 열 변성되었음을 시사한다. 또한, VIMS는 호랑이 줄무늬에서 지금까지 엔셀라두스의 다른 어떤 곳에서도 발견되지 않은, 유기(탄소 함유) 화합물을 검출해 내기도 했다.

남극 지역의 경계는 평행한 Y자, V자 모양의 능선과 골짜기로 표시되어 있다. 이러한 특징들은 엔셀라두스의 전체적인 형태 변화로 인해 발생했음을 시사하는데, 주기적으로 엔셀라두스의 궤도가 안쪽으로 이동하여, 엔셀라두스의 자전 속도가 빨라지는 게 원인일 것이다.

그러한 에너지의 변화가 지형 변화를 유발하거나, 엔셀라두스의 내부에 있는, 따뜻하고 밀도가 낮은 물질의 덩어리를 증가시키는데, 이 때문에 엔셀라두스의 남 중위도(Southern Mid-Latitudes)에서 남극으로 현재의 남극 지형 위치가 바뀌었는지도 모른다. 아마 그 과정에서 위성의 타원체 모양이 새로운 방향과 일치하도록 조정되었을 것이다.

✴ 내부 구조와 해저

베일에 싸여있던 엔셀라두스의 비밀스러운 베일을 벗긴 것은 카시니호다. 예전에 보이저호가 먼 거리에서 엔셀라두스를 지나쳐 가면서, 희미하게 촬영된 모습을 보내준 적은 있으나, 엔셀라두스에 접근하여 내부에 대한 새로운 통찰력을 포함하여 모형에 대한 정보를 지구에 보내준 것은 카시니호라고 봐야 한다.

보이저호 미션에서 나온 초기 질량 추정치는 엔셀라두스가 거의 전부 물 얼음으로 구성되어 있음을 시사했다. 그러나 엔셀라두스의 중력이 카시니호에 미치는 영향력을 기초로 계산해 보면, 그것의 질량이 이전에 생각했던 것보다 훨씬 더 크다. 밀도가 $1.61g/cm^3$이었다. 이 밀도는 토성의 다른 중간 크기 얼음 위성들의 밀도보다 높으며, 엔셀라두스에 규산염과 철을 더 많이 포함하고 있다는 것을 나타낸다.

과학자들은 카시니호 미션이 있기 전부터 토성의 얼음 위성들이 토성 서브 뉴블라(Sub-Nebula, 준성운)가 형성된 후에 비교적 빨리 형성되었기에, 수명이 짧은 방사성 핵종이 풍부할 것으로 여겼다. 알루미늄-26과 철-60과 같은 방사성 핵종은 반감기가 짧으며 비교적 빨리 내부 가열을 일으킬 수 있는데, 수명이 짧은 품종이 없었다면 엔셀라두스의 작은 크기를 고려할 때, 내부의 급격한 동결을 막기에는 역부족이었을 것이다.

엔셀라두스의 상대적으로 높은 암석-질량 분율을 고려할 때, 알루미늄과 철이 중심이 되어 얼음 맨틀과 암석 중심핵을 분화시켰을 것이다. 그 후로 방사성 원소의 열 및 조석 가열이 중심핵 온도를 1,000K로 상승시켰을 것인데, 이는 내부 맨틀을 녹일 수 있을 정도이다.

그리고 엔셀라두스가 여전히 활동하기 위해서는, 중심핵 일부도 녹아 토성의 조수에 의해 휘어지는 마그마 방을 형성해야 한다. 이런 에너지의 발생원은 공명과 조석이다. 디오네와의 공명이나 조석 가열이 중심핵의 뜨거운 부분을 유지하고 지질학적 활동에 동력을 공급했을 것이다.

과학자들은 질량과 천체화학으로만이 아니라, 엔셀라두스의 모양과 내부 구조를 조사하여 분화 여부를 알아냈다. 포르코(Porco)는 지질학적, 지구화학적 증거와 유체정역학적 평형을 가정한 형태가 미분화된 내부와 일치하는지를 알아내기 위해 사지 측정을 사용했다.

그러나 현재의 모양은 엔셀라두스가 정수 평형 상태에 있지 않으며, 최근 어느 시점에서 더 빠르게 회전했을 가능성도 시사한다. 그리고 중력 측정 결과, 중심핵의 밀도가 낮은 것으로 나타나, 중심핵에 규산염 외에 물이 포함되어 있음을 알 수 있다.

그런데 엔셀라두스에 거대한 해저 수역(Subsurface Water Ocean)이 있다는 것은 부정할 수 없는 사실이다. 엔셀라두스에 액체 상태의 물이 있다는 증거는, 그것의 남극 표면으로부터 수증기를 포함한 플룸들의 분출이 관찰되기 시작한 2005년부터 축적되기 시작했다.

엔셀라두스에서 일어나는 제트 분사는 최대 2,189km/h의 속도로 매초 250kg의 수증기를 우주로 이동시켰는데, 분출된 입자 중에 염 입자(Salty Particles)는 무거워서 대부분 표면으로 다시 떨어지지만, 가벼운 입자들은 E 고리로 빠져나간다.

2010년 12월에 카시니호의 근접 비행에서 얻은 중력 데이터에 따르면, 표면 아래에 액체 상태의 바다를 가지고 있을 가능성이 있지만, 당시에는 지하 바다가 남극 근처에 국한되어 있다고 생각했다.

하지만 최근에 엔셀라두스가 토성 주위를 돌 때의 흔들림(Wobble)을 측정한 결과, 얼음 지각 전체가 암석 중심부에서 분리되어 있고, 따라서 지표면 아래에 행성 전체를 둘러싼 해양이 존재한다는 것을 알 수 있다. 회전량(0.120° ±0.014°)은 이 해양의 깊이가 약 26~31km임을 암시한다.

한편, 카시니호는 해양의 샘플을 채취하고 구성 성분을 분석하기 위해, 여러 차례 남부 플룸 위를 비행했다. 이때 채집된 플룸의 짠 성분(-Na, -Cl, -CO₃)은, 그 공급원이 염질의 해저 바다임을 드러냈다.

INMS는 대부분 수증기뿐만 아니라 분자 질소, 이산화탄소, 메테인, 프로판, 아세틸렌, 폼알데하이드와 같은 미량의 탄화수소를 검출했는데, 이런 플룸의 구성 성분은 대부분의 혜성에서 볼 수 있는 것과 비슷하다.

한편, 카시니호는 일부 먼지 알갱이에서 단순한 유기 화합물의 흔적도 발견했고, 벤젠(C_6H_6)과 같은 더 큰 유기 물질, 최소 15개의 탄소 원자 크기의 고분자 복합 유기물도 발견했으며, 질량 분석기를 통해 '열역학적 불균형(Thermodynamic Disequilibrium)'에 있는 분자 수소(H_2)를 감지했고 암모니아(NH_3)의 흔적도 발견했다.

한 모델에 따르면, 엔셀라두스의 짠 바다는 pH가 11~12라고 한다. 높은 pH는 콘드라이트 암석의 사문석화(Serpentinization) 작용의 결과로 해석되며, 이는 엔셀라두스의 플룸에서 검출된 것과 같은, 유기 분자의 비생물학적 및 생물학적 합성을 지원할 수 있는, 화학적 에너지원인 수소의 생성 가능성으로 이어진다.

2019년에는 엔셀라두스의 플룸에 있는 얼음 알갱이의 스펙트럼 특성을 추가로 분석했는데, 이 연구에서 질소를 함유한 아민과 산소를 함유한 아민이 존재할 가능성이 높다는 사실을 알게 됐다. 이는 아미노산 생성 가능성을 암시하기에, 엔셀라두스에 있는 화합물들이 생명과 관련이 있는 유기 화합물의 전구체일 수 있다.

✹ 중력 측정으로 확인된 바다

엔셀라두스는 지름 500km에 불과한 작은 얼음 위성이지만, 수증기를 분출하는 간헐천과 표면에 호랑이 줄무늬(Tiger Stripes)라는 독특한 구조물이 있는, 얼음과 눈으로 덮인 위성이다.

이 모두는 엔셀라두스 내부에 액체 물이 있고 이 물이 표면의 균열을 타고 분출해 생겨난 것이며, 그 주된 에너지원은 토성의 강한 중력이다.

엔셀라두스에 대한 중요한 정보는 대부분 카시니호의 관측을 통해 얻은 것으로, 그중에는 수증기가 나오는 간헐천의 발견도 들어있다. 과학자들은 그것을 엔셀라두스의 얼음 지각 밑에 액체 상태의 물이 존재한다는 증거로 보았다. 이는 마치 지각을 뚫고 나와 흐르는 용암을 보고 나서, 지각 밑에 마그마가 존재한다고 믿는 것과 같다.

이후 과학자들은 엔셀라두스 내부에 얼마만큼의 물이 존재하는지와 이 안에 유기 물질, 더 나아가 생명체가 존재할 가능성이 있는지에 대한 궁금증을 갖게 되었다.

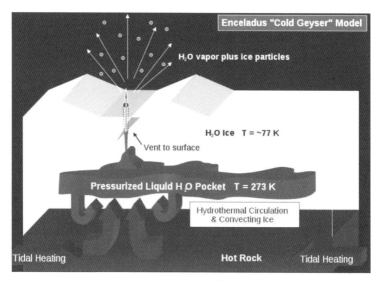

엔셀라두스의 차가운 간헐천 모델

하지만 유기물이나 생명체의 존재를 검증하는 일은, 다소 먼 미래의 일이고, 당장 할 수 있는 일은 엔셀라두스 내부 구조를 간접적으로 조사하는 일 정도였다. 그러니까 엔셀라두스 주변의 중력 분포를 검사하여 그 아래 있는 물질의 밀도를 검사하는 정도의 일을 말하는 것이다.

이런 일도 애초에 카시니호의 탐사 목적에는 들어있지 않았으나, 탐사 경로를 바꾸어 시행하기로 했다. 2010년 4월에 카시니호는 다시 엔셀라두스에 근접해 가기 시작했다.

과학자들은 카시니호가 보내는 전파 신호를 매우 정밀하게 측정해서 본래는 계획에 없던 중력 분포를 측정했다. NASA 연구팀의 책임자인 사미 아스마르(Sami Asmar)는 "탐사선이 엔셀라두스로 날아갈 때 그 속도는 중력장에 영향을 받아 변하게 된다. 그것이 우리가 측정하고자 하는 것이다. 우리는 속도의 변화를 지상에서 수신하는 전자기파의 변화로 볼 수 있다"고 설명했다. 이는 도플러 효과를 이용한 스피드건의 측정법과 유사한 것이다.

그 결과 엔셀라두스의 얼음층은 이전에 상상했던 것 이상으로 두껍다는 사실이 드러났다. 대략 30~40km 두께의 얼음층 아래에 10km 두께의 액체 상태의 물이 존재하는 것으로 조사됐는데, 물의 부피는 예상했던 것보다는 작았다.

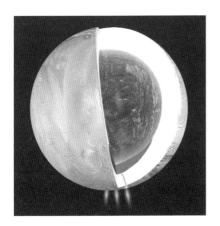

엔셀라두스 내부 구조의 모식도

연구팀 일원이었던 루치아노 레스(Luciano Iess)는 중력 이상 (Gravity Anomaly: 중력계로 측정한 관측 중력과 표준 중력값의 차이. 이 값이 큰 + 값을 가지면 아래에 밀도가 높은 물질이 있다는 의미)의 결과로, 애초에 과도

하게 크게 추정되었으며, 카시니호의 카메라 관측 결과로 진실을 알게 되었다고 말했다. 그러니까 엔셀라두스의 바다는 우리가 추정했던 것보다 작은 것으로 조사되었다는 말이다.

다만 이에 대한 확실한 결론을 얻기 위해서는 앞으로 더 상세한 관측이 필요하다. 카시니호는 이런 목적의 탐사 장비가 없었기에 정확히 알 수 없는 상태였다.

✳ 열에너지 원천

2005년 7월에 탐사선의 복합 적외선 분광기(CIRS)가 남극 근처에서 따뜻한 지역을 발견했다. 이 지역 온도는 대개 85~90K였고, 이 특별한 지역은 157K여서, 남극 지역 일부가 엔셀라두스의 내부로부터 가열되고 있음을 알 수 있었다.

그래서 그것을 남극 아래에 지하 바다가 존재한다는 중요한 증거로 삼고 있으나, 발열의 근원과 열 흐름의 메커니즘을 제대로 파악한 상태는 아니다.

어떻게 온도가 이렇게 높아지고, 그로 인해 플룸까지 생성될 수 있는가. 그 메커니즘을 밝히기 위해, 액체 물의 지하 저장고로부터의 환기, 얼음의 승화, 쇄설물의 감압 및 해리, 전단 가열이 분석되었다. 하지만 엔셀라두스의 열출력을 유발하는 원천을 제대로 설명하기에는 여전히 난감했다.

엔셀라두스의 가열은 형성된 이래로 다양한 메커니즘을 통해 일어났을 것이며, 주요 에너지원은 조석 가열(Tidal Heating)이었을 것이다. 거기에 중심핵의 방사성 붕괴도 거들었을 것이다. 행성 물리학 모델에서도 조석 가열이 주요 열원이며, 방사성 붕괴와 일부 열을 생성하는 화학 반응에 의해 도움을 받는 것으로 나타난다.

그런데 정말 그것이 열원의 전부일까? 2007년의 어느 연구에서는 엔셀라두스의 내부 열이 조석력에 의해 발생한다면, 1.1GW를 초과할 수 없다고 예측한 바 있다. 하지만 16개월에 걸쳐 축적된, 카시니호의 적외선 분광기의 데이터에 따르면, 내부 열 발생 에너지는 약 4.7GW이며, 열 평형 상태에 있음을 나타낸다.

그런데 문제는 관측된 4.7GW의 출력이 조석 가열만으로는 설명이 어렵다는 데 있다. 과학자 대부분은 관측된 엔셀라두스의 열 유속이 해저 바다를 유지하기에 충분하지 않다고 생각한다. 그렇기에 현재보다 이심률이 높아 조석 가열이 더 강했던 시기의 영향이 남아있거나, 아직 알아내지 못한 메커니즘이 동작하고 있을 것이라는 의심을 할 수밖에 없다.

조석 가열은 조석 마찰 과정을 통해 발생한다. 궤도 에너지와 회전 에너지는 물체의 지각에서 열로 소멸되지만, 조류가 균열을 따라 열을 발생시키는 정도까지 커지면, 조석 전단 가열의 크기와 분포에 영향을 미칠 수 있다.

과거 엔셀라두스가 더 이심률이 높은 궤도를 가지고 있었다면, 조석력이 해저 바다를 유지하기에 충분했을 것이고, 주기적으로 이심률이 변했더라도 해저 바다를 유지하는 데 도움이 되었을 것이다.

실제로 카시니호의 데이터를 기초로 한 컴퓨터 시뮬레이션 결과가 2017년에 발표되었는데, 엔셀라두스의 투과성과 파편화된 중심핵 내의 암석에서 오는 마찰열이 최대 수십억 년 동안 지하 바다를 따뜻하게 유지할 수 있다는 사실이 드러났다.

2016년의 한 연구 분석에 따르면, 조석력으로 휘어진 호랑이 줄무늬 모델은, 조석 주기, 위상 지연 및 호랑이 줄무늬 지형의 총 동력을 통해, 분화의 지속성을 설명할 수 있으며, 아울러 분화가 지질학적 시간 척도에 따라 유지되는 것으로 나타났다.

한편, 앞에서도 언급한 바 있듯이, 조석 열만으로는 지하 바다가 생성되고 유지되기에 부족한 게 사실이다. 여기에는 우리가 알지 못하는 메커니즘 외에도, 방사성 동위원소의 역할이 적지 않게 작용하고 있을 것이라고 유추할 수 있다.

방사성 가열(Radioactive Heating)의 '핫 스타트(Hot Start)' 모델은, 엔셀라두스가 알루미늄, 철, 망간의 짧은 수명의 방사성 동위원소를 함유한 얼음과 암석에서 시작되었음을 시사한다. 이 동위원소들이 약 7백만 년 동안붕괴되면서 엄청난 양의 열이 생성되었다. 시간이 지남에 따라 방사능의열이 줄어들겠지만, 방사능과 토성의 중력 예인에서 나오는 조석력의 결합이 바다의 동결을 막는 데 절대적 역할을 하고 있을 것이다.

하지만 우리가 아는 모든 것을 고려해도 에너지 총량이 여전히 설명되지 않는다. 엔셀라두스가 얼음, 철, 규산염 물질로 구성되어 있다고 가정할 때, 현재의 방사선 가열 속도는 3.2×10^{15}ergs/s이다. 내부에 우라늄-238, 우라늄-235, 토륨-232, 칼륨-40 등의 장기 방사성 동위원소가있다고 해도 열류(Heat Flux)에 0.3GW가 추가될 뿐이다. 그런데 엔셀라두스에 두꺼운 지하 바다가 존재하려면, 이 정도의 열량으로는 여전히 부족하다.

해저 영역의 존재에는, 이외에도 화학 인자(Chemical Factors)도 작용하고있을 것이다. 이에 관한 고려가 부족했던 것은, 부동액으로 작용할 수 있는 INMS나 UVIS에 의해 환기된 물질에서 암모니아가 발견되지 않았기때문이다. 이 존재를 몰랐기에, 챔버는 최소 270K의 온도를 가진 거의순수한 액체 상태의 물로 구성된 것으로 여겼다.

그런데 2008년과 2009년의 탐사 비행 중 플룸에서 암모니아의 흔적이발견되었다. 암모니아가 어느 정도 들어있다면, 가스 배출과 가스 압력이 증가하고 물 플룸에 동력을 공급하는 데 필요한 열이 감소한다.

그런데 그렇다고 하더라도, 이것으로 설명이 충분히 된 것일까? 지하에 바다가 존재하려면, 그 바다가 순수한 물이라고 가정했을 때 내부 복사량의 10배 정도 에너지가 필요한데, 그 물에 암모니아가 조금 섞여있다고, 필요한 에너지가 그렇게 급속히 줄어들 수 있을까?

✳ 생명체 존재 가능성

주지하다시피 엔셀라두스는 탄소를 함유한 분자인 메테인, 프로페인, 아세틸렌, 포름알데히드 등과 같은 탄화수소, 실리카가 풍부한 모래, 질소, 유기 분자가 섞인 소금물 플룸을 분출하고 있다. 이는 엔셀라두스의 해저에 열수 활동이 작동하고 있음을 나타낸다.

모델에 따르면, 큰 암석 핵은 다공성이어서 물이 그 속을 통과하여 열과 화학물질을 전달할 수 있다. 이처럼 엔셀라두스의 바다가 연골암의 사문석화(Serpentinization, 마그네슘을 풍부하게 포함하는 광물 또는 그를 주성분으로 하는 초염기성암이 사문석의 집합체로 변질되는 과정)작용으로 인한 알칼리 pH를 가지고 있다면, 메테인젠(Methanogen, 혐기성 조건하의 대사과정에서 메테인을 생성하는 미생물의 총칭) 미생물에 의해 대사되어, 생명체에게 에너지를 제공할 수 있는 수소 분자가 존재할 수 있다.

복잡한 유기 화합물이 있는, 지구적인 해양 순환 패턴의 수생 환경을 가진, 내부의 짠 바다의 존재는, 우주 생물학의 연구와 미생물 생명체가 살 수 있는 잠재적인 환경을 꿈꾸게 한다.

아직 공인되지 않았으나 인에 관한 모델링 결과는, 위성이 잠재적인 생체 생성 요구 사항을 충족하고 있음을 나타내는데, 이미 카시니호가 검출한 플룸에서 인산염이 검출된 바 있다.

광범위한 유기 화합물과 암모니아가 존재한다는 것은 생명체를 지탱하는 것으로 알려진 물/암반 반응과 유사한 일이 이미 진행되었음을 시사한다.

한편, 2015년에 카시니호는 엔셀라두스의 남극을 근접 비행하여 표면으로부터 48.3km 이내의 거리까지 들어갔다. 우주선의 질량 분석기는 플룸에서 수소 분자를 검출했고, 몇 달간의 분석 끝에 수소가 표면 아래에서 열수 활동의 결과일 가능성이 높다는 결론을 내렸기에, 엔셀라두스가 잠재적 오아시스가 될 수 있다고 보았다.

엔셀라두스의 바다에 충분한 수소가 존재한다는 것은, 그곳에 미생물이 존재한다면 물에 용해된 이산화탄소와 수소를 결합하여 에너지를 얻는 데 사용할 수 있다는 것을 의미한다. 이러한 화학 반응은 메테인을 부산물로 생성하기에 '메타노제네시스(Methanogenesis)'라고 알려져 있으며, 지구 생명나무의 뿌리에도 있다.

✳ 유기물

목성의 위성인 유로파, 토성의 위성인 타이탄과 엔셀라두스는 표면이나 내부에 바다가 있어서 과학자들이 많은 관심을 두고 있다. 이 가운데 엔셀라두스는 지름 500km 정도의 작은 천체이지만, 모행성의 중력에 의해 내부가 가열되어 아주 강력하게 간헐천을 분출하고 있다. 그래서 샘플 확보가 쉽다는 이유로 태양계 생명 탐사의 중요한 목표가 되었다.

베를린 자유 대학의 로자르 카와이아(Nozair Khawaja)가 이끄는 연구팀은 카시니호의 관측 장비 중 하나인 우주 먼지 분석기(Cosmic Dust Analyzer) 데이터를 분석해 엔셀라두스에서 분출된 물질이 다수 분포한 토성의 E 고리의 얼음 입자를 분석했다. 그 결과 이 얼음 입자 중 일부에 질소와 산소를 포함한 저분자 방향족 물질(Low-mass nitrogen-, oxygen-bearing, and aromatic compounds)이 있다는 사실을 확인했다.

이 물질의 기원은 엔셀라두스의 바닷속 열수 분출공일 가능성이 가장 높다. 지구에서도 비슷한 환경에서 같은 물질이 형성되기 때문이다. 높은 수압과 고온 환경에 적절한 물질(탄소, 수소, 산소, 질소)이 있다면, 이들이 화학 반응하여 무생물 환경에서도 다양한 유기물이 생성될 수 있다.

사우스웨스트 연구소(Southwest Research Institute)의 크리스틴 레이(Christine Ray) 연구팀에 의하면, 엔셀라두스 얼음 지각 아래 바다에 미생물에게 에너지를 공급할 화학 물질이 충분할 것이라고 한다. 그들은 2017년에 카시니호 데이터를 기반으로 엔셀라두스에 상당한 양의 에너지 흐름이 형성될 수 있는 모델을 제시했다. 암석으로 된 엔셀라두스의 핵은 토성의 중력에 의해 상당한 에너지를 받아 지구의 열수 분출공처럼 다양한 물질을 바다로 방출할 가능성이 높다. 여기서 환원성이 큰 환원제(Reductants)가 배출될 수 있다.

그리고 엔셀라두스 얼음 지각 표면에서는 태양과 다른 우주선에서 나오는 고에너지 방사선 덕분에 물이 산소나 혹은 과산화수소 분자로 바뀔 수 있다. 카시니호는 엔셀라두스 표면에서 수소 분자를 확인해 이에 대한 간접적인 증거를 제시했다.

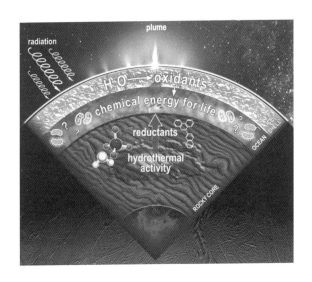

이렇게 표면에서 생성된 산화제(Oxidants)는 얼음 지각의 균열을 타고 바다로 들어갈 수 있다. 그리고 이것이 환원제와 만나면 산화-환원 과정이 작용해 에너지를 생산하는 미생물이 탄생할 수도 있다. 지구에서 흔히 보는 메테인 생성균이나 다른 화학 에너지 이용 세균처럼, 광합성 없이도 에너지를 얻는 미생물이 존재할 수 있다는 뜻이다.

물론 이는 가능성을 제시한 것이지만, 이 연구팀은 엔셀라두스의 바다에 미생물 생태계가 만들어질 수 있는 충분한 에너지원이 있다는 것을 보여줬다. 그것도 매우 다양한 메뉴가 있어 여러 가지 화학 반응을 이용하는 미생물들이 탄생할 수 있을 것이라고 했다.

물론 가능하다는 것과 실제로 존재하는 것은 다르다. 그래서 확인하기 위해서는 직접 엔셀라두스의 바다에 탐사선을 보내야 한다. 아직 기약이 없지만, 과학자들은 결국 직접 탐사선을 보내 생명체가 실제로 존재하는지 검증할 것이다.

4. 테티스

테티스는 지름이 약 1,060km인 토성의 위성이다. 1684년 G. D. 카시니에 의해 디오네와 함께 발견되어, 그리스 신화의 타이탄인 테티스에서 이름을 빌려왔다.

테티스는 태양계에서 16번째로 큰 위성으로, 질량은 약 6.17×10^{20}kg이고, 밀도는 0.98g/cm^{3}로, 거의 전부가 물 얼음으로 이루어져 있음을 나타낸다.

테티스가 암석 중심핵과 얼음 맨틀로 분화되어 있는지는 알지 못한다. 그러나 중심핵의 반지름이 145km를 넘지 않으며 질량이 전체 질량의 6% 이하인 것은 분명하다. 조석력과 회전력의 작용으로 테티스는 3축 타원체의 모양을 하고 있다.

테티스는 태양계에서 가장 반사적인 천체 중 하나로, 가시광선 파장에서 1.229의 알베도를 가지고 있다. 이 높은 알베도는, 물 입자들로 구성된 토성 E 고리의 입자 분출 결과이다.

테티스

높은 알베도는 테티스의 표면이 약간의 어두운 물질만 있는, 거의 순수한 물 얼음으로 구성되어 있다는 것을 나타낸다.

테티스에서 결정질 물 얼음 외에 어떤 화합물도 명확하게 확인된 바 없다. 얼음 속의 어두운 물질은 이아페투스와 히페리온의 표면에서 볼 수 있는 것과 동일한 스펙트럼 특성을 지니고 있는데, 가능성이 가장 높은 후보 물질은 철이나 적철광이다.

카시니호의 레이더 관측뿐 아니라 열 방출을 측정한 결과, 표면의 얼음 표토는 구조적으로 복잡하고, 다공성이 큰 것으로 나타났다.

테티스는 토성의 중심으로부터 약 295,000km 떨어진 거리에서 공전하고 있다. 궤도 이심률은 무시할 수 있을 정도이고, 궤도 경사는 약 1°이다. 미마스와 경사 공명에 묶여있지만, 각 천체의 중력이 작아서 이 상호작용은 궤도 이심률에 영향을 미치지 않고 조석 가열도 일으키지 않는다.

테티스 표면은 크게 두 가지로 나눌 수 있는데, 충돌구가 많은 지역과 충돌구가 드문, 어두운 지대가 그것이다. 충돌구가 적은 지역은 테티스가 한때 내부가 역동적으로 활동하여, 예전의 지각을 바꾸어 놓았음을 보여준다. 그런데 띠처럼 위성을 두른 어두운 지대가 생긴 이유는 확실히 밝혀지지 않았다.

오디세우스 충돌구

테티스의 서반구에는 오디세우스로 불리는 거대한 충돌구가 있다. 이 충돌구는 매우 얕고 가장자리가 높이 솟아있지 않다. 이는 칼리스토에 있는 충돌구들과 비슷한데, 테티스 표면의 약한 얼음판이 오랜 시간을 거치면서 무너져 내렸기 때문일 것이다.

테티스 표면의 두 번째 특징은 이타카 카스마(Ithaca Chasma)인데, 이는 위성의 북쪽에서 시작하여 남쪽까지 표면을 가로지르는 대계곡이다. 보이저 1, 2호가 보내온 사진을 살펴보면, 이 계곡은 폭 100km, 깊이 3~5km, 총길이 2천km로, 테티스의 둘레 길이 3/4에 이른다. 이타카 카스마는 테티스의 내부에 있던 물이 굳어서 생겨난 것으로 추측하고 있다. 물이 얼면서 표면이 갈라진 것으로 보는 것이다.

이타카 카스마의 생성에 대해 다른 이론이 있는데, 오디세우스 분화구멍을 만든 강력한 충격파로 인해, 테티스 표면에 있던 연약한 얼음층이 갈라졌다는 것이다. 어느 주장이 맞는지는 아직 밝혀지지 않은 상태이다.

✳ 푸른 밴드와 붉은 줄

테티스의 표면에는 색상과 밝기로 구분되는 많은 특징이 있는데, 이것은 토성 중형 위성에서 흔히 볼 수 있는 모습이기도 하다. 테티스의 경우는, E 고리의 밝은 얼음 입자가 앞쪽 반구 위로 퇴적되는 것과 외부 위성으로부터 오는 어두운 입자가 뒤쪽 반구에 누적되는 게 그 원인일 수 있는데, 뒤쪽 반구가 어두워지는 것에는 토성의 자기권에서 나오는 플라스마도 영향을 미칠 것이다.

한편, 탐사선이 적도로부터 남쪽과 북쪽으로 20°에 걸쳐있는 검푸른 띠를 발견했을 당시, 밴드는 뒤쪽 반구에 가까워질수록 점점 좁아지는 타원형이었다. 이와 유사한 밴드는 미마스에도 존재하는데, 테티스의 밴드는 약 1MeV 이상의 에너지를 가진 토성 자기권에서 나오는 에너지 입자의 영향에 의해 발생하는 것으로 보인다.

카시니호가 그려낸 테티스의 온도 지도는, 이 푸르스름한 지역이 주변 지역보다 더 차갑다는 것을 보여주면서, 이 위성이 중적외선 파장에서 '팩맨(Pac-Man)'과 닮았음을 드러냈다.

뒤쪽 반구의 평야는 오디세우스와 거의 대척을 이루고 있고, 주변의 분화된 지형과 비교적 첨예한 경계를 이루고 있다. 평야의 매끄러운 모습과 날카로운 경계는 그것들이 내인성 관입(Endogenic Intrusion)으로 형성되었음을 나타낸다. 아마도 오디세우스 충돌 분화구 형성 시 만들어진 테티스 암석권의 약한 선을 따라 형성되었을 것이다.

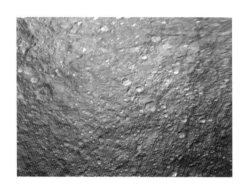

한편, 카시니호는 2015년에 다시 테티스에 다가가 정밀 관측을 진행한 바 있다. 녹색, 적외선, 자외선 등 여러 파장에서 관측한 데이터를 합치자 테티스 표면에 놀라운 모양이 드러났다. 테티스 표면에 너비 수 킬로미터, 길이 수백 킬로미터에 달하는, 거대한 붉은 줄이 있었다. 테티스의 줄무늬는 마치 스프레이로 누가 그려놓은 것처럼 생겼는데, 그 생성 원인에 대해서는 아직 밝혀진 바가 없다. 사실 카시니호는 2004년에 처음 테티스를

테티스 붉은 줄

관측했을 때도 이 붉은 줄의 존재를 어렴풋이 알았으나 당시에는 정확한 촬영이 어려운 상태였다. 11년이 지난 후 토성의 북반구가 여름이 되면서 이 부분이 잘 보이는 위치에 왔기에 정밀한 포착이 가능해졌다.

참고로 테티스는 달과 마찬가지로 토성에 조석 고정이 되어 항상 한쪽 면만 토성을 바라보는데, 토성이 지구보다 훨씬 커서 햇빛이 드는 각도를 잘 잡아야 관측이 가능하다.

아무튼 뭔가 이유가 있을 텐데 아직 어떤 과학자도 이 독특한 지형의 생성 원인을 설명할 가설을 내놓지 못하고 있다. 좀 더 자료를 모으면 이

를 설명할 결정적인 정보를 얻게 될 수 있을 것 같기도 하다. 테티스와 같은 작은 얼음 위성에 우리가 그 생성 원인을 알 수 없는 지형이 숨어있다는 사실이 다소 뜻밖이긴 하다.

5. 디오네

디오네는 지름이 1,122km로 토성의 위성 중에 네 번째로 크다. 뒤쪽 반구는 카스마타(Chasmata)라고 불리는, 큰 얼음 절벽으로 특징지어지며, 앞쪽 반구에 비해 어둡다. 밀도로 볼 때, 디오네의 내부는 규산염 암석과 물 얼음의 질량이 거의 같은 비율로 구성된 것으로 보인다.

카시니호가 관측한 데이터에 따르면, 반경 약 400km의 암석 중심핵이 약 160km 두께의 외피로 둘러싸여 있으며, 외피는 주로 물 얼음의 형태를 띠고 있다. 그리고 이 층의 가장 낮은 부분이 액체 소금물 바다의 형태일 수 있다는 암시도 들어있는데, 1.5km 높이의 Janiculum Dorsa 산등성이 표면이 아래로 구부러진 것이 그 암시를 보강해 준다.

디오네와 엔셀라두스 모두 유체 정역학적 평형에 가까운 모양을 가지고 있지 않은데, 그 편차는 등변성(Isostasy)에 의해 보강되고 있다. 디오네의 얼음 껍질은 두께는 5% 미만의 범위에서 지역별로 차이가 있을 것으로 추정되며, 지각의 조석 가열이 가장 큰, 극지방이 가장 얇을 것으로 보인다.

디오네는 토성의 또 다른 위성인 레아에 비해 크기가 작고 밀도도 크지만, 비슷한 면이 많다. 반사율도 비슷하고, 분간이 힘들 정도로 모양이 비슷하며, 표면에 크레이터가 많은 것도 닮았다.

외행성계 미스터리

디오네는 현재 엔셀라두스와 1:2 평균운동 궤도 공명을 하고 있어, 엔셀라두스가 토성 주위를 두 바퀴 돌 때마다 한 바퀴 돈다.

이러한 공명은 엔셀라두스가 궤도 이심률(0.0047)을 유지하고 광범위한 지질 활동을 하는 에너지를 제공하는데, 엔셀라두스의 극저온 간헐천의 분사 기류에서 극적으로 나타난다. 또한, 디오네에게도 더 작은 이심률을 유지하게 하며(0.0022), 조석 가열의 기회도 준다.

한편, 2010년에 카시니호가 디오네 주변에서 산소 분자 이온의 얇은 층을 발견했다. 플라스마 분광기 데이터로부터 측정된 분자 산소 이온의 밀도는 cm^3 당 0.01~0.09였다.

카시니호 장비들은 나오는 물을 직접 감지할 수는 없었지만, 행성의 복사대에서 나오는, 대전된 입자들이 얼음 속의 물을 쪼개어 만들어 놓은, 수소와 산소는 감지해 냈다.

✳ 버개와 분화구

갈릴레오호의 목성 미션과 카시니-하위헌스호의 토성계 미션 이래로, '오션 월드(Ocean Worlds)'라고 불리는 종류의 천체들이 행성 과학의 새로운 주제가 되었다.

갈릴레오호는 유로파가 얼음 껍질 아래에 액체 상태의 물바다를 가지고 있다는 걸 밝혀냈고, 카시니-하위헌스호는 엔셀라두스에서 뿜어져 나오는 액체 상태의 물기둥을 찾아냈다.

이제 외부 태양계에 있는 위성 중에 많은 것이 한때 그랬거나, 현재 바다를 품은 세계일지도 모른다는 것을 알게 되었다. 그래서 이에 관심을 기울일 수밖에 없다. 액체 상태의 물이 생명체가 살 수 있는 환경을 만드는 데 중요한 요소라고 여기기 때문이다.

토성의 위성 디오네도 바다를 품고 있는 것으로 여겨진다. 위성 전반에 액체 바다가 있는지는 확실하지 않지만, 바다를 품은 지역이 있을 것이라는 사실은 알고 있다.

행성 과학 연구소의 에밀리 마틴(Emily Martin)은 디오네의 과거 또는 현재의 바다를 이해하기 위해 많은 노력을 기울여 왔다. 그러는 과정에 '버개(Virgae)'라고 부르는 표면의 특징을 발견했다. 디오네의 이러한 특징은 매우 길고 직선적이며, 주변 지역보다 훨씬 밝다.

길이가 수백 킬로미터에 이르나 폭이 5km 미만인 선형 '버개'는 적도와 평행하게 늘어서 있고 낮은 위도(북위 또는 남위 45° 미만)에서만 나타난다. 이것들은 주변의 어떤 지형보다 밝고, 능선과 분화구와 같은 다른 특징들을 겹쳐놓은 것처럼 보이는데, 이것은 비교적 젊다는 증거다. 이러한 선들은 토성의 고리, 궤도 위성 또는 가까이 접근하는 혜성에서 비롯된, 물질의 저속 충격으로 표면에 물질이 배치된 결과라는 견해가 많다.

분화구의 형성이나 단층과 같은 과정과 일치하지 않기에, 디오네 바깥 어딘가에서 온 물질의 침전물로 보는, 외생성(Exogenic) 기원이 제안되고 있는 것이다.

우리는 버개를 형성하는 물질이 디오네의 고유한 게 아니라는 것을 알기에, 물질의 근원이 무엇이든, 외부의 물질이 디오네 계에 생명이 살 수 있는, 중요한 화학 작용에 영향을 줄 수 있다는 것을 추측할 수 있다.

한편, 디오네의 얼음 표면에는 분화구가 많은 지형, 적당히 갈라진 평원, 구멍이 많은 지역 등이 있다. 분화구가 많은 지역에는 지름이 100km가 넘는 분화구가 많고, 평원 지역에는 지름이 30km 미만의 분화구가 많다.

구멍이 많이 뚫린 지형 대부분은 앞쪽 반구에 있으며, 구멍이 덜 뚫린 평원 지역은 후행 반구에 있다. 이것은 과학자들이 예상했던 것과는 반대인 결과다. 이에 대해서 조수에 잠긴 위성의 충돌 모델을 제안됐는데,

여기에는 아득한 과거의 대폭격 시기에 디오네가 토성과 반대 방향으로 조수적으로(Tidally) 묶여있었다는 가정이 포함되어 있다.

디오네는 상대적으로 크기가 작기에, 지름 35km의 분화구를 만드는 정도의 충돌에도 자전에 영향을 받을 수 있다. 그렇기에 디오네에는 지름 35km 이상의 크레이터가 많은 걸 고려해 보면, 초기의 강력한 폭격 동안 반복적으로 회전의 속도나 방향이 바뀌었을 것으로 보인다.

하지만 현재의 분화 패턴과 앞면의 밝은 알베도를 보면, 디오네의 현재와 같은 상태가 수십억 년 동안 유지되어 왔다는 걸 알 수 있다.

✳ Wispy Terrain과 Evander Basin

최근에 토성의 위성 디오네(Dione)에 대한 흥미로운 사실들이 밝혀졌다. 토성은 현재까지 62개의 위성을 데리고 있는 것으로 밝혀져 있는데 그중에서 가장 큰 타이탄에 관해서는 여러 연구가 진행 중이만, 그 외 위성에 대해서는 별로 관심이 없는 듯하다. 크기가 작고 뚜렷한 특징이 없어서 그런 것 같다. 그런 소외된 대상 중 하나가 디오네이다.

디오네는 지오바니 카시니(Giovanni Cassini)에 의해 1684년 3월 21일에 발견되었다. 카시니는 그를 후원해 준 루이 14세를 위해 이 위성의 이름을 처음에 '루이의 별'이라고 정하려 했으나 학계에서 받아들이지 않았다. 디오네라는 이름은 그리스 신화에 나오는 타이탄족 여신의 이름이다.

디오네는 토성에서 불과 평균 37.7만km 떨어진 지점에서 토성 주위를 공전하기에, 토성의 E 고리 가운데에 궤도가 있다. 이 거리는 지구와 달 사이 거리에 가깝지만, 토성이 지구에 비해 워낙 커서 토성에 근접해서 공전하는 것과 다름없고, 공전 주기도 2.7일에 불과하다.

디오네는 토성의 다른 위성들처럼 주로 얼음과 암석으로 구성되어 있는데, 암석으로 된 핵 주변을 밀도가 낮은 얼음이 둘러싸고 있다. 밀도가 1.478g/cm³으로 비교적 높은 것으로 보아, 내부 상당 부분(최대 46%까지)이 암석으로 되어있는 것으로 여겨진다.

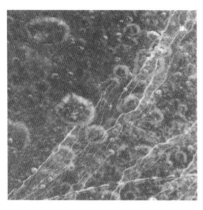
Wispy Terrain

디오네의 대표적 특징은 마치 할퀸 듯한 자국인 Wispy Terrain 이다. 카시니호가 보내온 데이터를 상세 분석한 결과, 이는 얼음 절벽으로 판 균열의 결과물인 것으로 밝혀졌다.

판 균열로 생기는 얼음 지형을 카스마타라고 부르는데, 이외에도 표면에는 얼음 지형들이 다수 존재한다. 이런 특징 외에 알려진 것으로 거대한 분지가 있다.

Evander 분지와 거대 분화구

남쪽에 존재하는 거대한 에반더(Evander) 분지는 거대 충돌 분화구로 보이는데 지름이 350km에 이른다.

한편, 최근에 카시니호의 데이터를 다시 분석해 본 결과, 디오네에 산소 분자 이온(O^{2+})이 존재한다는 것을 알아냈다. 디오네는 토성과 매우 가까워 강력한 하전 입자(Charged Particle)들의 공격을 받고 있다. 이런 입자들은 디오네 표면에 풍부한 물 분자에서 산소 분자 이온을 분리하여 대기로 방출시킨다. 이런 산소들이 축적될 수만 있다면 디오네에 산소로 구성된 대기를 만들 수도 있겠으나 실제로는 토성의 강력한 자기장에 의해 우주로 날아가게 된다.

일부 과학자들은 이런 산소가 유로파 같은 위성에서 탄소 분자와 결합해 다양한 유기물을 만들 수 있을 것이라는 가설도 세우고 있으나 실제로 이런 일이 일어날지는 의문이다. 어쨌든 생명체 없이도 산소가 풍부한 대기를 지닐 수 있는 환경이 만들어질 수 있다는 사실이 그저 놀랍다. 또한, 어떤 행성에 산소가 포함된 대기가 있다고 해도 그것을 생명체 존재의 절대적 증거로 여겨서는 안 된다는 사실을 상기하게 된다.

✳ 디오네에도 바다가 있을까?

태양계의 몇몇 위성에는 얼음 지각 아래 바다의 존재하는 것으로 추정되고 있다. 목성의 위성인 유로파와 토성의 위성인 엔셀라두스 등이 그것들이다. 이 위성에는 간헐천이 보이고 있고, 바다의 존재를 암시하는, 크레이터가 거의 없는 표면을 지니고 있어서, 지각 아래에 액체 상태의 물이 있을 가능성이 크다.

한편, 과학자들은 이것들 외에 다른 위성에도 바다가 있을지 모른다고 생각하고 있다. 벨기에 왕립 천문대의 연구팀은 토성의 위성인 디오네 역시 얼음 지각 아래 바다가 있을지 모른다는 내용을 Geophysical Research Letters에 발표했다.

디오네는 엔셀라두스보다 좀 더 먼 궤도에서 공전하고 있는 위성으로 지름 1,100km 정도 된다. 밀도가 물의 1.4배 정도 되는 것으로 보아 암석과 얼음으로 구성된 것으로 생각된다.

하지만 디오네에서 얼음 화산이나 간헐천으로 보이는 수증기의 증거가 발견된 적은 없기에 확신하지 못하고 있다. 다만 표면에 크레이터 수가 적고 균열이 많은 것은 사실이고, 토성과 주변 위성의 중력에 의한 조석력 변화가 생길 수 있는 여건을 갖추고 있다. 그래서 디오네 역시 엔셀라두스처럼 조석력으로 인한 내부 열이 발생하여 액체 상태의 물이 있을 수 있다고 보는 것이다.

물론 디오네가 엔셀라두스에 비해서 크고 모행성에서 더 멀리 떨어져 있기에 액체 상태의 물이 있더라도 더 깊은 곳에 숨겨져 있을 것이고, 따라서 표면 관측으로는 바다의 증거를 찾기가 쉽지 않다.

그렇기에 디오네 바다는 아직은 이론상으로만 존재한다. 그러나 만약 바다가 실재한다면, 태양계에는 바다가 존재하는 위성이 생각보다 많을 것이라는 가설을 세울 수 있다. 또한, 여기에 모두 생명체가 살 가능성은 희박하지만, 지구 외의 천체에 생명이 존재할 개연성이 동시에 높아지고, 생명 다양성의 확률 또한 높아지게 된다.

6. 레아

레아는 토성계에서 두 번째로 큰 위성이자 태양계에서 아홉 번째로 큰 위성으로, 표면적이 오스트레일리아의 면적과 맞먹는다. 산소 대기가 있는 유일한 위성이지만 태양계에서 가장 홈이 많은 위성 중 하나이다.

밀도가 1.23g/cm³로 낮은 것으로 보아, 25%의 암석과 75%의 물 얼음 정도로 구성되어 있는 것 같다.

종전에는 레아가 중심부에 암석의 핵을 지니고 있을 것으로 예상했으나, 카시니호의 근

레아

접 탐사 결과, 축 관성 모멘트 계수가 0.3911 ± 0.0045kg/m²로 측정되었기에, 중심부에 암석 물질이 존재할 경우의 계수가 0.34임을 고려하면, 이 값은 레아의 내부가 균일한 물질로 구성되어 있음을 짐작할 수 있고, 외관이 3축 형태를 보인다는 점 역시 유체정역학적 균형상 내부 물질들이 균일하다는 사실을 시사한다.

레아의 겉모습은 디오네와 비슷하며, 조성물 및 생성 역사도 비슷할 것으로 추측한다. 레아의 표면 온도는 73K로, 표면에는 충돌구가 매우 많으며, 밝은 선 구조가 존재한다.

표면은 충돌구의 밀도를 기준으로, 두 개의 구역으로 나눈다. 앞쪽 반구에는 충돌구의 수가 많으며 균일하게 밝은색을 띤다. 레아의 충돌구는

수성이나 달에 있는, 높은 릴리프 구조(High Relief Structure)가 없다. 뒤쪽 표면은 전체적으로 어두운색을 띠고 있으나 밝은색의 그물 무늬가 있으며 충돌구의 수가 적다.

그물 무늬는 레아가 생성될 당시, 내부에서 액체였던 물질들이 흘러나와 형성된 것으로 알려져 있었다. 그런데 최근에 관측을 통해, 디오네 표면에 있는 줄무늬가 얼음 계곡임이 밝혀졌기에, 그물 무늬 역시 얼음 계곡일 가능성이 크다.

한편, 레아는 반 크로네시아 반구(Anti-Cronian Hemisphere)에 지름이 약 400km와 500km에 달하는 두 개의 큰 충돌분지를 가지고 있다. 티라와(Tirawa)라고 불리는, 더 북쪽에 있는 것은 테티스의 분지 오디세우스와 비슷하다.

✳ 대기와 고리

천체 물리학자들은 자외선 이미지를 분석함으로써, 레아의 표면층의 화학적 구성에 대한 새로운 통찰력을 얻었다.

레아 주변에는 매우 희미한 산소 대기가 존재하는데, 이는 지구 이외의 천체에 산소 대기가 존재한다는 최초의 직접적인 증거다. 산소의 밀도는 지구와 비교할 수 없을 정도로 낮으나, 존재하는 것은 분명하고, 이것은 표면이 토성의 자기권에서 나오는 이온에 의해 조사되면서 산소가 방출된 것으로 보인다.

미량 섞여있는 이산화탄소의 근원은 덜 명확하지만, 비슷한 조사의 결과일 수도 있고, 드라이아이스의 승화에서 비롯된 것일 수도 있다.

한편, 카시니호가 근접 비행하는 동안 포착된 사진 중 하나는 레아의 표면에 하이드라진이 흡수된 흔적을 보여주는데, 그 하이드라진은 위성의 외부에서 왔을 개연성이 크다고 연구원들은 말한다. 그렇다면 그 근원은 토성의 가장 큰 위성인 타이탄일 것이다.

이 문제를 더 자세히 밝히기 위해, 아메다바드(Ahmedabad) 물리 연구소와 Bhabha 원자 연구 센터의 연구원들은, 실험실 실험을 수행하고 얼음으로 된 위성의 자외선 이미지를 분석했다. 그 결과, 하이드라진은 지난 40억 년 동안 타이탄의 대기에 존재했으며, 레아의 표면에 축적되기 전에는 파괴되지 않는다는 사실이 밝혀졌다.

타이탄에서 레아까지의 하이드라진의 이동은 아마도 '스퍼터링(Sputtering, 이온화된 가스를 타깃에 세게 충돌시켜 원자나 이온을 분출시키는 것)'이라고 불리는 과정을 통해 이루어졌을 것이라고 주장한다. 이 스퍼터링에서는 이온이 풍부한 태양풍이 타이탄에 빠른 속도로 영향을 주어 대기 가스를 우주로 떨어뜨릴 가능성이 있다. 하이드라진을 포함한 이 분출된 가스 일부가 레아로 향했을 것이라고 연구원들은 말한다. 타이탄 중심으로 보면, 이는 수십억 년에 걸쳐 화성이 대기권을 잃게 만든 것과 같은 과정이라고 할 수 있다.

한편, 2008년 3월에 NASA는 레아가 고리 체계를 가지고 있을지도 모른다고 발표했다. 고리의 존재는 카시니호가 레아를 지나갈 때 토성의 자기장에 갇힌 전자 흐름의 변화를 관찰함으로써 추론되었다.

먼지와 파편이 멀리까지 확장되어 있을지 모르지만, 위성에 근접해 있는, 좁은 형태의 고리로 있을 가능성이 더 높다. 그러나 카시니호가 여러 각도에서 고리로 추정되는 평면을 목표로 관측했지만, 그 존재에 대한 증거를 발견하지 못했다.

7. 이아페투스

이아페투스는 지름이 1,469km로, 토성의 세 번째로 큰 달이다. 이 위성은 1671년 지오바니 도메니코 카시니호에 의해 발견되었다.

이아페투스는 토성 위성의 음양이라고 불리는데, 그 이유는 앞쪽 반구의 알베도가 0.03~0.05로 석탄처럼 어둡고, 뒤쪽 반구가 0.5~0.6으로 훨씬 더 밝기 때문이다.

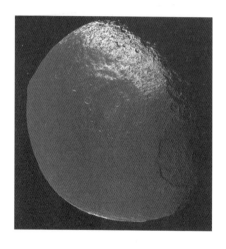

이아페투스의 밀도는 물의 1.2배에 불과하고, 토성으로부터 3,561,000km 떨어진 곳에서 공전하고 있다.

토성으로부터 멀리 떨어진 탓에, 토성에 가까운 몇몇 위성들에서처럼 표면이 매끄러워지거나 표면이 다시 형성되는 현상을 일어나지 않았다. 하지만 먼 거리에도 불구하고 토성에 조수적으로 갇혀있기에, 항상 토성을 향해 같은 얼굴을 보여주고 있다.

이아페투스는 타이탄과도 공명하고 있다. 이는 두 물체가 서로를 지나갈 때 속도가 빨라지고 느려진다는 것을 의미하지만, 이아페투스의 지름은 타이탄 지름의 1/3도 채 되지 않기에, 타이탄의 회전과 궤도는 이아페투스보다 훨씬 적은 영향을 받는다.

카시니호는 일찍이 이아페투스가 밝은 반구와 어두운 반구를 가지고 있으며, 조수에 맞물려 항상 토성을 향해 같은 얼굴을 유지하고 있다고 정확하게 추측했다. 이것은 이아페투스가 토성의 서쪽에 있을 때 지구에서 밝은 반구가 보이고, 동쪽에 있을 때 어두운 반구가 보였기에 알 수 있었다.

다른 큰 위성들과 비교했을 때 이아페투스 궤도는 다소 특이하다. 일반 위성 중에서 가장 기울어진 궤도면을 가지고 있으며, 이보다 더 기울어진 궤도를 가지고 있는 것은, 포이베와 같은 불규칙한 외부 위성들뿐이다. 이처럼 멀고 기울어진 궤도 때문에, 토성의 고리를 명확하게 바라볼 수 있는, 유일한 큰 위성이다. 이아페투스의 궤도가 고도로 기울어진 원인은 밝혀지지 않았지만, 토성에 포획된 외부 천체는 아닌 것으로 보인다. 학자들은 그 원인을, 토성과 다른 행성과의 조우 때문인 것으로 보고 있다.

✳ 두 얼굴의 비밀

주지하다시피 이아페투스 반구의 색깔 차이는 두드러진다. 앞쪽 반구와 옆구리는 어두운색으로 약간 적갈색을 띠지만, 뒤쪽 반구와 극지방 대부분은 밝은색이다.

어두운 지역은 카시니 레지오(Cassini Regio)이고, 밝은 지역은 적도 북쪽의 론세보 테라(Roncevaux Terra)와 남쪽의 사라고사 테라(Saragossa Terra)로 나뉜다.

원래의 어두운 물질은 이아페투스 외부에서 왔다고 여겨지지만, 현재 그것은 주로 위성 표면의 따뜻한 부분에서 나오는 얼음의 승화, 장기간 햇빛의 노출 등으로 더욱 어두워진 것으로 보인다.

여기에는 원시 운석이나 혜성 표면에서 발견되는 물질과 유사한, 유기화합물이 포함되어 있으며, 냉동 시안화수소 폴리머와 같은 시아노 화합물도 포함되어 있을 가능성이 있다.

이아페투스에 1,227km까지 접근한 카시니 궤도선이 촬영한 이미지는, 어두운 반구와 밝은 반구 모두 많은 구멍이 뚫려있음을 보여준다.

낮은 지대에는 어두운 물질이 가득 차 있고, 약한 조명을 받은 분화구의 극을 향하는 경사면에는 밝은 물질이 있지만 회색의 음영은 없다. 그리고 작은 유성이 아래 얼음까지 관통한 것을 보면, 어두운 물질은 매우 얇은 층을 이루고 있으며, 일부 지역에서는 수십 센티미터 두께에 불과하다는 사실을 알 수 있다.

79일의 느린 자전 때문에, 이아페투스는 색 대비가 발달하기 전에도 토성계에서 가장 따뜻한 낮과 가장 추운 밤을 가지고 있었을 것이다. 어두운 물질에 의한 열 흡수로, 밝은 지역 온도가 -160℃인데 비해, 어두운 지역 온도는 -144℃이다.

이러한 온도의 차이로, 얼음이 어두운 지역에서 먼저 승화되고, 밝은 지역에 먼저 퇴적될 가능성이 커진다. 이것은 카시니 지역을 더욱 어둡게 하고 이아페투스의 나머지 부분을 더욱 밝게 하여, 알베도에서 더 큰 대조를 이루는 열 피드백 과정이 만들어지는데, 모든 노출된 얼음이 카시니 지역에서 완전히 손실될 때까지 계속될 것이다. 이아페투스의 어두운 지역이 10억 년 이상 동안 약 20m의 얼음을 더 잃을 것으로 보인다.

이러한 모델은 빛과 어두운 부분의 분포, 회색 음영의 부재, 카시니 지역을 덮고 있는 어두운 물질의 두께 등을 설명해 준다. 얼음의 재분배는 이아페투스의 약한 중력에 의해 촉진되는데, 이것은 주변 온도에서 물 분자가 한 반구에서 다른 반구로 단지 몇 번의 도약으로 이동할 수 있다는 것을 의미한다.

그러나 열 피드백을 시작하려면 별도의 색 분리 과정이 필요하다. 초기에 대비를 이룰 만큼의 어두운 물질이 없었다면, 이런 열 피드백이 형성되지 않았을 것으로 보이기 때문이다. 아마 초기의 어두운 물질은, 작은 외부 위성들이나 미세유성들의 폭발과 충돌로 생성되어, 이아페투스의 반구에 떨어진 것으로 보인다.

작은 위성이나 유성들의 파편들이 이아페투스의 주변을 떠돌면서, 햇빛을 받아 어두워졌을 것이고, 그것이 선행 반구에 휩쓸려 들어가면서 표면을 코팅했을 것이다. 일단 이런 과정이 알베도의 초기 대조를 이루어 냈다면, 위에 설명된 열 피드백이 형성되면서 폭주가 시작될 수 있다.

이런 가설을 보조하기 위해, 외생성(Exogenic) 퇴적물과 열수 재배분 과정에 관한 간단한 수치 모델을 만들어 보면, 이아페투스에 두 개의 톤이 형성될 수 있음을 예측할 수 있고, 앞쪽이 더 붉은색을 띠게 된다는 것도 알 수 있다.

이러한 낙하 물질의 가장 큰 저장고는 바깥쪽 위성 중 가장 큰 포이베이다. 포이베의 표면색이 이아페투스와 같이 대조적인 두 개의 색을 띠지 않는 것은 외부 먼지가 한쪽 면에만 떨어지지 않고 비교적 고르게 분포되어 있기 때문일 것이다. 어쨌든 2009년에 포이베의 궤도면과 그 바로 안쪽에서 약한 물질 원반이 발견되면서, 이런 주장에는 더 힘이 실렸다. 원반은 토성 반경의 128~207배이며, 포이베는 토성 반경 평균 215배 떨어진 거리를 돌고 있다.

✳ 적도 능선의 비밀

현재 이아페투스의 3축 측정 결과, 반경은 $746km \times 746km \times 712km$, 평균 반경은 $734.5 \pm 2.8km$이다. 그러나 전체 표면이 아직 높은 해상도로 이미지화되지 않았기에 이러한 측정은 부정확할 수 있다.

하지만 대중들은 이에 관심이 별로 없다. 이아페투스에는 모두의 시선을 단번에 끌어당기는 매력적인 지형이 있기 때문이다. 바로 적도를 따라 솟아있는 긴 능선이다. 이 미스터리 벨트는 길이가 약 1,300km, 폭이

20km, 높이가 13km인데, 2004년 12월 31일에 카시니호가 발견했다.

지오반니 카시니가 1671년에 천체 망원경으로 처음 이아페투스를 발견했을 때 그곳의 반구가 서로 다른 반사율을 보여준다는 사실을 알아냈다. 그리고 보이저호가 조우했을 때 적도에 긴 능선이 있다는 사실을 알아차렸다. 하지만 그 능선이 이렇게 거대한지는 미처 알아채지 못했다.

이아페투스의 모양이 이렇게 특이할지 누가 상상이나 했겠는가. 이아페투스에 호두 이미지를 부여한 이 거대한 능선은 도대체 어떻게 형성된 걸까? 많은 연구가 있었으나 아직 공감할만한 대답은 나오지 않고 있다.

작은 위성에 거대한 능선이 있다는 것도 의문이지만, 왜 그것이 적도를 거의 완벽하게 따라가는가를 설명하기는 더욱 어렵다. 이것에 관한 가설들은, 초기의 타원형 이아페투스의 변형, 고리 체계의 붕괴로 형성, 이아페투스 내부의 얼음 물질 우물에 의해 형성, 대류 전복의 결과 등으로 나뉘어 있다.

이 중에 가장 유력한 설명은 무엇인가. 이 산등성이가 죽은 달의 잔해일 수도 있다는 주장이 가장 주목받고 있다. 이 모델은 45억 년 전 행성 성장기의 끝자락에 거대한 충격이 이아페투스의 잔해 덩어리들을 폭발시켰고, 이때 생긴 돌무더기가 이아페투스 주변에서 하위 위성으로 만들었다고 본다. 그리고 이아페투스가 어느새 근접한 그 위성을 중력으로 부수어서 궤도를 도는 잔해 고리가 만들어졌고, 그 고리의 물질들이 비를 뿌리면서, 현재보다 빠르게 돌고 있던 이아페투스의 적도에 능선을 만들었다고 보는 것이다.

그런데 이런 사건이 왜 이아페투스에만 일어났는가. 연구원들은, 토성으로부터 너무 멀리 떨어져 있어서 행성의 영향을 적게 받았기에 이런 종류의 융기를 지니게 됐다고 말한다. 이 주장에는 이아페투스가 더 가까이 있었다면, 토성이 이아페투스의 달이나 고리를 끌어당겼을 가능성도 포함된다.

　이 주장은 돔바드와 그의 동료들이 강력하게 제시했는데, 이 모델에서 고리의 파편들이 이아페투스의 적도 능선에 모이게 된 과정을 살피기 위해서는, 파편이 쏟아지는 모습과 이아페투스의 자전에 관한, 좀 더 정교한 컴퓨터 시뮬레이션이 필요하다.

제 3 장

천왕성계

Uranus System

1. 천왕성

평균 지름	51,118km(적도) 49,946km(극)
표면적	$8.084 \times 10^9 km^2$
질량	$8.6832 \times 10^{25} kg$
궤도 장반경	19.2184 AU 2,875,034,645km
원일점	20.09647 AU
근일점	18.28606 AU
이심률	0.046381
궤도 경사각	0.773°(황도면 기준) 6.48°(태양 적도 기준)
공전 주기	84.0205년 30,688.5일 42,505 천왕성태양일
자전 주기	17시간 14분 24초
자전축 기울기	97.77°
대기압	120kpa(지구의 1.2배)
대기 조성	수소 83% 헬륨 15% 메탄 1.99% 암모니아 0.01% 에탄 2.5ppm 에타인 1ppm
평균 온도	55K (-218°C)
최고 온도	57K (-216°C)
최저 온도	49K (-224°C)
표면 중력	0.886G
겉보기 등급	+6.03 ~ +5.38
위성	27개

천왕성의 핵은 얼음이며, 지표는 액체 메탄, 대기는 수소와 헬륨으로 이루어져 있고, 평균 기온은 -218℃이다.

자전 주기는 지구 시간으로 17시간 14분이며, 공전 주기는 84년이다. 지구보다 63배 크고 15배가량 무거운 행성으로, 해왕성과 함께 거대 얼음 행성으로 분류된다. 단 밀도는 1.27로 해왕성보다 낮으며 토성 다음으로 가볍다.

천왕성의 겉보기 등급은 5.8로 육안으로 확인할 수 있는 최소 등급인 6에 근접해서, 오래전부터 그 존재를 인지하고 있었다.

가장 눈에 띄는 특징은 옆으로 누워서 자전한다는 사실이다. 자전축이 약 97.77°나 기울어져 있다. 행성 대부분은 공전축과 자전축이 이루는 각이 크지 않아 팽이가 돌아가듯 자전하는데, 천왕성은 자전축이 공전 면에 붙어있어 굴러가듯이 자전한다. 자전 방향이 다른

214   외행성계 미스터리

행성들과는 반대인 금성과 더불어 태양계에서 특이한 자전을 하는 행성이다.

자전축이 기운 이유에 대해 의견이 분분하다. 행성이 충돌했다는 설이 유력하나, 자전축을 기울여놓을 만큼의 빠르고 질량이 큰 행성이 충돌했을 리가 없다는 반론을 피해 가기 어렵다.

또 하나의 신기한 특징은 낮보다 밤일 때 온도가 더 높다는 사실이다. 이는 수소 분자가 낮에 자외선에 의해 원자로 나뉘었다가, 밤에 다시 분자로 모이면서 내는 열 때문인 것으로 보인다.

한편, 천왕성은 누워서 자전하므로 밤이 42년, 낮이 42년이라고 오해하기 쉬우나, 극지방이 태양을 바라보는 경우만 그렇고, 적도가 태양을 바라보는 분점 근처에서는 자전 주기 반만큼만 밤이고, 나머지는 낮이다.

자기장도 매우 특이하다. 지구, 목성, 토성 등과는 달리, 천왕성과 해왕성의 자기장은 자전축과 너무나 동떨어진 분포를 보인다.

그리고 찬드라 X선 망원경으로 관측한 결과, 천왕성 고리에서 X선이 방출되고 있다는 사실도 밝혀졌다. 고리에서 자체적으로 X선이 발생했거나, 태양으로부터 받은 X선을 반사하는 것일 텐데, 그 원인에 대해서는 아직 알아내지 못했다.

한편, 태양계 진화론에 따르면, 현재 천왕성과 해왕성이 있는 영역은, 태양계 형성 당시 성운 가스의 밀도가 빠르게 희박해져, 중형 가스형 행성이 나오기 어렵다고 한다. 그래서 천왕성과 해왕성이 원래는 목성과 토성 궤도 가까이에 있다가, 행성 간의 섭동을 거쳐, 현재 위치로 이동하게 됐을 것이라는 주장이 제기되고 있다.

천왕성에 어떤 사건이 일어났는지는 모르지만, 수많은 시간에 걸쳐 현재 위치로 왔고 이런 사건 때문에 천왕성의 지축이 크게 기울었을 수도 있다. 이 주장에 귀를 기울이는 이유는, 명왕성이나 에리스 같은, 해왕성 밖 천체 및 물질 분포를 아울러 설명할 수 있기 때문이다.

그런데 천왕성에도 기상 현상이 일어나고 있을까? 겉보기에는 너무 심심해 보인다. 목성, 토성, 해왕성은 구름이 이동하고 바람이 부는 등의 기상 현상이 보이지만, 천왕성에서는 거의 보이질 않는다.

하지만 기상 현상이 일어나지 않는 것은 아니다. 다른 기체 행성들만큼 활발하지 않을 뿐, 천왕성에서도 날씨 변화가 일어나고 있다. 그리고 행성 표면이 어떤지는 확실히 알 수 없지만, 고체와 액체 형태가 뒤섞인 슬러시 형태의 메테인 바다가 펼쳐져 있을 것으로 예상된다.

태양으로부터의 거리가 멀어서 행성 내부에선 햇빛을 전혀 관측할 수 없을 것이고, 그 속에서 펼쳐진 메탄 바다 위로 태풍과 번개가 끊임없이 날뛰고 있을 것이다. 게다가 지구에서는 기체인 물체들이 이곳에서는 수소나 헬륨을 제외하고는, 거의 모두가 액화되거나 얼어붙어 있고, 가스 행성의 특성상 상륙할 육지 따위 없을 것이다.

한편, 춘분점에 가까워지던 2005년에 갑작스럽게 기상 현상이 급증했는데, 왜 그랬는지는 아직 밝혀지지 않았다. 당시 측정된 풍속은 824km/h이며, 불꽃놀이 수준의 뇌우도 관찰되었다.

2014년에도 다시 특이한 기상 현상이 관측되었는데 반경 9,000km나 되는 강력한 폭풍이 일어났다. 천문학자들은 천왕성의 공전 주기의 절반인 42년마다 에너지가 적도에 집중되는데, 이 때문에 이런 현상이 일어나는 것으로 여기고 있다. 하지만 너무 멀리 떨어진 천체여서 모든 게 불확실한 상황이다.

✳ 거대 행성과의 충돌

주지하다시피 천왕성은 태양계에서 자전축이 가장 독특한 행성이다.

조금 기울어진 정도가 아니라 옆으로 완전히 누워있다.

과학자들은 천왕성이 과거 큰 충돌을 겪으면서 자전축이 지금처럼 누운 것으로 보고 있다. 던햄 대학의 야콥 케제레이스(Jacob Kegerreis)가 이끄는 연구팀은 컴퓨터 시뮬레이션을 통해 가능성 높은 시나리오를 찾으려고 노력했다.

그 연구 결과에 따르면, 40억 년 전에 천왕성이 지구 질량의 두 배에 달하는 다른 행성과 충돌하면서 현재와 같은 자전축을 지니게 됐을 가능성이 가장 높은 것으로 나타났다. 이러한 천체 간의 충돌은 태양계 초창기에 그렇게 드물지 않게 일어났던 것으로 보인다.

과학자들은 컴퓨터 시뮬레이션과 다른 원시 행성계 관측 결과를 토대로, 태양계 초기 수십 개의 작은 행성이 탄생했으나, 충돌과 합체를 거쳐 현재와 같이 8개의 행성만 남게 된 것으로 보고 있는데, 지구 역시 화성 크기의 행성과 충돌해 현재와 같은 모양의 지구와 달이 형성된 것으로 보고 있다.

이번 연구의 또 다른 성과는 시뮬레이션 결과, 천왕성의 표면 온도가 낮은 이유를 설명할 단서도 발견했다는 것이다. 연구팀 발표에 의하면, 충돌의 결과, 천왕성의 내부에 층이 형성되면서 내부의 열 배출을 막아 표면 온도가 -216℃ 정도로 낮게 유지된다고 한다.

태양계 생성 초기에 행성급 천체 간의 충돌은 적어도 수십 회에 걸쳐 일어났을 것이다. 현재의 우리는 그 가운데 흔적을 남긴 일부만 확인할 수 있으나, 태양계의 행성이 파괴적인 충돌의 결과물이라는 증거가 점점 늘어나고 있다.

✳ 색깔이 다른 이유

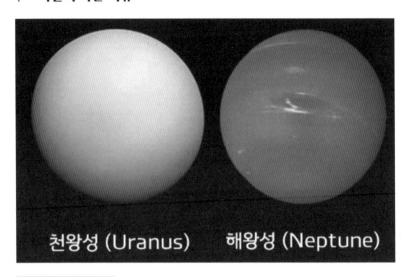

천왕성 (Uranus)　　해왕성 (Neptune)

천왕성과 해왕성

천왕성과 해왕성은 여러 면에서 특성이 유사한 행성인데도 뚜렷하게 다른 색깔을 보여, 오랫동안 천문학자들에게 풀리지 않는 미스터리였다.

최근에야 이 두 행성이 다른 색깔을 띠는 이유를 설명할 수 있게 되었다. 옥스퍼드 대학 패트릭 어윈 교수가 이끄는 연구팀이 〈지구 물리학 연구저널: 행성〉 저널에 게재한 논문에 해당 내용이 들어있다.

천왕성과 해왕성은 모두 태양계 외곽의 거대 얼음 행성이다. 대기 중에 붉은빛을 흡수하는 메탄 기체가 많고 미세입자도 많아, 지구의 하늘을 푸르게 만드는 것과 같은, 산란 효과가 잘 일어난다. 그 때문에 두 행성은 모두 푸른빛을 띤다.

천왕성과 해왕성은 크기는 물론 질량과 대기 구성까지 비슷해 서로 매우 흡사한 행성이지만, 천왕성은 옅은 하늘색, 해왕성은 짙푸른 코발트색을 띠어 확연한 차이를 보인다. 기존에 알려진 두 행성의 온도 분포와 메탄 농도 등의 대기 특성을 고려하면 비슷한 색을 띠어야 하기에, 이러한 색깔 차이는 오랫동안 수수께끼였다. 우리가 알지 못하는 어떤 물질이 해왕성에 존재해 작용하고 있을 것이라고 막연히 추측했을 뿐이다.

그리고 이제까지는 천왕성 연구와 해왕성 연구가 각각 따로따로 진행됐으며, 좁은 파장 영역에 집중되어 있어, 비교하기가 어려웠다. 이에 연구팀은 자외선부터 가시광선, 근적외선까지의 넓은 파장 범위를 포함하는 관측을 수행했다. 또한, 3가지 각기 다른 관측 기기(제미니 북반구 천문대 적외선 관측기기, NASA 적외선 천문대 설비, 허블 우주 망원경)의 데이터를 연구에 활용해 종합적으로 분석했다. 지구와 천왕성, 해왕성 모두 태양을 공전하고 있기에 관측을 수행하는 시기(계절)와 장소(위도)에 따른 보정도 적용했다.

그렇게 두 행성의 관측 결과와 모두 일치하는 하나의 행성 대기 모델을 최초로 고안해 냈다. 기존 모델들이 특정 파장대와 상층부 대기에 초점이 맞춰져 있는 것에 비해, 이 새로운 모델은 여러 파장대에 광범위하게 걸쳐 있으며, 여러 대기층으로 구성되어 있다. 그리고 메탄과 황화수소 얼음으로 만들어진 구름만 가정하고 있던 기존 방법에서 더 나아가, 깊은 심부의 연무 입자까지 함께 고려하고 있다.

연구팀의 행성 대기 모델은 높이에 따라 총 3층의 에어로졸층으로 나누어져 있다. 가장 심부인 1층(Aerosol-1 layer)은 행성 대기와 햇빛의 상호작용으로 생성된 입자와 황화수소 얼음이 함께 있는 혼합물로 구성된다. 2층(Aerosol-2 layer)은 연무 입자로 된 층이며, 상부 대기인 3층(Aerosol-3 layer)은 2층에서 좀 더 확장된 연무층이다.

연구팀의 모델에 두 행성을 적용하면 공통으로 3층 구조에 메탄 눈이 내린다. 다만 해왕성은 천왕성과는 달리 상부에 얇은 메탄 얼음층이 생성된다. 2층 연무층의 두께에서 큰 차이를 보이는데, 천왕성의 2층 대기 두께가 해왕성의 2층 대기보다 두껍다. 이 2층이 바로 행성의 색깔에 영향을 미치는 층이다.

메탄 얼음 입자는 2층 바닥에 응축되어 메탄 눈으로 내린다. 그런데 해왕성은 더 역동적이고 소용돌이치는 대기를 지니고 있기에 메탄 입자들을 휘저어 더 많은 눈으로 내리게 된다. 즉 눈으로 내려보냄으로써 더 많은 연무를 제거해, 더 얇은 연무층을 유지하게 한다.

반면에 천왕성은 느린 대기에 연무가 정체되어 쌓이면서 두꺼운 연무층을 갖게 된다. 이 연무층이 행성의 색깔을 하얗게 보이게끔 하는데, 따라서 두꺼운 연무층을 가진 천왕성은 더 밝은 색상을 띠고 얇은 연무층을 가진 해왕성은 더 파란색을 띠는 것이다.

연구팀은 천왕성과 해왕성에 순차적으로 대기를 입혀가며 색깔을 구현했다. 처음 메탄 대기만 입혔을 때는 두 행성 모두 똑같은 파란색이나, 모델에 따라 한 층씩 덧입혀갈수록 천왕성이 조금씩 옅은 녹색을 띠게 되었다.

이는 대기 연무층의 차이가 아니었다면 특성이 비슷한 두 행성은 처음 과학자들의 생각대로 똑같은 파란색이었을 것이기에, 두 행성의 색깔을 가르는 요인이 대기 연무층임을 보여준다. 대기 모델을 모두 적용한 천왕성과 해왕성의 색깔은 실제 관측 데이터에서 보여주는 색깔과 거의 차이가 없었다.

한편, 이 모델은 여기서 더 나아가 천왕성과 해왕성의 흑점까지 설명할 수 있다. 해왕성은 '대흑점'이라 불리는 흑점이 종종 관측되었으나 천왕성에서는 훨씬 드물게 보였다. 과학자들은 천왕성의 흑점이 해왕성과는 달리, 더 긴 파장에서 보이는 것으로 추정했는데, 본 연구에서 파장별로 분석한 결과, 모델의 예측 역시 이러한 예상과 부합했다.

그리고 예전에는 두 행성의 대기에 나타나는 흑점의 원인이 되는 대기

층이 어디인지, 왜 해당 대기층이 어두워지는지를 밝혀내지 못했다. 연구팀은 기상 작용으로 모델의 대기 1층이 어두워지는 경우를 가정하여 천왕성과 해왕성의 흑점을 구현했다. 이 역시 파장별로 분석했을 때 실제 관측 양상과 일치했다.

태양계의 두 얼음 행성인 천왕성과 해왕성을 동시에 잘 설명하는 모델을 고안했다는 것은 무척 고무적이다. 행성 대기 분야는 특히 거대 얼음 행성에 대해서는 밝혀지지 않은 부분이 많은데, 거대 얼음 행성은 외계 행성 중에 매우 흔하다. 또한, 외계 행성의 1/3 이상이 천왕성 정도의 크기이다. 이러한 점들을 고려하면, 이 연구는 멀리 보면 외계 행성의 대기와 특성을 이해하는 데에 큰 도움이 될 것이다.

✳ 누워있는 거인

천왕성의 궤도는 1783년에 피에르시몽 라플라스에 의해 처음으로 계산되기 시작했다. 시간이 지나면서 예측된 궤도와 관측된 궤도 사이에 불일치가 나타나기 시작하자, 1841년에 애덤스(John Couch Adams)가 그 이유가 보이지 않는 행성의 중력 때문일 수도 있다고 처음으로 주장했다.

1845년에 베리에르(Urbain Le Verrier)는 천왕성의 궤도에 관한 독자적인 연구를 시작했고, 1846년에 갈레(Johann Gottfried Galle)는 베리에르가 예측한 위치에서 새로운 행성을 발견했는데, 그게 바로 해왕성이다.

천왕성 내부의 자전 주기는 17시간 14분인데, 일부 위도에서는 대기가 훨씬 더 빠르게 이동하여 14시간 만에 완전히 회전하며, 다른 거대 행성과 마찬가지로, 상층 대기에는 회전 방향으로 강한 바람이 분다.

한편, 천왕성 자전축은 특이하게 궤도면과 거의 평행하여, 축 기울기는 97.77°나 된다. 이런 이유로, 다른 행성들과는 완전히 다른 계절 변화가 일어난다. 동지 부근에서 한 극은 태양을 계속 향하고 다른 극은 반대쪽을 향하며, 적도 주변의 좁은 띠만 빠른 낮과 밤의 주기를 겪는다. 그리고 천왕성 궤도의 반대쪽에서는 태양을 향한 극의 방향이 완전히 역전된다.

각각의 극은 약 42년의 지속적인 햇빛을 받으며, 그 뒤로 42년의 어둠에 묻히게 되고, 분점이 가까워질 때만 태양이 천왕성의 적도를 향한다.

이런 현상 때문에 천왕성의 극과 극에 가까운 지역이 적도 지역보다 태양으로부터 더 많은 에너지를 공급받게 되는데, 이상하게도 적도가 극 지역보다 더 뜨겁다. 정말 미스터리인데, 이런 현상이 일어나는 메커니즘을 아직 밝혀내지 못하고 있다.

천왕성이 특이하게 축 방향으로 기울어진 이유 역시 확실하게 밝혀지지 않았지만, 형성되는 과정에서 지구 크기의 행성이 천왕성과 충돌하면서 현재와 같은 모습이 됐을 것이라는 가설이 유력하다. 이 가설의 대표적인 주자로는 더럼 대학(Durham University)의 케거리스(Jacob Kegerreis)가 있다. 그는 30억~40억 년 전에 지구보다 더 큰 암석이 행성에 충돌하면서 현재와 같은 기울기가 생겼다는 시뮬레이션을 내놓았다.

✳ 가장 추운 행성

천왕성의 질량은 지구의 약 14.5배이고, 지름은 해왕성보다 약간 크며, 밀도는 $1.27g/cm^3$로 토성 다음으로 밀도가 낮은 행성이다. 이런 수치는 천왕성이 주로 물, 암모니아, 메탄과 같은 다양한 얼음으로 만들어져 있음을 시사한다.

천왕성 내부에 있는 얼음의 총량은 정확히 알려지지 않았는데, 그 이유는 선택된 모델에 따라 수치가 다르게 나오기 때문이다. 천왕성 구조의 표준 모델은 암석질 중심부, 얼음 맨틀, 수소/헬륨 기체의 외피로 구성되어 있다는 것이다.

중심핵 밀도는 약 $9g/cm^3$, 압력은 800만 bar, 온도는 약 5,000K이다.

얼음 맨틀은 일반적인 의미의 얼음으로 구성된 것이 아닌 물, 암모니아 그리고 다른 휘발성 물질로 구성된, 밀도가 높은 유체로 구성되어 있다.

깊은 곳의 높은 압력과 온도는 메탄 분자를 분해할 수도 있고, 탄소 원자를 다이아몬드의 결정체로 응축하여, 맨틀을 통해 흘러내리게 할 수 있다. 이것은 목성, 토성, 해왕성에 존재할 것으로 보이는 다이아몬드 비와 유사하다.

천왕성과 해왕성의 부피 구성은 목성과 토성의 그것들과 달리, 얼음이 기체보다 우세하기 때문에 얼음 거인으로 분류된다. 내부에 물 분자가 수소와 산소 이온의 수프로 분해되는 이온수 층이 있을 수 있고, 수소 이온이 산소 격자 내에서 자유롭게 이동하는, 초이온수가 있을 수 있다.

이러한 모형은 표준적이지만 유일하지는 않으며, 다른 유력한 모형들도 있다. 예를 들어, 얼음 맨틀에 많은 양의 수소와 암석 물질이 섞여있다면, 내부 얼음의 총질량은 더 낮아질 것이고, 그에 상응하여 암석과 수소의 총질량은 더 높을 것이다. 현재 확보된 데이터로는 어떤 모형이 실체에 가까운지 알 수 없다.

다만 천왕성의 내부에는 단단한 표면이 없다는 것은 확실해 보인다. 표면의 기체는 내부로 갈수록 점차 액체층으로 전이되는데, 편의상 대기압이 1bar가 되는 지점에 설정된 회전 타원체를 표면으로 지정하고 있다.

한편, 천왕성의 내부 열은 다른 거대 행성들보다 현저하게 낮은 것으로 보인다. 천문학적인 관점에서, 천왕성의 내부 온도가 왜 이렇게 낮은지는 아직 알지 못하고 있다. 크기와 구성면에서 쌍둥이에 가까운 해왕성은 태양으로부터 받는 에너지의 2.61배에 달하는 에너지를 우주로 방출하지만, 천왕성은 상대적으로 너무도 적게 방출한다.

천왕성이 원적외선 부분에서 복사한 총에너지는 대기에 흡수된 태양에너지의 1.06 ± 0.08배이고, 열 유속은 $0.042 \pm 0.047 W/m^2$에 불과하며,

대류권에서 기록된 최저 온도는 −224.2℃로, 태양계에서 가장 추운 행성이다.

이에 대한 가설 중 하나는 천왕성이 초대질량 충돌체에 부딪혀 대부분의 원시 열을 방출했을 때 중심핵 온도가 고갈되었을 것이라는 견해가 있다. 이 가설은 행성의 축 방향 기울기를 설명하는 데도 사용된다.

또 다른 가설은 천왕성의 상층부에, 핵의 열이 표면에 도달하는 것을 막는, 어떤 형태의 장벽이 존재한다는 것이다. 예를 들어, 여러 층의 집합된 구조체에서 각층 내부에서만 활발한 대류가 일어날 수 있는데, 이러한 구조일 경우에 상향 열전달이 제한될 수 있다.

한편, 최근 연구에서 빙하 거인들의 내부 상태에서 올리빈(Olivine)과 페로페리클레이스(Ferropericlase)와 같은 광물을 포함한 물을 압축해 본 결과, 많은 양의 마그네슘이 용해될 수 있는 것으로 나타났다.

가능성이 높지는 않으나 지구의 맨틀에 가장 많은 올리빈과 페로페리클레이스가 천왕성 맨틀에도 있다면, 그 구성 원소인 마그네슘도 풍부할 수밖에 없다. 그렇게 천왕성이 해왕성보다 더 많은 마그네슘을 가지고 있다면, 그것은 단열층을 형성할 수 있고, 따라서 행성의 낮은 온도가 설명될 수 있다.

✳ 대기와 구름

천왕성 대기의 구성 성분은 대부분 수소와 헬륨이지만, 벌크로 따지지는 않는다. 헬륨 몰 분율, 즉 기체 분자당 헬륨 원자의 수는 대류권 상부에서 0.15 ± 0.03이며, 이는 질량 분율 0.26 ± 0.05에 해당한다. 이 값은 원태양 헬륨 질량 분율인 0.275 ± 0.01에 가까우며, 헬륨이 다른 가스 거인에서처럼 중심에 자리 잡지 못했음을 나타낸다.

천왕성의 대기 중에 세 번째로 풍부한 성분은 메탄이다. 메탄은 가시광선과 근적외선에 두드러진 흡수 밴드를 가지고 있고, 1.3bar의 압력 수준에서 몰 분율로 대기의 2.3%를 차지한다.

극도로 낮은 온도로 인해 대기 상층부에서는 혼합 비율이 훨씬 낮아서 포화도가 낮아져 메탄이 얼게 된다. 대기의 깊은 곳에는 암모니아, 물, 황화수소와 같은 휘발성이 적은 화합물이 풍부하다.

메탄과 함께, 미량의 다양한 탄화수소들이 천왕성의 성층권에서 발견되는데, 이것들은 태양 자외선(UV)에 의해 유도되는 광분해로 메탄으로부터 생성되는 것으로 보인다.

한편, 보이저 2호는 천왕성의 남반구를 밝은 극지방과 어두운 적도의 띠로 나눌 수 있다는 사실을 발견한 바 있다. 그 경계는 위도 -45° 근처에 있었다. -45°에서 -50°까지의 위도 범위에 걸쳐있는 좁은 띠는 표면에서 가장 밝다. 그것은 '남부 칼라(Collar)'라고 불린다. 보이저 2호는 대규모 띠 구조 외에도 열 개의 작은 밝은 구름층을 관측했는데, 대부분은 북쪽으로 몇 도 정도 떨어져 있었다.

보이저 2호는 천왕성의 남반구 여름일 때 도착하여 북반구를 관측할 수 없었다. 그런데 21세기 초, 북극 지역을 본격적으로 관찰할 수 있게 되었을 때도, 허블 우주 망원경과 켁 망원경은 북반구에서 칼라와 캡을 미처 관측하지 못했다. 그래서 천왕성이 비대칭적 구조인 것으로 여겼다. 남극 근처에서는 밝고, 남쪽 칼라의 북쪽 지역에서는 균일하게 어두운 구조 말이다. 그런데 2007년에 천왕성이 분점을 지났을 때, 남쪽 칼라는 거의 사라졌고, 위도 45° 부근에서 희미한 북쪽 칼라가 나타났다. 그리고 2023년에는 위도 80°의 어두운 칼라와 북극의 밝은 점을 관찰했고 극소용돌이의 존재도 알게 되었다.

1990년대에는 관측된 밝은 구름 띠의 수가 상당히 증가했는데, 이는 부분적으로 새로운 고해상도 이미징 기술을 사용할 수 있게 되었기 때문이며, 대부분은 북반구에서 볼 수 있게 되며 발견되었다. 그리고 남반구에서 밝은 칼라가 구름을 가린다는 초기 설명은 틀린 것도 알게 되었다.

그렇지만 각 반구의 구름 사이에는 차이가 분명히 존재한다. 북쪽의 구름은 더 작고, 더 날카롭고, 더 밝다. 그들은 더 높은 고도에 놓여있는 것처럼 보인다.

최근 관측에서는 천왕성의 구름 모양이 해왕성의 구름 모양과 많은 공통점을 가지고 있다는 사실도 알게 됐다. 예를 들어, 해왕성에서 흔히 볼 수 있는 흑점을 2006년 이전에는 천왕성에서 전혀 관측해 내지 못했다.

최근에는 수많은 구름의 특징을 추적함으로써 천왕성의 대류권 상부에서 부는 지역풍도 측정할 수 있게 되었다. 적도에서는 바람이 역행하는데, 이것은 바람이 행성 회전의 역방향으로 분다는 것을 의미한다. 풍속은 적도로부터의 거리에 따라 증가하여 대류권의 최저 온도가 위치한 위도 ±20° 부근에서 정점에 이른다.

극에 가까워지면, 바람은 천왕성의 회전에 따라 진행 방향으로 이동한다. 풍속은 위도 ±60°에서 최대로 증가하다가 극지방에서 0으로 떨어진다. 위도 -40°에서의 풍속은 540~720km/h이다. 그리고 북반구에서는 위도 +50° 부근에서 최대 속도가 860km/h까지 이른다.

✳ 거대 폭풍

천왕성은 태양에서 평균 19AU 떨어진 위치에 있고, 대기 온도는 최저 49K(-224.2℃)라는 극한의 환경이다. 그래서 기상 활동이 거의 없을 거라 판단했으나, 1986년에 보이저 2호가 천왕성의 근접 이미지를 보내온 후, 이 행성에 꽤 활발한 기상 활동이 일어나고 있다는 사실을 알게 되었다.

보이저 2호 이후에는 천왕성을 방문한 탐사선이 없어 천왕성을 근접 관찰할 수 없었으나, 대신 허블 우주 망원경과 제임스 웹 망원경 같은 고성능 망원경으로 천왕성의 기상 활동을 관측할 수 있게 되었다.

이 망원경들은 최근에 천왕성의 표면에서 강력한 폭풍의 증거를 발견했다. 천왕성의 적도를 따라 무려 9,000km에 걸쳐서 강력한 폭풍 띠가 형성되어 있는 것을 찾아낸 것이다.

목성, 토성, 천왕성, 해왕성 등 거대 행성들은 여러 층의 대기를 가지고 있다. 밀도가 높은 고체 및 액체 상태의 물질들은 대부분 행성 내부 깊숙이에 존재하고, 상대적으로 가벼운 기체 상태의 물질들은 다양한 층의 대기와 구름을 형성하는데, 여기서 강력한 폭풍이 발생한다. 그 규모는 지구의 폭풍이 왜소하게 보일 만큼 거대하다. 대표적인 것은 수백 년 동안 지속되는 거대 폭풍인 목성의 대적점인데, 토성에도 불가사의한 거대 폭풍이 존재한다.

한편, 목성이나 토성에 비해서 잘 알려지지 않았지만, 캘리포니아 대학의 천문학자 임케 드 파터(Imke de Pater)는 천왕성의 대기도 아주 활동적이라고 주장했다. 그리고 그의 주장처럼 2014년에 아주 강력한 폭풍이 발견되었다.

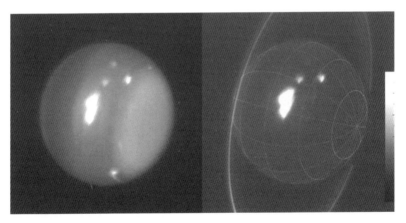

2014년에 Keck 망원경의 적응 광학 장치로 얻은 천왕성 적외선 이미지

그런데 이 폭풍의 발생은 드 파터의 동료 천문학자 헤이디 하멜(Heidi Hammel)이 이미 2007년에 예상한 바 있다. 그 근거는 2014년이 천왕성이 42년 주기의 분점(춘분점이나 추분점처럼 황도와 적도가 만나는 지점, 천왕성의 공전 주기는 84년이다)에 해당하기 때문이었다고 한다.

그런데 이 말을 이해하려면 천왕성의 독특한 자전축을 인식하고 있어야 한다. 천왕성은 누워서 자전하고 있다. 일반적으로는 행성의 자전축과 공전축은 수직에 가까워야 하지만, 여러 이유로 이 자전축이 기울어질 수 있다. 지구는 23.5도 정도 기울어져 있는데, 천왕성은 아예 완전히 누워있다. 따라서 분점에 이르면, 이때 적도 부근에 가장 많은 태양 에너지가 집중되어서, 적도에서 강력한 태풍이 발생하게 된다.

이 장면을 상세하게 관측하기 위해서 연구팀은 1.6 및 2.2 마이크론 파장 영역에서(즉 적외선) 천왕성을 관측했다. 이 영역에서 관측하면 대류권계면(Tropopause, 대류권과 성층권의 경계면)의 구름을 자세하게 관측할 수 있다. 앞서 본 사진의 폭풍은 실제로는 파란색으로 보이겠으나, 적외선 파장에서 관측하다 보니 색상이 보이지 않는 것이다.

이 관측은 8월에 이뤄졌는데, 이를 9월과 10월에 걸쳐 아마추어 천문가들도 관측에 성공했다. 406mm이면 아마추어 천체 망원경에서는 대구경에 속하긴 하나 실제 관측이 가능하다니 신기하다.

천왕성의 기상 활동에 대해서는 앞으로도 관측이 이어지겠지만 지구에서 아주 멀리 떨어진 차가운 행성이라는 선입견 때문에 대중의 관심을 별로 끌지 못하고 있는 것도 사실이다.

✴ 계절

2004년 3월부터 5월까지 큰 구름이 천왕성 대기에 나타났는데, 그동안 820km/h의 기록적인 풍속과 지속적인 뇌우가 있었다. 1년(천왕성 기준)

이상의 관측 데이터가 축적되어 있지 않아서, 갑작스러운 활동이 일어난 이유를 알아내지 못했지만, 천왕성의 극단적인 축 방향 기울기가 극심한 계절적 변화를 초래하는 것으로 보인다.

약 1/2 천왕성년 동안 진행된 광도 측정(1950년대에 시작) 결과, 두 개의 분광 대역의 밝기에서 주기적인 변동이 나타났다. 1960년대에 시작된 대류권 깊은 곳의 마이크로파 측정에서도 비슷한 주기적 변화가 발견되었고, 1970년대부터 시작된 성층권 온도 측정에서도 그랬다.

이외에도 천왕성에서 계절 변화가 일어나고 있다는 징후는 분명히 있다. 관측 초기에는 북극 지방이 계절 변화를 알아내기에는 너무 어둡다고 여겼으나, 1944년에 북쪽 지역이 밝아지고 있다는 사실을 알게 되었다. 이는 북극이 항상 그렇게 어두웠던 것은 아니며, 극 지역이 동지 이전에 어느 정도 밝아지고 추분 이후에 어두워진다는 것을 암시한다.

1990년대에 천왕성이 동지에서 멀어지면서, 남반구가 눈에 띄게 어두워지고 조용해졌으나, 북반구는 구름이 늘어나고 더 강한 바람이 일어나는, 활동성 증가가 일어났다. 이를 보면서 다른 변화가 더 일어날 것으로 기대했는데, 실제로 2007년 추분을 지났을 때 일어났다. 희미한 북쪽 극지 칼라가 생겨났고, 남쪽 칼라는 거의 보이지 않게 되었다. 하지만 이러한 물리적 변화의 메커니즘은 여전히 알아내지 못했다.

계절에 따라 천왕성의 반구가 번갈아 가며 태양 광선을 완전히 반사하거나 어둠에 잠긴다. 이런 반구의 밝기 변화는 대류권의 메탄 구름과 연무 층의 국소적인 변화에 기인하는 것으로 보인다. 위도 -45°의 밝은 칼라는 메탄 구름과도 연결되어 있고, 남극 지역의 다른 변화는 하층 구름층의 변화로 설명될 수 있다.

천왕성에서 방출되는 마이크로파의 변화는, 깊은 대류권 순환의 변화에 의한 것으로 보이는데, 두꺼운 극지방 구름과 연무가 대류를 억제할 수 있기 때문이다.

하지만 현재까지 알아낸 것은 겨우 이 정도뿐이다. 천왕성에 계절 변화가 일어나고 있는 것은 확실하나, 정확한 계절의 양상이나 주기조차 정확히 알지 못하고 있다.

✴ 자기권과 오로라

보이저 2호가 도착하기 전까지, 천왕성 자기권 조사가 제대로 이루어질 수 없었기에, 그 규모와 성질이 수수께끼로 남아있었다. 다만 천왕성의 자기장 방향이 태양풍과 거의 일치할 것으로 짐작하고 있었을 뿐이다. 왜냐하면 천왕성의 자기장은 황도에 있는 천왕성의 극과 일치했기 때문이다.

하지만 보이저호가 관측해 본 결과, 천왕성의 자기장은 회전축에서 $59°$ 기울어져 있었고, 자기 쌍극자는 천왕성의 중심에서 남쪽 회전 극 쪽으로 행성 반경의 1/3만큼 이동해 있었다. 이런 특이한 구조 때문에, 매우 비대칭인 자기권이 형성되어 있었는데, 남반구의 표면에서 자기장 강도는 0.1가우스만큼 낮았고, 북반구에서는 1.1가우스만큼 높았으며, 표면의 평균 자기장은 0.23가우스($23\mu T$)였다.

해왕성도 비슷하게 기울어진 자기장을 가지고 있기에, 이것이 얼음 거인들의 공통적인 특징일 수도 있다. 이에 대한 한 가지 가설은, 중심부에서 생성되는 가스 거인의 자기장과는 달리, 얼음 거인의 자기장은 상대적으로 얕은 깊이에서 생성된다는 것이다. 이를테면 물-암모니아 바다에서 말이다. 자기권의 이상 정렬에 대한 또 다른 설명은, 천왕성의 내부에 자기장을 억제하는 액체 다이아몬드 바다가 있다고 보는 것이다.

어쨌든 자기장의 근원과 모양에 특이한 점이 있으나, 다른 행성들과 유사한 점도 있다. 전반적으로, 천왕성의 자기권의 구조는 토성과 더 유사한데, 천왕성의 자기 꼬리는 수백만 km를 우주로 나아가 옆으로 회전하여 긴 코르크 마개처럼 꼬여진다.

천왕성의 자기권은 주로 양성자와 전자로 대전된 입자를 포함하고 있으며, 소량의 H_2^+ 이온을 포함하고 있다. 이 입자 중 많은 것들은 아마도 열권에서 유래했을 것이다. 이온 에너지와 전자 에너지는 각각 4메가전자볼트와 1.2메가전자볼트만큼 높을 수 있다.

내부 자기권의 입자 군은 자기권을 휩쓸고 다니는 천왕성 위성의 영향을 강하게 받는다. 입자 플럭스(Particle Flux)는 천문학적으로 100,000년 동안 표면을 어둡게 하거나 우주 풍화를 일으킬 만큼 충분히 높은데, 이것이 천왕성 위성과 고리의 균일한 어두운색의 원인일 수 있다.

천왕성은 상대적으로 잘 발달된 오로라를 가지고 있는데, 오로라는 양쪽 자극 주위에 밝은 호 모양으로 보인다. 목성과는 달리 천왕성의 오로라는 행성 열권의 에너지 균형에 중요하지 않은 것으로 보인다. 2020년 3월에 NASA 천문학자들은 1986년에 보이저 2호가 행성을 근접 비행하는 동안 기록한 오래된 데이터를 재검토한 후, 천왕성에서 우주로 방출된 플라스모이드(Plasmoid)라고도 알려진 큰 대기 자기 거품을 발견했다고 보고했다.

✳ 고리의 비밀

천왕성 고리는 극도로 어두운 입자들로 구성되어 있으며, 크기는 아주 다양하다. 현재 13개의 고리가 알려져 있고, 가장 밝은 고리는 엡실론(ε) 고리이며, 두 고리를 제외한 모든 고리는 매우 좁아서, 보통 수 킬로미터 폭이다.

고리들은 상당히 젊은데, 동역학적 고려는 고리들이 천왕성과 함께 형성되지 않았음을 나타낸다. 고리에 있는 물질은 한때 고속 충돌로 산산 조각이 난 천체의 일부였을지도 모른다. 그러한 충돌로 형성된 수많은 파편 중에서, 현재 고리의 위치에 해당하는, 안정된 영역에 있는 입자만이 살아남은 것으로 보인다.

윌리엄 허셜이 1789년에 천왕성 주위에 있을 수 있는 고리에 관해 설명한 바 있는데, 엡실론 고리의 크기, 지구와의 각도, 붉은색, 천왕성이 태양 주위를 돌 때의 겉보기 변화 등에 대해서는 비교적 정확하게 묘사했다. 하지만 고리들이 상당히 희미하게 보여서, 동료들의 동의를 쉽게 얻어내지 못했고, 이후 두 세기 동안 다른 관측자들은 천왕성 고리에 대해서 언급하지 않았다.

그러다가 1977년에 제임스 L. 엘리엇(James L. Elliot)이 다시 조명하기 시작했고, 그 후 더넘(Edward W. Dunham)과 제시카 밍크(Jessica Mink)가 카이퍼 공수 관측소를 이용하여 더 많은 고리를 찾아냈다. 그들은 천왕성의 대기를 연구하기 위해 SAO 158687의 은폐를 이용했는데, 이 별이 천왕성 뒤로 사라지기 전과 후에 모두 다섯 번이나 시야에서 잠시 사라지는 것을 보았다. 그래서 천왕성 주변에 고리 체계가 있을 것이라 확신하게 되었고, 네 개의 고리를 추가로 발견해 냈다. 이 고리들은 보이저 2호가 1986년에 천왕성을 통과하면서 선명하게 그려냈고, 두 개의 희미한 고리도 추가로 발견하여, 고리가 총 11개로 늘어나게 되었다.

2005년 12월에 허블 우주 망원경은 이전에 알려지지 않은 한 쌍의 고리를 더 발견했다. 가장 큰 것은 천왕성으로부터 이전에 알려진 고리보다 두 배나 먼 곳에 있었는데, 이 고리들은 천왕성으로부터 너무 멀리 떨어져 있어서 외계 고리 체계라고 불린다.

그 후 허블 우주 망원경이 두 개의 작은 위성을 발견했는데, 그중에 하나인 Mab은 가장 바깥쪽에 새로 발견된 고리와 궤도를 공유하고 있었다.

한편, 천문학자들은 최근에 오랫동안 미뤄왔던 숙제를 풀기 시작했다. 처음으로 천왕성의 고리 입자의 온도와 크기를 측정한 것이다. 캘리포니아 대학의 임케 드 파터 교수가 이끄는 연구팀은 칠레에 있는 세계 최대의 전파 망원경인 ALMA(Atacama Large Millimeter/submillimeter Array)와 유럽 남방 천문대의 VLT(Very Large Telescope)를 이용해, 천왕성 고리의 온도가 77K라는 사실을 확인했다. 태양에서 멀리 떨어져 있기에 이렇게 온도가 낮은 것은 당연한 일이나, 데이터를 분석한 연구팀은 고리에 관한 의외의 사실도 발견했다.

가장 큰 고리인 엡실론(ε) 고리는 태양계 다른 행성의 고리와는 크게 다른 특징을 가지고 있었다. 토성의 고리가 대부분 얼음 입자로 구성되어 있었으나, 엡실론 고리는 석탄처럼 어두운 물질로 구성되어 있고, 목성의 고리가 매우 작은 입자로 구성된 반면에, 엡실론 고리는 대부분 상당히 큰 입자로 구성되어 있다. 여기에다 고리 폭도 20~100km에 불과해 토성의 고리에 비하면 아주 얇다.

연구팀은 이런 이유에 대해서 이 고리가 과거 천왕성에 포획된 소행성 혹은 작은 위성이 파괴된 잔해일 가능성이 높다고 설명했다. 그래서 목성이나 토성의 고리처럼 먼지나 얼음이 아니라, 비교적 큰 암석으로 이뤄진, 얇은 고리가 형성되었다는 것이다. 이들의 연구는, 태양계 외행성이 유사한 물질로 구성되어 있을 것이라는, 막연한 추측을 깨고, 외행성 고리가 다양한 과정을 거쳐 형성되었다는 사실을 일깨워 주었다. 비슷해 보여도 실상은 그렇지 않고 아마 외행성 모두는 각각의 사정을 지니고 있을 것이다.

✳ 위성들과 그 미래

천왕성은 27개의 자연 위성을 가지고 있다고 알려져 있다. 이 중에 다섯 개 주요 위성은 미란다, 아리엘, 움브리엘, 티타니아, 오베론이다.

천왕성 위성계는 거대 행성의 위성계 중에 가장 질량이 작으며, 다섯 개의 주요 위성을 합친 질량조차 해왕성의 가장 큰 위성인 트리톤의 절반에도 미치지 못한다. 천왕성의 위성들은 상대적으로 낮은 알베도를 가지고 있는데, 모두 엄브리엘의 0.20에서 아리엘의 0.35 사이에 있다. 이 것들은 대략 50%의 얼음과 50%의 암석으로 구성된 얼음-암반 군인데, 얼음에는 암모니아와 이산화탄소가 포함되어 있을 수 있다.

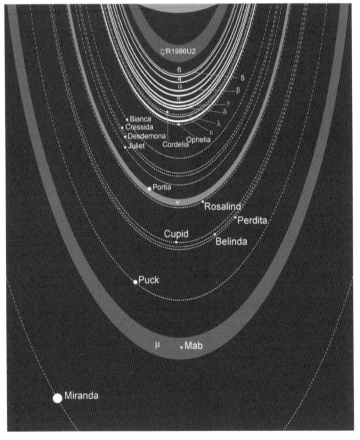

천왕성 위성과 고리계

천왕성 위성 중 아리엘이 가장 젊은 표면을 가지고 있고 엄브리엘이 가장 오래된 것으로 보인다. 미란다에는 20km 깊이의 단층 협곡이 있고, 계단식 층이 있다. 미란다의 과거 지질학적 활동은 궤도가 현재보다 더 편심했던 시기에 조석 가열에 의한 것으로 추측된다. 한편, 아리엘(Ariel)은 한때 티타니아(Titania)와 4:1 공명을 이루고 있었다고 여겨진다. 물론 지금은 공명 상태가 아니기에, 이들의 궤도가 지금도 조금씩 변하고 있을 가능성이 크다. 그렇다면 천왕성의 품에서 완전히 벗어나거나, 위성들끼리 충돌할 가능성은 없는가.

있는 것 같다. 최근에 웰슬리 칼리지(Wellesley College) 연구팀이 천왕성의 두 위성이 서로 충돌할 가능성이 있다고 주장하고 나섰다. 천왕성의 위성은 목성이나 토성의 위성에 비해 주목받지 못했으나, 사실 매우 복잡한 고리 시스템과 27개나 되는 위성을 거느리고 있다. 하지만 질량이 작은 위성이 너무 많아서, 위성의 상당수가 큰 위성들이 충돌한 부산물이라는 주장도 있다.

연구팀은 천왕성의 에타 고리(Eta Ring)에서 독특한 궤도를 찾아냈다. 이 고리의 입자들은 원이나 타원 궤도가 아닌 삼각형 모양에 가까운 독특한 궤도를 가지고 있었다. 이는 위성인 크레시다(Cressida)의 중력 때문인 것으로 보인다. 크레시다가 중력을 행사해서 빠르게 움직이는 고리의 입자를 잡아당기는 것 같다.

하지만 이는 동시에 크레시다의 궤도에도 상호적 영향을 미쳐 크레시다의 속도를 줄이고 궤도를 더 안쪽으로 이동시키며, 이 때문에 크레시다는 공전 궤도의 차이가 900km에 불과한 인접 위성인 데스데모나(Desdemona)와 100만 년 후에 충돌하게 될 것으로 보인다. 연구팀은 다른 위성인 큐피드(Cupid)와 벨린다(Belinda) 역시 같은 운명을 겪을 것으로 보고 있다.

사실 천왕성의 위성들은 궤도가 인접해 있는 것들이 많아, 본래 하나의 위성에서 나온 파편일 가능성이 크기에, 나중에 다시 합체할 가능성도 크다.

✳ 천왕성 위성에도 바다가 있을까?

과학자들은 태양계 거대 외행성이 거느리고 있는 얼음 위성의 얼음표면층 아래에 대체로 액체 바다가 존재하는 것으로 본다. 목성의 4대 위성 중 3개(유로파, 가니메데, 칼리스토), 토성 위성 타이탄과 엔셀라두스, 해왕성의 위성 트리톤 등이 이런 부류에 속한다.

그런데 이제 여기에 천왕성의 얼음 위성들을 추가해야 할지도 모르겠다. 과학자들이 천왕성의 얼음 위성들에 액체 바다가 있을 가능성이 높다는 결론을 냈기 때문이다.

지구의 4배 크기인 천왕성에는 27개의 위성이 있다. 천왕성은 지구보다 훨씬 크지만, 위성들은 지구에 비하면 매우 작다. 가장 큰 것의 지름이 1,580km로, 달의 반에도 못 미친다.

NASA는 보이저 2호가 천왕성을 근접 비행하면서 관측한 데이터를 컴퓨터 모델링을 통해 다시 분석해 본 결과, 천왕성의 5대 위성 중 미란다를 제외한 4개 위성의 핵과 얼음 지각층 사이에 깊은 바다가 있을 가능성이 높다는 결론을 내렸다.

연구진이 바다 존재 가능성을 높게 보는 4개 위성은 아리엘, 움브리엘, 티타니아, 오베론이다. 아리엘과 움브리엘의 바다는 깊이가 30km 미만, 티타니아와 오베론의 바다는 깊이가 50km 미만일 것으로 예상했다.

과학자들은 이 가운데 최대 위성인 티타니아에 대해서는 이전부터 바다가 있을 가능성을 거론했지만, 다른 위성들은 바다를 유지할 만한 열을 보존하기에는 크기가 너무 작다고 생각했었다.

하지만 연구진이 새로운 모델링을 적용한 결과, 4개 위성의 표면은 내부의 열을 빼앗지 않을 만큼 단열 상태가 좋았고, 암석 맨틀에서 뜨거운 액체가 나오고 있었다. 이는 바다가 유지될 만큼 따뜻한 환경이 조성되어 있음을 의미한다. 연구진은 특히 티타니아와 오베론의 바다는 생명체가 존재할 수 있을 정도로 상당히 따뜻할 것이라고 여기고 있다.

연구진은 바다가 처음엔 깊이가 100~150km에 이를 정도로 매우 컸으나, 목성이나 토성에 비해 천왕성의 조석 가열이 상대적으로 약해, 축소된 것으로 추정했다.

또 연구진이 망원경 관측 자료를 분석한 결과, 아리엘의 표면에는 비교적 최근에 땅속 얼음 화산에서 흘러나온 물질이 존재한다는 사실도 알아냈다. 5대 위성 중 가장 작고 안쪽에 있는 미란다의 표면도 최근에 생성된 것으로 보이는 지형적 특징을 갖고 있다. 이는 미란다 역시 한때 바다를 유지하기에 충분한 열을 보유하고 있었음을 시사한다. 그러나 연구진은 미란다가 열을 매우 빨리 잃어버려서 오래전에 물이 사라졌을 가능성이 높다고 밝혔다.

연구진은 위성 내부의 열뿐 아니라 바다에 풍부하게 있는 것으로 보이는 암모니아와 염화물도 액체 바다를 유지해 주는 요인으로 꼽았다. 암모니아는 부동액 역할을 하는 물질이다. 물속에 있는 염분도 부동액 역할을 할 수 있다. 연구진은 천왕성 위성에 있는 바다에는 물 1리터당 약 150g의 소금이 있을 것으로 추정하고 있는데, 미국 유타의 소금호수 '그레이트 솔트레이크'의 경우, 이보다 염도가 두 배나 높지만 생명체가 살고 있다.

이번 연구를 이끈 JPL의 줄리 카스티요-로게스 박사는 "과학자들은 이전에도 천체 크기가 작아서 바다가 있을 것 같지 않은 왜행성 세레스와 명왕성, 토성 위성 미마스에 바다가 있다는 증거를 발견한 바 있다. 천왕성 위성에서 바다를 발견한다면, 바다는 우리 태양계에 흔한 현상이며, 다른 태양계에도 바다가 있을 수 있다는 전망이 커질 것"이라고 말했다.

✴ 제임스 웹의 새로운 발견

새로 공개된 제임스 웹 우주망원경의 천왕성 사진에 따르면, 전례 없는 감도로 천왕성의 고리와 대기가 드러나 있음을 알 수 있다. 놀라운 점은 위 관측이 단 두 개의 필터를 통해서 천왕성을 12분간 노출한 짧은 이미지에 불과하다는 점이다.

즉, 제임스 웹의 근적외선 카메라(NIRCam)를 통해서 촬영된 위 적외선 이미지는 $1.4\,\mu m$(파란색으로 표시)와 $3.0\,\mu m$(주황색으로 표시)의 파장으로 관측된 두 이미지가 결합된 결과이다.

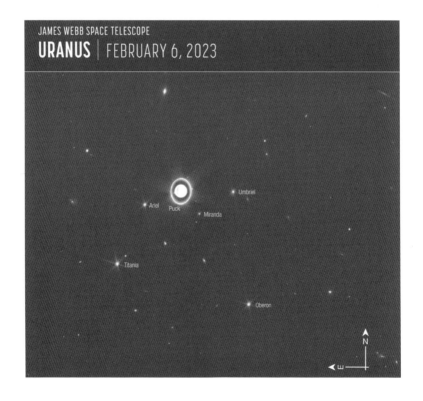

제임스 웹 적외선 이미지

보이저 2호가 천왕성을 촬영했을 때는, 가시광선 파장을 이용했기에, 천왕성이 거의 특징이 없는 청록색 공이 보였으나, 적외선 파장에 특화된 제임스 웹의 눈을 통해서 바라보면, 천왕성의 대기가 얼마나 역동적인지 알 수 있다.

제임스 웹이 관측한 천왕성의 자세한 모습을 살펴보면, 행성의 오른쪽에는 태양을 향한 극지방에서 밝게 빛나는 극관(Polar Cap)이라고 부르는 영역이 발견된다.

이는 천왕성만의 독특한 특징이다. 위 지역은 천왕성의 여름에 직사광선을 받을 때 나타났다가 가을에 사라진다.

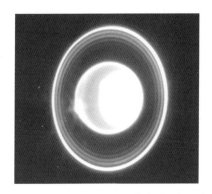

제임스 웹은 극지방의 중심부가 주변보다 밝다는 사실도 밝혀냈는데, 이는 허블 우주 망원경이나 켁 천문대 같은 다른 강력한 가시광선 망원경으로는 선명하게 볼 수 없었던 천왕성만의 독특한 특징이다. 이는 제임스 웹의 근적외선 카메라가 감도가 매우 높고 파장이 더 길기에 볼 수 있는 것으로 분석된다.

천왕성 극지방

또한, 극관의 가장자리에서 밝은 구름을 포착했으며 왼쪽 끝 부분에서도 비슷한 구름을 관측했다. 이는 천왕성을 적외선 파장으로 관측할 시에 볼 수 있는 구름이기에, 천왕성 대기의 폭풍 활동과 관련이 있을 가능성이 높다.

2. 티타니아

티타니아는 천왕성의 가장 큰 위성이며, 지름이 1,578km로 태양계에서 여덟 번째로 큰 위성이다. 윌리엄 허셜이 1787년에 발견한 그것에는 셰익스피어의 〈한여름 밤의 꿈〉 속 요정들의 여왕 이름이 붙여졌다.

티타니아는 대략 같은 양의 얼음과 암석으로 이루어져 있으며, 아마도 암석 중심부와 얼음 맨틀로 분화되어 있을 것인데, 액체 상태의 물 층이 코어와 맨틀 경계에 존재할 수 있다.

상대적으로 어둡고 약간 붉은 색을 띠는 표면은 충격과 내생성 과정으로 형성된 것으로 보이고, 수많은 충돌 분화구 역시 초기의 내생성 부활 사건을 겪었을 것이다.

한편, 2001년부터 2005년까지 수행된 적외선 분광에서, 티타니아 표면에 얼어붙은 이산화탄소와 물 얼음이 존재한다는 사실이 밝혀졌는데, 이는 티타니아가 약 10nPa(나노파스칼)의 표면 압력을 가진 약한 이산화탄소 대기를 가지고 있음을 시사한다. 티타니아가 별을 가린 동안 측정한 결과, 대기의 표면 압력은 1~2mpa(밀리파스칼)이 상한이었다.

티타니아는 천왕성의 다섯 개 주요 위성 중 오베론 다음으로 행성에서 멀리 떨어져 있으며, 약 436,000km 거리에서 천왕성의 주위를 돌고 있다. 궤도는 이심률이 작고, 천왕성의 적도에 대해서는 거의 기울어지지 않았다. 공전 주기는 약 8.7일로, 자전 주기와 일치한다. 다시 말해서, 티타니아는 한쪽 면만 항상 행성을 바라보고 있는, 조수에 잠긴 위성이다.

티타니아의 궤도는 완전히 천왕성 자기권 안에 있다. 이것은 아주 중요한 사실인데, 자기권 안에서 궤도를 도는 위성들의 후행 반구들은 자기권 플라스마에 부딪혀 행성과 함께 회전하기 때문이다. 이때 맞게 되는 플라스마 폭격은, 오베론을 제외한 모든 위성에서 후행 반구의 어두워짐을 초래한다.

천왕성이 태양 주위를 거의 누워서 돌고 있고, 위성들은 행성의 적도면에서 공전하기 때문에 극단적인 계절적 주기가 생겨날 수밖에 없다. 그래서 티타니아의 반구 역시 천왕성처럼 42년을 완전한 어둠 속에서 보내고, 또 다른 42년을 햇빛 속에서 보내게 된다.

✳ 내부 구조와 이산화탄소

토성 위성의 전형적인 밀도보다 훨씬 높은 $1.71g/cm^3$의 밀도는, 티타니아가 물 얼음과 밀도가 높은 비얼음 성분으로 이루어져 있음을 나타낸다.

비얼음 성분은 무거운 유기 화합물을 포함한 암석과 탄소질 물질일 수 있다. 물 얼음의 존재는 2001~2005년에 이루어진 적외선 분광 관측으로 알게 되었고, 위성의 표면에 결정질의 물 얼음이 드러나 있어 재차 확인되었다.

얼음 흡수 파장 밴드는 티타니아의 선행 반구에서 후행 반구보다 약간 더 강하게 나타난다. 이것은 오베론에서 관측된 것과는 반대다.

이 비대칭성의 원인은 확실히 파악되지 않았으나, 천왕성의 자기권에서 하전된 입자들이 후행 반구에서 더 강하게 충돌하는 것과 관련이 있을 수 있다. 이 에너지 넘치는 입자들은 얼음에 물을 끼얹는 경향이 있고, 얼음에 갇힌 메탄을 쇄상 수화물로 분해한다. 그리고 다른 유기체들을 어둡게 하고 탄소가 풍부한 잔여물을 남긴다.

적외선 분광법으로 표면에서 확인한 화합물은 이산화탄소로, 주로 후행 반구에 집중되어 있다. 이산화탄소의 기원은 명확하지 않지만, 표면에 이산화탄소가 존재한다는 것은, 티타니아가 목성의 위성인 칼리스토와 같이, 계절 따라 양이 변하는 이산화탄소를 가지고 있을 수 있다는 것을 시사한다.

티타니아의 약한 중력이 우주로 빠져나가는 것을 막을 수 없기에, 질소나 메탄과 같은 다른 가스들은 존재하지 않을 것 같다. 티타니아의 하지 동안 도달할 수 있는 최고 온도에서 이산화탄소의 증기압은 약 300μPa(마이크로파스칼)이다.

2001년 9월 8일, 티타니아가 겉보기 등급 7.2의 밝은 별(HIP 106829)이 가려졌을 때, 대기 포착을 시도했다. 그러나 표면 압력이 1~2mPa 정도는 될 것으로 예상했던 대기는 발견되지 않았다. 만약 대기가 상시 존재한다면, 트리톤이나 명왕성보다 훨씬 얇아야 하는데, 그래도 이 한계는 여전히 이산화탄소의 가능한 최대 표면 압력보다 몇 배 높다.

천왕성계의 특이한 기하학적 구조는 위성의 극이 적도 지역보다 더 많은 태양 에너지를 받게 한다. 이산화탄소의 증기압은 온도와 함수 관계여서, 티타니아의 저위도 지역에 이산화탄소가 축적될 수 있으며, 높은 알베도 패치와 표면의 음영 지역에 얼음의 형태로 안정적으로 존재할 수 있다. 그리고 극지방 온도가 85~90K에 달하는 여름 동안, 이산화탄소가 승화하여 극과 적도 지역으로 이동하는, 일종의 탄소 순환을 일으킬 수도 있다.

하지만 축적된 이산화탄소 얼음은 표면에서 뿜어져 나오는 자기권 입자에 의해 차가운 트랩으로부터 제거될 수 있기에, 티타니아는 46억 년 전에 형성된 이래 상당한 양의 이산화탄소가 사라진 것으로 생각된다.

외행성계 미스터리

한편, 티타니아는 얼음으로 뒤덮인 맨틀과 그것으로 둘러싸인 암석 중심부로 분화된 상태일 가능성이 높다. 얼음 맨틀의 현재 상태는 불분명하다. 만약 얼음에 충분한 암모니아나 다른 부동액이 포함되어 있다면, 중심과 맨틀의 경계에 해저 바다가 있을 수 있는데, 바다가 존재한다면, 두께는 최대 50km이고, 온도는 약 190K 정도일 것이다.

최근의 연구들은, 이전의 연구들과는 달리, 티타니아와 같은 천왕성의 큰 위성들이 지하 바다를 가지고 있다고 확신하는 경향이 있다.

✳ 지표면

티타니아는 어두운 오베론과 엄브리엘, 밝은 아리엘과 미란다 사이의 중간 밝기이다. 표면은 일반적으로 약간 붉으나 오베론보다는 덜 붉다.

선행 반구와 후행 반구 사이에 비대칭이 있어, 전자가 후자보다 8% 더 붉게 보이다. 이런 차이는 평탄한 평원과 관련이 있으며, 표면이 붉어지는 것은 아마도 오랜 세월에 걸친, 하전 입자와 미세 운석에 의한 폭격에서 비롯된, 우주 풍화 때문일 가능성이 크다. 그러나 이 비대칭성은 천왕성계의 바깥 부분에서 오는 붉은 물질의 강착과 관련이 있을 가능성도 있고, 불규칙 위성에서 오는 것일 가능성도 있다.

과학자들은 티타니아의 지질학적 특징을 셋으로 나눈다. 크레이터, 카스마타, 루피 등이 그것이다. 표면의 구멍은 오베론이나 엄브리엘의 표면보다 덜 깊은데, 이것은 표면이 더 젊다는 것을 의미한다.

가장 큰 분화구인 거트루드의 분화구 지름은 326km에 달한다. 몇몇 분화구는 비교적 신선한 얼음으로 구성된, 밝은 충격 방출체로 둘러싸여 있다. 그리고 큰 분화구들은 대체로 평평한 바닥과 중앙의 봉우리를 가지고 있다. 유일한 예외는 중앙에 구덩이가 있는 우르술라이다.

티타니아의 표면엔 거대한 단층 또는 스카프(Scarps)가 교차되어 있다.

어떤 곳에서는 두 개의 평행한 스카프가 위성의 지각에 저지대를 만들고, 때때로 협곡이라고 불리는 그라벤(Graven)을 형성하기도 한다.

티타니아의 협곡 중 가장 눈에 띄는 곳은 메시나 카스마로 적도에서 남극까지 약 1,500km 이어져 있다. 티타니아의 그라벤들은 폭이 20~50km이고 약 2~5km 정도 된다.

보이저호가 촬영한 영상을 보면, 몇몇 스카프를 따라 있는 지역과 우르술라 근처 지역이 매끄럽다. 이 매끄러운 평원은 대부분의 분화구가 형성된 후, 나중에 다시 형성되었을 것이다. 재표면화는 내부에서 발생하는 유체 물질의 분출과 관련된 자연 내생성일 수도 있고, 근처의 대형 분화구에서 발생하는 충격 분출물에 의한 블랭킹 때문일 수도 있다. 그라벤들은 아마 티타니아에서 가장 어린 지질학적 특징들일 것이다. 그것들은 모든 분화구와 심지어 부드러운 평원들까지 잘라냈다.

티타니아의 지질은 충돌 분화구 형성과 내생성의 부활이라는 두 가지 힘의 영향을 받았다. 전자는 위성의 전체 역사에 걸쳐 모든 표면에 영향을 미쳤고, 후자의 과정들은 본질적으로 전면적이지만, 주로 위성의 형성 이후에 활성화되었다. 이런 사실들은 위성의 현재 표면에 있는 충돌 분화구의 수가 상대적으로 적음을 설명해 주는데, 나중에 추가적인 사건이 발생하여 원래의 심하게 분화된 지형을 지우면서 평탄한 평원이 형성되었을 것이다. 가장 최근의 내생적인 과정들은 주로 구조적이어서 협곡의 형성을 야기시켰는데, 이것은 사실 얼음 지각에 있는 거대한 균열이다.

3. 오베론

오베론은 천왕성의 주요 행성 중에 가장 바깥쪽에 있는데, 행성이 형성된 직후에 행성을 둘러싸고 있던 강착원반에서 형성된 것으로 보인다.

대략 같은 양의 얼음과 암석으로 구성되어 있으며, 내부는 아마도 암석 중심부와 얼음 맨틀로 분화되어 있을 것이다. 맨틀과 중심핵의 경계에는 액체 상태의 물 층이 존재할 수도 있다. 어두운 붉은 색을 띠는 오베론의 표면은 주로 소행성과 혜성의 충돌로 형성된 것으로 보인다. 수많은 충돌 분화구로 덮여있고, 초기 진화 과정에서 내부가 팽창한 결과로 지각이 확장되면서 형성된 카스마타도 많이 있다.

오베론은 약 58만 4천km 떨어진 거리에서 천왕성의 주위를 돌고 있고, 궤도는 이심률이 작고 천왕성의 적도에 비해 기울기도 작다.

공전 주기는 약 13.5일로 자전 주기와 일치한다. 다시 말해서, 천왕성과 조수적으로 잠겨 있어서, 한쪽 얼굴만 항상 모행성을 바라보고 있다.

천왕성은 태양 주위를 거의 누워서 돌고 있기에, 그 적도 면에서 공전하고 있는 오베론 역시 극심한 계절적 주기를 겪을 수밖에 없다. 북극과 남극 모두 42년을 완전한 어둠 속에서 보내고, 또 다른 42년을 햇빛 속에서 보낸다.

✳ 구조와 표면

오베론은 티타니아에 이어 두 번째로 큰 천왕성의 위성이며, 태양계에서 아홉 번째로 무거운 위성이다. 밀도가 $1.63g/cm^3$로, 천왕성의 전형적인 위성보다 밀도가 높은데, 이 밀도는 물 얼음과 밀도가 높은 비얼음 성분이 비슷한 비율을 이루고 있음을 시사한다.

물 얼음의 존재는 위성 표면에 결정질의 물 얼음을 드러내었기에 확인되었고, 비얼음 성분은 확인되지 않았으나, 무거운 유기 화합물을 포함한 암석과 탄소질 재료일 가능성이 높다.

오베론은 암석 중심핵과 그것을 둘러싸고 있는 얼음 맨틀로 분화된 상태일 가능성이 높은데, 그렇다면 중심핵의 반지름은 위성의 반지름의 약 63%이며, 질량은 약 54%이다.

얼음 맨틀의 현재 상태는 불분명하다. 얼음에 암모니아나 기타 부동액이 충분히 포함되어 있다면, 오베론은 중심부와 맨틀 경계에 액체 해양층이 있을 것이다. 이것이 존재한다면, 이 바다의 두께는 최대 40km이고 온도는 약 180K이다.

한편, 오베론의 표면은 중성이거나 연청색인 충격 퇴적물을 제외하고는 일반적으로 빨간색이다. 오베론은 천왕성의 주요 위성 중에서 가장 붉으나, 앞쪽 반구와 뒤쪽 반구가 비대칭적이다.

후행 반구가 더 많은 검붉은 물질을 포함하고 있기에 앞쪽보다 훨씬 더 붉다. 천체가 전체적으로 붉은색을 띠는 이유는, 태양의 하전 입자와 미세 운석이 표면을 폭격함으로써 발생한 우주 풍화의 결과이다.

과학자들은 오베론의 지질학적 특징을 크게 두 가지로 보고 있다. 분화구와 카스마타가 그것이다. 오베론의 표면은 천왕성 위성 중에서 분화구가 가장 많아서, 밀도가 포화 상태에 가까운데, 이런 상황은 오베론이 천왕성의 위성 중 가장 오래된 표면을 가지고 있음을 시사한다.

많은 대형 분화구는 비교적 신선한 얼음으로 구성된 분출물로 둘러싸여 있고, 오베론의 표면에는 협곡들이 교차되어 있는데, 이 협곡들은 티타니아에서 발견되는 협곡들보다 덜 퍼져있다. 가장 눈에 띄는 협곡은 맘무르 카스마(Mommur Chasma)이다.

오베론의 지질은 충돌 분화구 형성과 내생성 재표면화라는 두 가지에 큰 영향을 받았다. 전자는 위성 역사의 전반에 걸쳐 일어났고, 후자는 위성의 생성 이후에 한동안 활발하게 일어났다. 이런 과정은 주로 협곡들의 형성으로 이어졌는데, 협곡들은 얼음 지각의 거대한 균열이라고 할 수 있다. 지각의 균열은 오베론이 약 0.5% 팽창한 게 주된 원인인데, 이때 생성된 협곡이 오래된 표면 일부를 지웠다.

한편, 반구와 분화구 내부의 어두운 패치의 성격과 생성 원인은 확실히 알지 못한다. 어떤 이들은 그것들이 극저온에서 비롯된 것으로 추정하고, 어떤 이들은 지표 아래에 묻혀있던 어두운 물질이 드러난 것으로 여긴다.

4. 아리엘

아리엘은 천왕성의 위성 27개 중 네 번째로 큰 위성이다. 천왕성의 적도 면에서 공전하기에, 천왕성의 궤도와 거의 수직이고, 계절 주기도 길수밖에 없다.

1851년 10월에 윌리엄 러셀에 의해 발견되었고, 아리엘에 대한 현재의 지식 대부분은 우주 탐사선 보이저 2호가 천왕성을 근접 비행에서 얻은 것이며, 이때 위성 표면의 약 35%가 촬영되었다.

아리엘은 천왕성의 다섯 개의 주요 위성 중에서는 미란다 다음으로 작다. 이 위성은 얼음과 암석 물질이 거의 동등한 비율로 구성된 것으로 추정된다.

천왕성의 모든 위성처럼 아리엘도 행성 형성 직후 행성을 둘러싼 강착원반에서 형성되었을 가능성이 크며, 얼음으로 된 맨틀과 그것으로 둘러싸인 암석 중심부로 분화되었을 개연성이 높다.

아리엘은 스카프, 협곡, 능선이 교차된, 광범위한 분화된 지형으로 구성되어 있다. 표면이 다른 천왕성 위성들보다 더 최근의 지질학적 활동 징후를 보여주는데, 그 에너지의 근원은 조석 가열에서 비롯된 것일 가능성이 크다.

아리엘은 약 19만km 거리에서 궤도를 돌고 있어, 주요 행성 중 천왕성에 두 번째로 가깝다. 이심률이 작고 천왕성의 적도에 비해 거의 기울어지지 않았으며, 공전 주기는 지구일 기준으로 약 2.5일로, 자전 주기와 일치한다.

아리엘의 궤도는 완전히 천왕성 자기권 안에 있다. 행성의 자기권 안에서 궤도를 도는 위성들의 후행 반구는 행성과 공회전하는 자기권 플라스마에 의해 타격을 받는데, 이 폭격으로 인해 후행 반구가 어두워진다.

천왕성과 마찬가지로, 북반구와 남반구는 태양을 직접 향하거나 그 반대편에 있기에, 극심한 계절적 주기가 나타난다. 지구의 극이 동지 무렵에 영구적인 밤 또는 낮을 보는 것처럼, 아리엘의 극은 천왕성 반년(지구 42년) 동안 밤 또는 낮을 겪는다.

현재 아리엘은 천왕성의 다른 위성과의 궤도 공명에 관여하지 않고 있다. 그러나 과거에는 미란다와 5:3 공명을 이뤘을 수도 있는데, 그때는 부분적으로 미란다와 다른 위성의 가열에 영향을 미쳤을 것이다.

또한, 티타니아와도 4:1 공명을 이뤘다가 나중에 벗어난 것으로 보인다. 천왕성의 편평도가 낮기에, 천왕성의 위성들은 목성이나 토성의 위성들보다 평균운동 공명으로부터 탈출하기가 훨씬 쉽다. 약 38억 년 전에 있었을 이 공명은 아리엘의 궤도 이심률을 증가시켜, 위성의 내부가 20K만큼 따뜻해졌을 것이다.

✷ 구성과 구조

아리엘의 밀도는 $1.66g/cm^3$인데, 이것은 물 얼음과 밀도가 높은 비얼음 성분의 비율이 비슷하다는 것을 의미한다.

물 얼음의 존재는 적외선 분광 관측으로 그 사실이 뒷받침되는데, 표면에 드러난 결정질의 물 얼음은 다공성이어서 태양열을 아래층으로 거의 전달하지 않는다. 비얼음 성분은 돌과 톨린으로 알려진, 무거운 유기 화합물을 포함한, 탄소질 물질(Carbonaceous Materials)로 구성됐을 가능성이 크다.

얼음 흡수 밴드는 아리엘의 한쪽 반구에서 더 강하게 나타난다. 이 비대칭성의 원인은 알려지지 않았지만, 후행 반구에 더 강하게 하전된 입자가 충격을 가하기 때문인 것으로 추측된다. 이 에너지 넘치는 입자들은 얼음에 물을 끼얹는 경향이 있어, 얼음에 갇힌 메탄을 포접 수화물(Clathrate Hydrates)로 분해하고, 다른 유기체들을 어둡게 하며, 탄소가 풍부한 잔여물을 남긴다.

적외선 분광으로 아리엘의 표면에서 확인한, 유일한 다른 화합물은 물을 제외하고는, 후행 반구에 집중된 이산화탄소뿐이다. 아리엘은 이산화탄소에 대한 강력한 분광학적(Spectroscopic) 증거를 보여주며, 이 화합물이 발견된 최초의 천왕성 위성이다.

그런데 이산화탄소의 정확한 기원은 아직 알아내지 못했다. 천왕성의 자기권이나 태양 자외선에서 나오는 에너지 넘치는 하전 입자의 영향을 받아, 탄산염이나 유기물에서 국소적으로 생성될 수 있는데, 이 가설은 후행 반구가 선행 반구보다 자기권의 더 강한 영향을 받기에 생기는 분포의 비대칭성도 설명해 준다.

또 다른 가능성은 아리엘의 내부에 있는, 물 얼음에 갇힌 원시 이산화탄소의 탈출이다. 내부로부터의 이산화탄소의 탈출은 지질학적 활동과 관련이 있을 것으로 보고 있다.

한편, 크기, 구성 성분, 그리고 물의 어는점이 낮춰지는 소금이나 암모니아의 존재 가능성을 고려할 때, 아리엘의 내부는 얼음 맨틀과 그것으로 둘러싸인 암석 핵으로 분화된 상태일 가능성이 높다. 그런 상태라면 중심핵의 반지름은 위성 반지름의 약 64%, 질량은 위성 질량의 약 56%다.

하지만 얼음 맨틀의 존재나 현재 상태는 아직 불분명하다. 한 연구에 따르면, 방사능을 이용한 가열만으로는 바다가 존재하기에 충분하지 않을 것이라고 하지만, 학계에서는 대체로 해저 바다의 존재를 믿고 있다.

✳ 표면의 색과 지형

아리엘의 알베도는 약 23%로, 천왕성 위성 중에 가장 높으며, 대체로 중간(Neutral)색이다. 선행 반구와 후행 반구 사이에 비대칭이 있는데, 후자가 전자보다 2% 더 붉게 보인다.

하지만 알베도와 지질학 사이의 상관관계는 없어 보인다. 예를 들어, 협곡은 분화된 지형과 같은 색을 띠고 있으나, 일부 신선한 분화구 주변의 밝은 퇴적물은 약간 더 푸른색을 띠고 있고, 표면 형상과 일치하지 않는 푸른 점도 있다.

아리엘의 표면은 분화된 지형, 융기된 지형, 평원 등 세 가지 유형으로 구분되며, 주요 특징은 충돌 분화구, 협곡, 단층 흉터, 융기, 수조 등이다.

남극 분화구 지역은 가장 오래되고 넓은 지질 단위이다. 그곳에서는 아리엘의 중남부에서 뻗어 나온 스카프, 협곡, 능선의 네트워크가 교차된다. 카스마타로 알려진 협곡은, 내부의 물이 얼어서 생기는, 긴장 응력의 단층에 의해 형성된 것이다.

그것들은 폭이 15~50km이고, 주로 동쪽 또는 북동 방향을 향하고 있으며, 가장 긴 협곡은 길이가 620km가 넘는 카치나 카스마(Kachina Chasma)이다.

두 번째 주요 지형인 융기형 지형은 수백 킬로미터의 능선과 수조로 이루어져 있다. 폭이 25km에서 70km에 이르는 각각의 밴드 내에는, 길이가 200km 정도이고 간격이 10~35km인 능선과 수조가 있다. 융기된 지형 띠는 종종 협곡의 연속을 형성하는데, 이는 그것들이 그라벤(Graven, 地溝 거의 평행한 2개 이상의 정단층 사이에 발달된 길고 낮은 지대를 말하며, 높게 남아 있는 부분은 地壘라 한다)의 변형된 형태이거나, 유사한 확장 응력에 대한 지각 반응의 결과일 수 있음을 시사한다.

아리엘에서 관측된 가장 젊은 지형은 평원이다. 비교적 낮게 깔린 이 지역은, 분화구의 다양한 형상으로 판단할 때, 오랜 기간에 걸쳐 형성되었을 것이다. 평원은 협곡의 바닥과 분화된 지형의 중간에 있는, 불규칙하게 파인 곳에서 발견된다.

이 지역은 분화된 지형과 선명한 경계로 분리된다. 어떤 경우에는 엽상체 패턴(Lobate Pattern)을 이루고 있는 곳도 있다. 평원의 기원은 화산 분화과정에 생겼을 가능성이 가장 높은데, 방패 화산과 유사한 선형 환기구 형태와, 뚜렷한 여백으로 볼 때, 분출된 액체가 점성이 강하고, 과냉각된 물/암모니아 용액이었을 가능성을 시사한다.

이러한 극저온 유체의 두께는 1~3km로 추정된다. 그러므로 협곡이 내생성의 부활이 이루어지고 있던 시기에 형성되었을 것이다. 이들 지역 중 일부는 1억 년 미만으로 보이며, 아리엘이 크기도 작고 조석 가열이 없음에도, 여전히 지질학적으로 활동하고 있을 가능성을 시사한다.

아리엘은 다른 위성들과 비교했을 때 상당히 고르게 분화된 것으로 보인다. 큰 분화구가 상대적으로 적다는 것은 아리엘의 표면이 태양계의 형성 일까지 거슬러 올라가지 않는다는 것을 의미한다.

큰 분화구들은 평평한 바닥과 중앙 정점을 가지고 있으며, 밝은 분출물 퇴적물로 둘러싸인 분화구는 거의 없다. 많은 분화구가 다각형을 이루고 있는데, 이는 기존의 지각 구조에 영향을 받았음을 보여준다.

아리엘의 과거의 활발했던 지질 활동은, 궤도가 현재보다 더 편심했던 시기에 조석 가열로 일어났을 것으로 추정된다.

5. 엄브리엘

엄브리엘(Umbriel)은 윌리엄 러셀이 발견했다. 상당한 암석 부분을 내포한 얼음으로 구성되어 있으며, 암석 중심부와 얼음 맨틀로 분화되어 있을 수 있다. 표면은 천왕성 위성 중에서 가장 어둡다.

협곡의 존재는 초기 내생성 과정을 시사하며, 초기 내생성으로 오래된 표면이 지워지는 과정을 겪었을 것이다.

엄브리엘은 수많은 충돌 분화구로 덮여있으며, 가장 두드러지는 것은 운다 분화구(Wunda Crater)인데, 바닥에 반경 10km 정도의 밝은 물질로 된 고리 모양이 있다. 그것의 존재 이유는 명확히 알려지지 않았으나, 새로운 충격 퇴적물이거나 이산화탄소 얼음 퇴적물일 것으로 본다.

천왕성의 모든 위성처럼, 엄브리엘도 행성을 둘러싸고 있던 강착원반에서 형성되었을 것이다. 다섯 개의 주요 위성 중 천왕성에서 세 번째로 멀리 떨어져 있으며, 약 266,000km 거리에서 천왕성의 주위를 돌고 있다. 궤도는 이심률이 작고, 거의 기울어지지 않았다.

공전 주기는 자전 주기와 일치하며 주기는 4.144일(지구일)이다. 한 면이 항상 모행성을 보고 있고, 궤도는 완전히 천왕성 자기권 안에 있다.

천왕성이 거의 누워서 태양을 돌고 있어서, 그 적도 면에서 공전하는 엄브리엘 역시 극단적인 계절 주기를 겪을 수밖에 없다. 북극과 남극 모두 완전한 어둠 속에서 42년을 보내고, 그다음 42년은 햇빛 속에서 살게 된다.

현재 엄브리엘은 다른 천왕성 위성들과의 궤도 공명에 관여하지 않고 있다. 하지만 역사 초기에는 미란다와 1:3 공명을 하고 있었을 가능성이 크다. 그때 미란다의 궤도 이심률을 증가시켜, 미란다의 내부 가열과 지질 활동에 영향을 미쳤을 것이다.

✳ 기원과 진화

엄브리엘은 강착원반 또는 하위성운(Sub Nebula)에서 형성된 것으로 추정된다. 강착원반은 형성된 후 한동안 천왕성 주변에 존재했거나, 천왕성에 크게 기울인 사건 때 생성된 가스와 먼지의 원반이다.

성운의 정확한 구성은 알려지지 않았으나, 토성의 위성과 비교했을 때 위성의 밀도가 더 높다는 것은, 모태에 상대적으로 물이 적었다는 것을 의미한다. 상당한 양의 질소와 탄소가 암모니아와 메탄 대신 일산화탄소와 질소 분자의 형태로 존재했을 수 있다. 이러한 성운 내에서 형성된 위성들은, 더 적은 수의 물 얼음과 더 많은 암석으로 구성되어 있어, 밀도가 더 높다.

엄브리엘의 강착은 아마도 몇천 년 동안 지속되었을 것이다. 그리고 이때 동반된 충격은 외층을 가열하게 만들어, 3km 정도 깊이의 온도가 약 180K까지 오르도록 했을 것이다. 모양이 갖춰진 후, 지표면 바로 아래층은 식었으나, 엄브리엘의 내부는 암석에 존재하는, 방사성 원소의 붕괴로 인해 가열되었을 것이다.

냉각 근 표면층은 수축하고 내부는 팽창하면서, 지각에 강한 확장 응력을 일으켰고, 이것이 균열로 이어졌을 것이다. 이 과정은 아마도 약 2억 년 동안 지속되었으며, 이는 내생적인 활동이 수십억 년 전에 중단되었음을 의미한다.

초기의 축적된 가열과 방사성 원소의 지속적인 붕괴는, 암모니아와 같은 부동액 또는 약간의 소금이 존재했다면, 얼음이 녹는 것으로 이어질 수 있다. 얼음이 녹으면서 암석으로부터 얼음이 분리되고, 얼음 맨틀로 둘러싸인 암석 중심핵이 형성되었을 것이다. 그리고 그 과정에서 용해된 암모니아가 풍부한 해양층이 코어-맨틀 경계에 형성되었을 수도 있다.

✴ 표면

엄브리엘의 표면은 천왕성 위성 중 가장 어두우며, 비슷한 크기의 아리엘의 절반도 안 되는 빛을 낸다. 아리엘의 알베도는 23%이고 엄브리엘은 10% 정도다.

표면은 약간 푸른색을 띠고, 상대적으로 젊은 충격 퇴적물이 쌓인 곳은 푸른색이 더욱 짙다. 선행 반구와 후행 반구 사이에 비대칭이 있는데, 전자가 더 붉게 보인다.

표면이 붉어지는 것은 대체로 태양계의 하전 입자와 미세 운석의 폭격으로 인한 우주 풍화 때문인데, 엄브리엘의 경우는 천왕성계 외부에서 오는 붉은 물질의 착색일 가능성이 크며, 그중에서도 불규칙 위성에서 기인할 개연성이 가장 크다.

한편, 과학자들은 아직 엄브리엘의 지질 특징을 제대로 파악하지 못하고 있고, 오직 분화구에 대해서만 조금 알고 있다. 아리엘과 티타니아보다 훨씬 더 많고 큰 분화구를 가지고 있으나, 오베론에는 이르지 못한다.

엄브리엘 적도 부근에는 지름이 약 131km에 달하는 운다 분화구가 있다. 바닥에 최소 반경 10km의 밝은 물질로 된 고리 모양이 있는데, 그것이 존재하게 된 이유는 명확히 파악되지 않았으나, 새로운 충격 퇴적물이거나 이산화탄소 얼음 퇴적물일 것으로 본다.

천왕성의 다른 위성들과 마찬가지로 엄브리엘의 지형은 북동-남서 방향으로 뻗어있고, 많은 지역이 협곡들에 의해 잘려져 있다.

심하게 구멍이 뚫린 엄브리엘의 표면은 후기 집중 폭격이 끝난 후에나 안정되었을 것이다. 내부 활동의 유일한 징후는, 협곡과 어두운 다각형 지형으로, 지름이 수십 킬로미터에서 수백 킬로미터에 이르는 조각들이 널려있다.

이 다각형들은 보이저 2호의 사진을 통해 확인되었는데, 엄브리엘 표면에 다소 균일하게 분포되어 있으며, 북동-남서 방향으로 늘어서 있다. 일부 다각형 지형은 수 킬로미터 깊이의 함몰부여서, 지각 활동의 초기 사건에서 생성되었을 것으로 보인다.

외행성계 미스터리

6. 미란다

미란다(Miranda)는 천왕성의 다섯 개 주요 위성 중 가장 작고 가장 안쪽에 있는 위성으로, 1948년 2월에 제라드 카이퍼가 텍사스 맥도널드 천문대 망원경으로 발견했다.

천왕성의 다른 큰 위성들처럼, 미란다도 모행성의 적도 면에 가깝게 공전한다. 천왕성이 누워서 공전하기 때문에, 모행성을 공전하는 미란다 역시 천왕성의 극한 계절 주기(Extreme Seasonal Cycle)를 겪는다.

지름이 470km에 불과한 미란다는, 태양계에서 유체 정역학적 평형 상태에 있을 수 있는, 가장 작은 천체 중 하나다. 미란다는 행성을 둘러싼 강착원반에서 형성되었을 가능성이 크고, 다른 큰 위성들과 마찬가지로 얼음으로 된 맨틀과 그것으로 둘러싸인 암석 중심부로 분화됐을 가능성이 크다.

미란다의 지형은 베로나 절벽(Verona Rupes)이라는 태양계에서 가장 높은 20km 높이의 절벽, 코로나라고 불리는 거대한 고랑 등, 천왕성 위성 중에 가장 극단적인 모습을 갖고 있다.

미란다는 천왕성 표면에서 약 129,000km 떨어진 곳에서 돌고 있고, 궤도 주기는 34시간이며, 조석 잠금 상태여서 천왕성에게 항상 같은 얼굴 면을 보여주고 있다.

궤도 경사각(4.34°)은 모행성에 매우 가까운 천체로서는 이례적으로 높은데, 이는 다른 주요 천왕성 위성들의 약 10배, 오베론의 약 73배에 해당한다. 그 이유는 아직 밝혀지지 않았다.

그것을 설명할 수 있는 평균운동 공명이 없기에, 위성들이 때때로 2차 공명을 통과한다는 가설이 제시되었는데, 이것은 과거의 어느 기간 동안 미란다가 엄브리엘과 3:1 공명으로 잠겨있었을 것이라는 내용이 중추다.

✳ 내부 구조와 코로나

미란다의 밀도는 $1.2g/cm^3$로, 천왕성의 주요 위성 중 가장 낮다. 이 정도의 밀도는 60% 이상이 물 얼음으로 구성되어 있음을 나타낸다. 표면에서 지금까지는 물만 검출됐으나, 메탄, 암모니아, 일산화탄소, 질소도 있을 것이고, 내부에는 방사성 붕괴로 인한 열이 내부 분화를 일으켜, 규산염과 유기 화합물이 정착되어 있을 것이다.

그런데 어떻게 미란다처럼 작은 천체가, 표면에 무수한 지질 특징들을 만들어 낼 수 있을 만큼, 충분한 내부 에너지를 가질 수 있는지는 알아내지 못한 상태다.

현재 선호되는 가설은 그것이 엄브리엘과 3:1 궤도 공명에 있었던 과거 시간 동안 조석 가열로 에너지 넘쳤다는 것인데, 이 시절에 미란다의 궤도 이심률이 0.1까지 높아졌을 것으로 본다. 이러한 시기는 최대 1억 년까지 지속되었을 수 있다.

그리고 다른 천왕성의 위성들에서 가정된 바와 같이, 포접화합물 (Clathrate)이 미란다 내에 존재한다면, 물보다 전도율이 낮기에 미란다 온도를 더 높이는 절연체 역할을 했을 수도 있다.

미란다는 아리엘과 5:3 궤도 공명한 적도 있는데, 이때 아리엘의 내부 가열에 영향을 미쳤을 것이다.

한편, 20세기에 보이저 2호가 미란다를 방문한 적이 있는데, 그때는 남반구만 볼 수 있는 시기였다. 관측된 표면에는 과거에 강도 높은 지질 활동이 일어났던 흔적들이 있었고, 확장된 구조론의 결과로 추정되는, 거대한 협곡들이 교차한 모습도 포착되었다.

액체 상태의 물이 표면 아래에 얼어붙으면서 표면 얼음이 갈라져 그라벤이 생성되어 있었는데, 길이는 수백 킬로미터이고 너비는 수십 킬로미터였다. 또한, 태양계에서 가장 큰 절벽으로 알려진 베로나 절벽(Verona Rupes)을 품고 있었는데, 이것의 높이가 무려 20km였다.

미란다의 지형 중 일부는 분화구 수치로 볼 때 1억 년 미만일 가능성이 있으나, 상당한 지역은 나이 많은 분화구로 덮여있다. 이런 모습은 미란다 표면 대부분이 다른 위성들과 유사한 지질 역사를 가진 것을 보여준다.

미란다의 분화구는 가장자리가 부드러워진 게 많은데, 이는 내부 물질의 분출이나 극저온 환경의 영향일 수 있다. 미란다 남극의 온도는 약 85K로 순수한 물 얼음이 암석의 특성을 갖게 되는 온도이다. 또한, 표면의 극저온 물질은 점성이 너무 강해서 순수한 액체 상태의 물이었을 수 없다. 물과 암모니아, 용암 같은 혼합물 또는 에탄올이 얼어있을 것으로 추정된다.

한편, 미란다의 관측된 반구에는, 폭이 최소 200km이고 깊이가 최대 20km에 이르는, 코로나(Corona)라는 세 개의 거대한 '경주로(Racetrack)' 같은 고랑이 있는데, 각각 아덴(Arden), 엘시노어(Elsinore), 인버네스(Inverness)라고 이름이 붙여졌다.

표면에 분화구가 상대적으로 드물다는 것은 일반적으로 분화구가 이전의 분화구와 겹쳤을 개연성이 높은데, 미란다의 코로나는 일반적인 설명을 거부한다.

코로나는 동심원 모양의 능선과 수조로 이루어진 벨트로, 심하게 구멍이 난 주변과 구분되어 있는데, 아주 비현실적으로 생겼다. 그래서 연구원들은 코로나의 기원에 대해 오랫동안 궁금해했으나 아직 원인을 찾지 못한 상태다.

한 가지 가능성은 미란다가 어떤 재앙적인 충격으로 부서져, 그 후에 그 조각들이 혼란스럽게 다시 조립되었다는 것이다. 이 아이디어는 암석 물질로 형성된 코로나가 아래로 가라앉고 수축하면서, 표면에 동심원의 주름을 유발했다는 것이다.

또 다른 가능성은, 부력이 있는 얼음 돔으로 형성된 코로나가 상승하면서, 미란다의 표면이 구겨지게 되었다는 것이다. 하지만 이 얼음을 상승시키는 에너지가 어디서 왔는지에 대한 설명이 없다.

미란다는 상대적으로 크기가 작기에, 만들어진 후에 식었을 것인데, 내부를 뜨겁게 유지할 수 있는 방사성 물질이 부족해서, 식는 속도가 비교적 빨랐을 것으로 보인다.

그래서 다시 주목하게 된 것이 모행성이다. 연구원들은 천왕성의 중력이 미란다를 가열시키면서 왜곡시켰을 수 있고, 미란다 내부가 지구만큼 회전하도록 이끌었을 수도 있다는 가설을 세웠다.

천왕성의 중력은 미란다를 끌어당겨서, 지구가 달에 영향을 미치는 것처럼 조석력을 발생시켰는데, 그 영향력은 지구가 유발한 조석 효과보다 훨씬 컸을 가능성이 크다.

새로운 연구를 위해 수행된, 미란다의 내부에 대한 3차원 컴퓨터 시뮬레이션 결과, 조석력이 미란다를 상당한 양의 열을 발생시킬 수 있을 정도로, 반복적으로 늘리고 쥐어짜는 것으로 나타났다. 이 에너지는 약 5기가와트나 된다.

이 에너지가 미란다의 얼음 맨틀을 지구의 암석 맨틀처럼 대류와 함께 요동치게 했고, 대류가 일어나는 동안에 따뜻한 부력을 가진 얼음이 미란다 위로 올라와 표면을 뒤틀어 코로나를 만들었을 것이다.

연구팀의 컴퓨터 모델은, 코로나의 위치와 코로나 내의 변형 패턴을 정확하게 설명했다고 해먼드는 말했다. "미란다의 특징들은 정말 이상하게 보일지도 모르지만, 그것들은 내부의 대류가 표면 변형을 일으키는, 지구에서 일어나는 것과 유사한 방식으로 형성되었다."

그러나 과학자들은 대류가 미란다의 표면 변형을 일으키려면 위성의 표면이 이 실험에서 예측한 것보다 훨씬 약해야 한다고 지적하며 쉽게 수용하러 들지 않았다.

어쨌든 이런 예측이 옳다고 해도, 과학자들은 미란다의 남반구에 대한 지식만 있다. 보이저 2호가 1986년에 미란다를 방문했으나 북반구는 촬영조차 하지 못해서, 그곳에 대한 데이터가 너무 부족한 상태이다. 그래서인지 미란다 연구에 대해 해먼드와 같은 과학자들은 호기심을 더욱 부풀리고 있다.

"미란다의 반대편에 무엇이 있을지 생각해 보면 정말 흥미로울 것이다. 우리의 연구는 미란다의 반대편에 코로나가 하나 더 있을 것으로 예측한다. 그리고 나는 천왕성으로 돌아가서 그 가설을 시험할 임무를 수행할 수 있을 만큼 오래 살고 싶다."

그의 말대로 반대편에 코로나가 더 있을까? 모든 코로나는 미란다가 고체이고 내부 액체 바다가 없는 것과 일치하는 조석 가열 형식이 있어야 형성될 수 있는데, 컴퓨터 모델링을 해보면, 이미지화되지 않은 반구에 추가적인 코로나가 있는 것으로 나타난다.

제 4 장

해왕성계

Neptune System

1. 해왕성

긴반지름	30.11AU
이심률	0.009 456
궤도 장반경	8.6832×10^{25}kg
원일점	30.33AU 45.4억 km
근일점	29.81AU 약 44.6억 km
공전 주기	164.8년
회합 주기	367.49일
평균 공전 속도	5.43km/s
궤도 경사	(황도면 기준)1.767975° (태양 적도면 기준) 6.43°
반지름	(평균) 24,622±19 km (적도) 24,764±15 km (극) 24,341±30 km
표면적	7.6183×10^9km²
부피	6.254×10^{13}km³
질량	1.02413×10^{26}kg
평균 밀도	1.638 g/cm³
적도 중력	11.15 m/s²(1.14g)
탈출 속도	23.5 km/s
자전 주기	0.6713일
자전 속도	2.68km/s 9,650km/h
자전축 기울기	(공전 궤도면 기준) 28.32°
북극점 적경	299.3°
북극점 적위	42.950°
평균 표면 온도	72K(-201℃)
대기압	100MPa
겉보기 등급	+7.67~+8.00
대기 구성	수소 80% 헬륨 19% 메테인 1% 미만 에테인 1.5ppm
위성	14개

해왕성은 천왕성과 닮은 점이 많은 행성으로, 거의 비슷한 크기이며, 대기에 포함된 메탄에 의해 푸른색으로 보이는 것도 비슷하다.

목성에 대적반이 있듯이 해왕성엔 대흑점이 있는데, 지구 지름 정도의 크기다. 발견자에 대해서는 논란이 있는데, 미적분학 논쟁과 비슷한 구도였지만, 영국 학계에서 일찍 포기했다.

따라서 공식적인 발견자는 정밀하게 위치를 계산해낸 프랑스 수학자 위르뱅 장 조제프 르베리에(Urbain Jean Joseph Le Verrier), 그리고 이 자료를 토대로 관측에 성공한 독일인 요한 고트프리트 갈레와 하인리히 루트비히 다레스트(Heinrich Ludwig d'Arrest) 3명이 공인받았다.

이심률이 큰 명왕성이 해왕성 궤도 안으로 들어올 때가 있어서, 명왕성이 행성 분류에서 제외되기 전에도 해왕성이 가끔 마지막 행성이 되는 경우가 있었지만, 명왕성이 행성에서 제외된 현재는 마지막 해성으로 공인되었다.

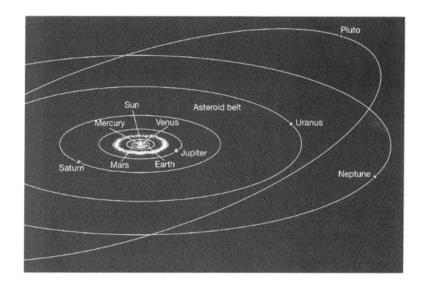

해왕성 1일은 지구 기준 16시간, 1년은 지구 기준 165년, 평균 기온 -240℃, 중력은 지구의 1.14배이다. 천왕성보다 크기는 약간 작으나 질량은 더 크다. 태양계의 행성 중 지름으로 따지면 4번째로 크며, 질량으로 따지면 3번째다. 그리고 밀도와 대기압은 태양계의 가스 행성 가운데 가장 높다.

행성 표면이 어떤지는 알 수 없으나, 고체, 액체, 기체가 서로 뒤섞인, 슬러시 형태의 메탄으로 이뤄진 바다가 끝없이 펼쳐져 있을 것으로 예상된다. 또한, 불투명한 대기가 매우 두껍게 펼쳐져 있기에, 대기층 아래는 햇빛과 별빛을 전혀 관측할 수 없는, 완벽에 가까운 암흑일 것으로 여겨지고, 그 속에 거대하게 출렁이는 메탄 바다에는 태풍과 번개가 끊임없이 일어나고 있을 것이다.

지구에서는 기체이던 것이 이곳에서는 수소나 헬륨을 제외한, 거의 모든 기체가 액화되거나 얼어붙는다. 그리고 평균 온도와 대기, 행성 표면의 성분 특성 등 여러 가지 요인이 겹쳐 상륙할 육지 따윈 사실상 없다. 게다가 행성의 특성상 강력한 방사능도 발산하고 있을 것이다.

한편, 일각에서 물이 존재할 가능성을 거론하고 있고 그럴 개연성이 있지만, 데이터가 너무 부족해서, 물이 얼음 상태로 존재하는지, 액체로 존재하는지, 플라스마 형태로 존재하는지는 아무도 모른다.

최근에는 내핵이 액화된 다이아몬드로 존재한다는 연구도 발표되었다. 내부로 들어갈수록 물질의 전환은 없이, 온도와 압력만 높아지므로, 내핵에 포함된 탄소 성분이 고온-고압의 환경에서 대량의 다이아몬드를 생성할 수도 있다는 것이다.

해왕성은 태양에서 가장 먼 행성답게 두꺼운 구름층 상부 온도가 -218℃에 달한다. 다만 열권은 477℃까지 올라간다. 내핵의 온도는 약 5,100℃ 정도로 예측되고, 자전축이 28도 정도 기울어져 있어 계절 변화도 일어난다.

또한, 목성 트로이군만큼은 아니지만, 태양계에서 두 번째로 많은 28개의 해왕성 트로이군을 거느리고 있기도 하다. 하지만 목성보다 6배 정도나 멀리 있어 관측이 쉽지 않다.

한편, 해왕성의 대흑반 존재는 보이저 2호의 탐사로 알게 되었는데, 특정 지점에 영속하는 것은 아니다. 현재로써는 데이터 부족으로 생멸 원인을 알 수 없다. 1994년에 허블 우주 망원경으로 관찰을 시도했으나 완전히 소멸한 후였다. 그러나 얼마 후 북반구에서 새로운 흑반이 다시 발견되었다.

그리고 보이저 2호가 해왕성에 가장 근접하기 사흘 전에, 가느다란 고리가 관찰된 바 있다. 고리의 존재는 보이저 2호가 통과하기 전에, 해왕성이 별을 가리는 현상을 보고 확인했다.

이에 관한 가장 최신 데이터는, 2022년 9월 21일에 제임스 웹 우주 망원경의 근적외선 카메라로 해왕성의 고리와 위성 7개(트리톤, 갈라테아, 네레이드, 탈라사, 라리사, 프로테우스, 데스피나)를 포착한 것이다. 고리가 너무 옅은 데다가 거리가 멀다는 점 때문에, 1989년 보이저 2호의 탐사를 통해 얻은 자료를 끝으로, 지구에선 아예 건드릴 엄두조차 못하고 있었는데, 제임스 웹 덕분에 약 33년 만에 관측 및 촬영을 할 수 있었다.

해왕성은 탐사하기 힘들어 그에 대한 정보가 적은 것은 사실이나 인류에게는 상당히 중요한 천체인데, 현재 해왕성은 직간접적으로 카이퍼대 천체들에 영향을 주는 위치에 있다. 해왕성과 2:3 궤도 공명하는 명왕성이 그 예다. 목성이 안팎으로 소천체들에 큰 영향을 미친다면, 해왕성은 자신 주변과 카이퍼대에 있는 천체에 큰 영향을 미치고 있다.

한편, 해왕성은 많은 위성을 거느리고 있으나, 지구로부터 너무 멀리 떨어져 있어서 그 존재를 확인하기 쉽지 않고, 아직 찾지 못한 위성들도 있을 것으로 보인다.

보이저호가 탐사하기 전에 지상의 망원경으로 찾아낸 위성은 트리톤과 네레이드 두 개뿐이었다. 트리톤의 지름은 2,706.8km로 압도적으로 크고, 네레이드는 지름 340km로 나중에 발견한 프로테우스(지름 평균 420km)보다 조금 작다. 트리톤은 여러모로 특이점이 많고, 네레이드는 태양계 최대 이심률의 궤도(경사 27.6°, 이심률 0.7512)를 자랑한다. 그래서 일찍 발견할 수 있었다.

두 개의 위성이 발견된 후로 한동안 소강 상태를 보낸 후에, 보이저 2호가 해왕성 세계를 탐사하게 되면서 6개 위성을 새로 발견하게 되었다. 나이아드, 탈라사, 데스피나, 갈라테아, 라리사, 프로테우스가 그것들인데, 이후에 6개를 더 찾아 현재 공인받은 해왕성의 위성은 14개다.

✳ 형성 및 이동

얼음 거인인 해왕성과 천왕성은 그 형성 모델을 만들기가 어렵다. 태양계 외부 영역의 물질 밀도가 너무 낮아서, 기존의 전통 모델이라고 할 수 있는, 중심핵 강착 방법으로는 그렇게 큰 천체의 형성을 설명할 수 없기에, 다양한 가설들이 제시되었다.

그중 하나는 중심핵 강착으로 형성된 것이 아니라, 원래 원시 행성계 원반 내에서 불안정하게 형성되었으며, 나중에 근처의 거대 OB 별(분광형 O형 별과 B형 별)의 복사로 대기가 폭발했다는 것이다.

또 다른 가설은, 이들이 태양에 더 가까운 위치에서 형성되어 물질 밀도가 높아졌고, 이후 기체 원시 행성 원반을 제거한 후에 현재 궤도로 이동했다는 것이다. 이 가설은 해왕성 횡단 지역에서 관측된, 작은 물체의 개체군을 잘 설명할 수 있기에 선호되고 있는데, 이 가설 중에서도 그 세부 사항까지 잘 설명하고 있는 니스 모델이 가장 널리 알려져 있다. 이 모델은 해왕성과 다른 거대 행성들이 카이퍼 벨트의 구조에 미치는 영향까지도 탐구하고 있다.

✳ 대기와 구름

해왕성의 내부 구조는 천왕성의 구조와 비슷하다. 대기는 질량의 약 5~10%이고, 대기의 압력은 약 10GPa로 지구 대기의 약 10만 배에 이른다.

맨틀은 지구 질량 10~15배이며, 물, 암모니아, 메탄이 풍부하다. 행성 과학에서 일반적으로 볼 수 있듯이, 이 혼합물은 뜨겁고 밀도가 높은 유체(초임계 유체)임에도 불구하고, 얼음으로 불리는데, 전기 전도도가 높은

　　　　　　　　　　　　　　　외행성계 미스터리

이 유체는 물-암모니아 바다이기도 하다.

맨틀은 물 분자가 수소와 산소 이온의 수프로 분해되는 이온수 층과 산소로 결정화되지만, 수소 이온이 산소 격자 내에서 자유롭게 떠다니는 초이온수 층일 수도 있다. 7,000km 깊이에서는, 메탄이 우박처럼 내리는 다이아몬드 결정을 형성할 수도 있는데, 과학자들은 이런 종류의 다이아몬드 비가 목성, 토성, 천왕성에서 일어난다고 믿고 있다. 로렌스 리버모어 국립 연구소의 초고압 실험에 의하면, 맨틀의 꼭대기가 떠다니는 고체 다이아몬드를 가진 액체 탄소로 이루어진 바다일 수도 있다는 증거가 드러났다.

해왕성의 중심핵은 철, 니켈, 규산염으로 구성되어 있으며 중심부의 압력은 700GPa로, 지구 중심부의 압력보다 약 2배 높으며 온도는 5,400K이다.

한편, 높은 고도의 천왕성 대기는 수소 80%, 헬륨 19%, 미량의 메탄으로 구성되어 있다. 메탄의 두드러진 흡수 대역은 스펙트럼의 적색과 적외선 부분에서 600nm 이상의 파장에서 존재하는데, 메탄에 의한 이러한 붉은 빛의 흡수는 해왕성이 푸른빛을 띠게 하는 원인이지만, 해왕성의 푸른색은 대기 중에 집중된 연무로 인해 더욱 짙어진다.

대기는 고도에 따라 온도가 낮아지는 대류권 하부와 고도에 따라 온도가 높아지는 성층권으로 세분된다. 이 둘 사이의 경계인 대류권은 압력은 10kPa이고, 그 위의 성층권은 점차 압력이 낮아지다가 열권에 자리를 내주며, 열권은 점차 외권으로 이행된다.

해왕성의 높은 고도의 구름이 아래의 불투명한 구름 갑판에 그림자를 드리우는 게 관측되었다. 또한, 일정한 위도에는 행성을 둘러싸고 있는 고도가 높은 구름대가 있다. 이 원주형 띠들은 폭이 50~150km이고 구름 갑판 위 약 50~110km에 있다.

이 고도는 기후가 발생하는 대류권이다. 높은 성층권이나 열권에서는 기후가 발생하지 않는다. 그런데 허블 우주 망원경과 지상망원경으로 30년간 관측한 결과, 해왕성의 구름 활동은 행성의 계절이 아니라 태양 주기에 달려있다는 사실이 밝혀졌다.

해왕성의 스펙트럼을 살펴보면, 메탄의 자외선 광분해 생성물의 응축으로 성층권 하부가 흐릿하다는 것을 알 수 있다. 성층권은 미량의 일산화탄소와 시안화수소의 서식지이고, 탄화수소의 농도도 높은데, 이 때문에 천왕성의 성층권보다 따뜻하다.

열권의 경우는 알 수 없는 이유로 750K라는 높은 온도를 유지하고 있다. 이 열이 자외선에 의해 발생하기에는 행성이 태양으로부터 너무 멀리 떨어져 있기에 이유를 찾기가 쉽지 않다.

가열 메커니즘 후보 중 하나는 행성의 자기장 안에 있는 이온들과 대기의 상호 작용이고, 다른 후보는 대기 중에서 소멸하는 내부로부터의 중력파이다. 하지만 후보 모두 대중을 이해시키기에는 설명이 부족하다.

한편, 열권에는 이산화탄소와 물의 흔적이 있는데, 이는 운석이나 먼지와 같은 외부 공급원에서 침전되었을 가능성이 크다.

✳ 기후와 자기권

해왕성과 천왕성은 외모는 비슷하나 기상 활동의 정도는 전혀 다르다. 해왕성은 천왕성처럼 고요하지 않다. 가장 특이한 점이라면 엄청나게 빠른 태풍을 들 수 있다. 해왕성의 바람은 초속 600m에 육박한다.

하지만 해왕성의 대기 흐름은 보편적으로는 조금 더 느린데, 구름의 움직임을 분석한 결과, 바람은 동쪽으로 초속 20m 수준에서 서쪽으로 초속 325m 정도까지 다양했다. 그리고 구름 상층부만 보면, 적도 근처에서 초속 400m, 양극 지대에서는 초속 250m의 바람이 넓은 영역에 걸쳐

불고 있다.

　바람이 움직이는 보편적 방향은 고위도 지역에서는 자전과 같은 방향이나, 저위도 지역에서는 역방향이다. 이처럼 바람 부는 방향이 반대인 이유는 'Skin Effect' 때문이지, 대기 깊은 곳의 대류 과정 때문은 아니라고 한다.

　대기 중에는 메테인이 풍부하고, 적도의 에테인과 아세틸렌 함량은 극지방보다 10~100배 더 높다. 이는 적도에서 대기가 상승하고, 극 지역에서는 하강하기 때문인 것으로 보인다.

　2007년에 해왕성의 남극 상층 대기가 다른 지역보다 10℃ 더 따뜻하다는 사실이 밝혀졌다. 이와 같은 온도 차이 때문에 메테인 기체가 남극으로부터 우주로 탈출하게 된다. 이러한 상대적 '열점' 형성은 해왕성의 자전축이 기울어져 있기 때문인데, 해왕성의 1년 중 마지막 4/4분기(지구 시간으로 약 40년이다)에 태양을 향해 남극이 기울어져 있기 때문이다. 같은 이유로 남반부 대신 북반부가 태양을 향해 기울어지면 메테인 방출 현상이 북반부로 옮겨가게 된다.

　한편, 해왕성의 자기권은 천왕성을 닮았는데, 자기장이 회전축에 대해 47°로 심하게 기울어져 있고, 행성의 물리적 중심에서 최소 13,500km 떨어져 있다. 자기 적도에서 자기장의 쌍극자는 약 0.14G이고, 자기 모멘트는 약 $2.2 \times 10^{17} T \cdot m^3$이다. 그런데 해왕성의 자기장은 쌍극자 모멘트를 초과할 수 있는, 강한 4극 모멘트가 있어, 쌍극자가 아닌 성분이 크게 작용하는, 복잡한 시스템이다.

✱　급격한 기온 변화를 겪고 있는 여름

　국제 과학자팀이 예상하지 못했던 해왕성의 기온 변화를 관찰했다. 해왕성은 한번 태양 주위를 공전하는 데 165년이 걸리기 때문에 계절의 길이가 40년이 넘는다. 그런데 지상과 우주의 망원경을 이용해 해왕성을 관측해 오던 과학자들이 특이한 현상을 찾아냈다.

레스터 대학의 마이클 로만(Michael Roman)은 2003년부터 2020년까지 해왕성을 관측한 유럽 남방 천문대(ESO)의 VLT의 데이터를 이용해, 해왕성의 기온 변화를 조사했다. VLT는 17년 동안 100장에 달하는 세밀한 적외선 이미지를 얻었으나, 거리가 워낙 멀어서 해왕성의 정확한 표면 온도를 측정해 내기가 쉽지 않았다. 그래서 VISIR(VLT Imager and Spectrometer for mid-InfraRed)로 얻은 적외선 이미지와 지상과 우주의 여러 망원경 데이터로 보강해 가며 17년간 온도 변화를 추적했다.

그 결과 해왕성의 남반구가 여름철임에도 불구하고 2003년부터 2018년까지 8℃ 정도 기온이 떨어진 것을 확인했다. 물론 해왕성 자체가 -220℃의 초저온이지만, 태양 빛을 많이 받는 계절에 온도가 떨어진다는 것은 정말 의외였다.

그리고 2018년과 2020년 사이에 남극 기온이 갑자기 11℃ 상승한 것도 의외였다. 해왕성의 따뜻한 극소용돌이(Polar Vortex)는 이전부터 알려져 있으나 이렇게 극적인 변화는 미처 예상하지 못했다. 이러한 미스터리는 아직도 풀지 못한 상태다.

태양에서 매우 멀리 떨어져 있어, 해왕성 대기에 어떤 일이 일어나는지는 알아내기가 너무 어렵다. 더 상세한 정보를 얻기 위해서는 해왕성 궤도선이 필요하다. 해왕성과 천왕성에도 주위를 공전하면서 장시간 관측할 탐사선을 보내야만 미스터리들을 풀 수 있을 것 같다.

✴ 흑점(Dark Spot)과 내부 열

1989년에 보이저 2호가 해왕성에서 대흑점(The Great Dark Spot)을 발견했다. 이 폭풍의 모습은 목성의 대적점과 닮은 것 같았다. 그런데 5년 뒤에 허블 우주 망원경이 해왕성을 관측했을 때는 대흑점이 보이지 않았다. 그 대신 대흑점과 비슷한 새 폭풍이 해왕성 북반구에서 발견되었다.

대흑점에서 훨씬 남쪽으로 내려간 곳에는 흰색 구름 뭉치로 이루어진 다른 폭풍, 스쿠터(Scooter)가 있다. 스쿠터라는 이름이 붙여진 것은 보이저 2호가 이것을 발견했을 당시에 빠르게 움직였기 때문이다.

한편, 해왕성에는 소흑점(The Small Dark Spot)도 있다. 이것은 남반구의 저기압성 폭풍으로, 처음에는 시커먼 색깔이었지만, 보이저호가 해왕성에 접근해 가는 동안 중심 부분이 밝게 변했다.

해왕성의 대류권 내에서 흑점 폭풍들은 밝은 구름보다 낮은 고도에서 일어나는 것으로 보이며, 그 때문에 구름 상층부에 난 구멍처럼 보이는 것 같다. 몇 달 동안 형태가 유지되는 안정된 구조라는 점에서, 소용돌이 구조로 이루어진 것으로 추측된다.

흑점들이 대류권 경계층 근처에서 생성되는, 밝은 잔류성 메테인 구름과 합쳐질 때도 있는데, 이렇게 만들어진 동반 구름의 존속은, 흑점이 검은색을 띠지 않는 사이클론의 형태로 변해 남아있을 수 있음을 시사한다. 하지만 흑점들은 분명히 사라지는데, 그 메커니즘은 정확히 파악되지 않은 상태다.

한편, 해왕성이 천왕성보다 활동적인 기상 현상을 나타내는 것은, 해왕성의 내부 열이 더 높은 것에 일부 원인이 있는 것으로 보인다. 해왕성과 태양 사이의 거리는 천왕성과 태양 사이의 거리보다 50% 더 멀고, 천왕성이 받는 태양광의 40%밖에 받지 못하지만, 의외로 두 행성의 표면 온도는 거의 같다.

해왕성의 대류권의 상층부는 -221.4℃이고, 기압이 1bar 정도 되는 깊이에서는 온도가 -201.15℃이다. 그리고 가스층 깊이 들어갈수록 온도는 일정하게 증가한다.

천왕성은 태양에서 받는 에너지의 1.1배만 방출하지만, 해왕성은 태양에서 받는 에너지의 2.61배를 방출한다. 그리고 해왕성은 태양에서 가장 멀리 떨어져 있는 행성이나, 태양계에서 가장 강력한 바람을 유지할 수 있는 내부 에너지를 가지고 있다.

이런 현상을 설명하기 위한 다양한 해석들이 제안되었는데, 그중에는 행성의 핵에서 일어나는 방사능 붕괴로 인한 붕괴열이라는 설, 고압에서 메테인이 수소, 다이아몬드, 탄화수소로 전환되고, 수소와 다이아몬드가 각각 떠오르고 가라앉으며, 위치 에너지를 내놓는다는 설, 하층 대기에서 일어난 대류가 중량파(Gravity Waves, 유체매질이나, 중력 또는 부력의 복원력을 가진 두 매질 사이의 계면에서 발생한다. 풍랑을 만드는 대기와 대양 사이의 계면을 한 예로 들 수 있다.)를 만들어 대류권 계면을 교란하기 때문이라는 설 등이 있다.

✳ 공전 궤도와 카이퍼 벨트

해왕성과 태양 사이의 평균 거리는 약 30.1AU로, 평균적으로 164.79년마다 한 바퀴를 돈다. 근일점 거리는 29.81AU이고, 원일점 거리는 30.33AU이다.

해왕성의 타원 궤도는 지구와 비교했을 때 1.77° 기울어져 있고, 자전축 기울기는 28.32°로 지구(23.5°)와 화성(25°)의 기울기와 비슷하다. 그 결과, 해왕성에도 지구와 비슷한 계절적 변화가 있다.

긴 공전 주기 때문에 계절들이 40년 동안 지속되지만, 자전 주기는 약 16.11시간밖에 되지 않고, 축 방향 기울기가 지구의 기울기와 비슷하기에, 하루 길이의 변화는 심하지 않다.

해왕성은 고체가 아니어서, 대기가 차등 회전을 한다. 넓은 적도대는 약 18시간의 주기로 자전하는데, 이는 행성 자기장의 16.1시간 자전 주기보다 느리고, 회전 주기가 12시간인 극지방의 경우에는 그 반대이다.

이런 차등 회전이 태양계의 모든 행성 중에서 가장 두드러지며, 그로 인해 강력한 위도 풍력 전단력(Latitudinal Wind Shear)이 발생한다.

한편, 해왕성의 궤도는 카이퍼 벨트라고 알려진 지역에 지대한 영향을 미친다. 카이퍼 벨트는 소행성 벨트와 비슷하나, 훨씬 더 큰 작은 얼음 세계로, 태양으로부터 약 55AU 떨어진 해왕성의 궤도에서 뻗어있다.

목성의 중력이 소행성대를 지배하는 것과 마찬가지로, 해왕성의 중력이 카이퍼대를 지배하는데, 시간이 흐르면서 특정 지역은 해왕성의 중력으로 불안정해져서 구조에 틈이 생겼다. 40AU와 42AU 사이의 지역이 그 예이다.

이러한 빈 지역 안에는 물체들이 생존할 수 있는 궤도들이 존재하는데, 이러한 공명의 결과는 해왕성의 공전 주기와 1:2 또는 3:4와 같이, 정확한 리듬을 탈 때 발생한다.

알려진 물체가 200개 이상인 카이퍼 벨트에서 가장 많이 적용되는 공명은 2:3 공명이다. 이 공명에 포함된 물체는 해왕성 3번당 2번 궤도를 돌며, 카이퍼 벨트 천체 중에서 가장 큰 천체로 알려진 명왕성이 그중에 하나이다. 명왕성은 정기적으로 해왕성 궤도를 통과하지만, 2:3 공명 덕분에 절대 충돌하지 않는다. 이외에 3:4, 3:5, 4:7, 2:5 공명을 이루고 있는 천체들도 있으나 상대적으로 적은 편이다.

태양-해왕성 L_4와 L_5 라그랑주점을 차지하고 있는 것으로 알려진 트로이 천체가 있는데, 해왕성 트로이목마는 해왕성과 1:1 공명하는 것으로 볼 수 있다. 일부 해왕성 트로이목마는 궤도가 현저하게 안정되어 있으며, 외부에서 생성된 후에 포획되었다기보다는 해왕성과 함께 형성되었을 가능성이 높다.

✳ 위성들

해왕성은 위성 14개를 거느리고 있는데, 가장 큰 것은 트리톤으로, 윌리엄 러셀이 해왕성을 발견한 지 17일이 지난 1846년 10월 10일에 추가로 찾아냈다. 그러나 두 번째 위성 네레이드의 발견은 이로부터 무려 백 년이 지난 다음에야 이뤄졌다.

해왕성에서 가장 멀리 떨어져 있는 네소(Neso)의 공전 주기는 약 26년으로, 태양계의 어떤 위성보다도 모행성에서 멀리 떨어져 공전하고 있다.

트리톤은 공전 궤도가 해왕성의 자전에 대해 반대 방향이고, 해왕성 적도 면에 대해 기울어져 있다는 점에서, 행성급 질량을 지닌 위성 중에서도 독특한 존재라고 할 수 있다. 이는 트리톤이 모행성 근처에서 태어난 게 아니라, 다른 곳에서 태어나 나중에 해왕성의 중력에 포획되었음을 시사한다.

태양계에서 역행 공전을 하는 위성 중 트리톤 다음으로 큰 것이 토성의 포이베인데, 질량이 트리톤의 0.03%에 지나지 않는 것으로 보아, 트리톤이 외부에서 유입된 가족이라는 것은 거의 분명한 것 같다. 트리톤의 등장은 아마 기존 위성들에는 재앙적 사건이었을 것이다.

트리톤 안쪽에는 규칙 위성 7개가 있는데, 이들 모두 해왕성의 적도 면에 가깝게 순행 공전을 하고 있으며, 이들 중 일부의 궤도는 해왕성의 고리들 사이에 있다.

해왕성은 트리톤 외에 여섯 개의 불규칙 위성을 더 거느리고 있다. 이들의 궤도는 규칙 위성들보다 훨씬 더 크며 궤도 경사각도 크다. 이들 중 셋은 순행 방향으로 공전하나 나머지 셋은 역행 공전을 한다.

네레이드는 불규칙 위성치고는 모행성에 유난히 가까운 곳에서 찌그러진 궤도를 그리고 있는데, 천문학자들은 네레이드가 한때 해왕성의 규칙 위성이었으나, 트리톤이 포획되었을 당시에 궤도가 심하게 뒤틀려, 지금의 위치로 오게 된 것으로 추정한다.

✳ 작은 위성은 충돌 파편일까?

2013년에 허블 우주 망원경에 의해 발견된 해왕성의 13번째 위성인 히포캄프(Hippocamp)가 더 큰 위성에서 떨어져나온 파편일 가능성이 크다는 사실이 밝혀졌다. 지름 34km의 작은 위성인 히포캄프는 SETI의 마크 쇼왈터(Mark R. Showalter)가 2003~2009년 사이의 허블 우주 망원경 이미지를 분석해서 찾아낸 위성으로, 보이저 2호에 의해 상세히 관측된 바가 없어서 크기, 궤도, 질량 등 기본적인 정보만 알려져 있다.

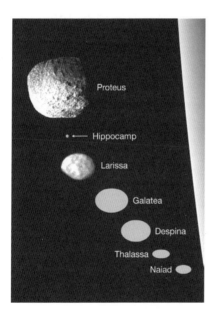

그런데 쇼왈터 연구팀이 히포캄프의 궤도를 분석한 결과, 12,000km 떨어진 위성 프로테우스(Proteus)와 혜성이 충돌하면서 나온 파편일 가능성이 크다는 사실을 알아낸 것이다. 두 위성의 궤도는 이전에는 지금보다 가까웠을 게 확실하며, 보이저 2호가 촬영한 프로테우스 표면에는 거대한 충돌 크레이터가 존재한다. 이 사실들을 기반으로 컴퓨터 시뮬레이션을 해본 결과, 히포캄프와 프로테우스 사이의 관계가 밝혀진 것이다. 참고로 프로테우스는 지름 400km로 해왕성의 위성 가운데는 트리톤 다음으로 크다.

해왕성은 카이퍼 벨트 안쪽에 존재하며 수많은 혜성이 이 행성을 지나쳤을 것이기에, 위성으로 포획되거나 위성에 충돌하는 경우가 드물지 않았을 것이다. 앞으로 해왕성과 천왕성에도 궤도선을 보내어 연구한다면 흥미로운 사실들이 더 많이 밝혀질 것이다.

✳ 고리 체계

해왕성도 행성의 고리 체계를 가지고 있지만 토성만큼 널리 알려져 있지는 않다. 고리는 규산염이나 탄소 기반 물질로 코팅된 얼음 입자로 구성되어 있을 것으로 본다.

고리 시스템 중에 세 개의 주요 고리는 해왕성 중심에서 63,000km 떨어진 애덤스 고리, 53,000km 떨어진 르베리에 고리, 42,000km 떨어진 갤리 고리이다. 르베리에 고리의 바깥쪽에 희미하게 확장된 부분은 러셀 고리라고 한다.

주요 고리는 1968년에 에드워드 기넌(Edward Guinan)이 이끄는 팀에 의해 발견되었는데, 1980년대 초에 기존의 데이터와 새로운 관측 결과를 통합해서 분석한 결과, 이 고리가 불완전할 수 있다는 가설이 제기되었다.

1984년 항성 엄폐 당시 해왕성이 항성을 가리자, 별빛이 깜박거리는 현상이 목격되었고, 이것은 고리에 간극이 있다는 증거로 제시됐다. 1989년에 보이저 2호가 촬영한 사진이 수 개의 희미한 고리 구조를 보여줌으로써 이 사실이 확인되었다.

해왕성의 고리들은 매우 비정상적인 구조를 하고 있는데, 그 이유는 아직 확실하게 밝혀지지는 않았으나, 고리 주위에 있는 작은 위성들의 중력적 상호 작용 때문인 것으로 추측된다.

가장 바깥쪽에 있는 애덤스 고리에는 다섯 개의 뚜렷한 아크 구조가 보이는데, 각각 '커리지(Courage)', '리베흐테(Liberté)', '에갈리테(Egalité) 1·2',

'프라테르니테(Fraternité)'라고 이름이 붙여졌다. 운동 법칙에 따르면, 이 아크들은 매우 짧은 시간 안에 고르게 고리로 퍼져 나가야 하는데도, 그대로 유지되고 있다. 그런데 그 까닭은 아직 모르고 있다.

다만 고리 바로 안쪽에 있는 위성 갈라테아(Galatea, 해왕성에서 네 번째로 가까운 위성)의 중력적 효과에 의해, 입자들이 현재의 위치에 가두어져 아크 구조가 생겼다는 가설이 있긴 하다.

2005년에는 지구에서 관측한 결과, 해왕성의 고리들이 이전까지 생각했던 것보다 더 불안정하다는 사실이 드러났다. W. M. 켁 천문대가 2002년과 2003년에 촬영한 사진들은, 보이저 2호가 촬영한 사진과 비교해 보았을 때, 고리에 상당량의 손실이 있었다는 사실을 나타냈다. 특히, 애덤스 고리의 리베흐테 아크는 한 세기 안에 사라질 것으로 보인다.

2. 트리톤

트리톤은 공전 궤도가 역행이고 조성이 명왕성과 비슷한 것으로 보아, 카이퍼 벨트로부터 해왕성계에 진입한 것으로 보인다.

트리톤은 상당한 수준의 대기가 있는데, 대부분이 질소이며 메테인과 일산화탄소가 소량 섞여있다. 1989년에 보이저 2호가 트리톤의 대기에 구름과 연무로 추정되는 특징들이 드러난 것을 관측한 바 있다.

트리톤은 태양계에서 극도로 차가운 천체의 반열에 들어가며, 표면 온도가 약 −235.2℃이다. 표면은 질소, 메테인, 일산화탄소, 물 얼음으로 덮여있고, 기하학적 반사율은 꽤 높아 70%가 넘는다.

트리톤은 거대한 남쪽 극관, 지구(地溝, Graben)와 단층애에 의해 십자 모양으로 쪼개지고 충돌구로 덮인 오래된 지형들, 얼음 화산 같은 내부 활동으로 만들어진 젊은 지형 등의 표면 특징을 지니고 있다. 그리고 극관에 활동적인 간헐천 여러 개가 분출물을 지상으로부터 8km 높이까지 뿜어내고 있는 것으로 보아, 내부에 지하 바다를 이루는 층이 존재한다고 여기고 있다.

그런데 트리톤은 역행하는 공전 방향 및 상대적으로 해왕성에 가까운 거리 때문에 조석 감속 작용을 받고 있어, 나선형 모양을 그리면서 해왕성과 가까워지는 중이며, 약 36억 년 후쯤에는 충돌할 것으로 보인다.

✳ 포획

트리톤 같은 역행 위성은 모행성과 같은 지역에서 자체적으로 형성될 수 없으므로, 포획되었을 가능성이 크다. 그렇다면 그것의 고향은 어디인가. 해왕성 궤도 안쪽에서부터 시작하여 태양으로부터 50AU 거리까지 펼쳐져 있는 카이퍼 벨트인 것으로 추정된다.

카이퍼 벨트는 혜성 대부분의 기원으로 생각되며 명왕성을 포함한 행성체들의 고향이기도 하다. 트리톤 역시 명왕성보다 약간 크고, 조성이 거의 일치하므로, 같은 기원을 가졌으리라고 추측하는 게 합리적이다.

이런 포획 가설은, 네레이드가 극단적인 이심궤도를 돌고 있는 점이나, 해왕성계에 다른 목성형 행성계보다 유독 위성들이 적은 이유를 설명해 주기도 한다.

어쨌든 포획되면서 이심궤도를 돌게 된 트리톤은, 그 중력으로 다른 작은 위성들의 궤도를 흐트러뜨려 놓았을 것으로 보인다. 또한, 트리톤은 해왕성에 포획된 직후부터, 큰 이심률에서 비롯된 조석력으로 내부가 가열되어, 수십억 년 동안 액체 상태가 유지됐을 것이다. 내부 구조가 층을 이루고 있는 것이 이를 증명한다. 그리고 궤도가 서서히 원형이 되어가면서, 내부는 더 이상 가열되지 않게 되었을 것이다.

그런데 트리톤은 어떻게 포획된 것인가. 지나가던 천체가 행성의 중력에 포획되려면, 행성 중력권에서 탈출하지 못할 정도로 에너지를 잃어 속력이 느려져야 한다.

이 과정에 대해서는 두 가지 메커니즘이 제시되었다. 초창기 이론에서는, 트리톤이 해왕성 주변을 지나가던 다른 천체나, 해왕성 주변을 돌던 위성이나 초기 위성 등의 물체와 충돌해서 감속되었을 것이라고 보았다.

좀 더 최신 이론에서는, 트리톤이 명왕성과 카론 관계와 같은 쌍성체였는데, 이 쌍성체가 해왕성 부근을 통과하던 도중에, 중력 상호 작용으로 에너지가 트리톤으로부터 그 동반성으로 전달되어, 동반성은 튕겨 나가고 트리톤은 해왕성에 포획되었다는 가설을 제시했다. 이 가설은 카이퍼 벨트에서 쌍성체가 꽤 흔하다는 점에서 착안한 것으로 보인다.

✳ 얼음 화산과 간헐천

트리톤의 표면에 대한 상세한 정보는 1989년 보이저 2호의 방문에서 얻은 게 전부라고 해도 과언이 아니다. 그렇다고 해서 보이저호가 트리톤을 심층 탐사한 것도 아니고, 그 모습 전체를 살펴본 것도 아니다.

심우주로 나가는 먼 여정 중에 잠시 스쳐 간 것이어서, 보이저호가 카메라에 담은 것은 트리톤 표면의 40%에 불과하다. 그 자료에는 고르지 못한 지층, 산등성이, 골짜기, 분지, 얼음 평원 및 충돌구 등이 담겨있다. 표면은 평평한 편에 속하고, 충돌구 수도 적다. 충돌구의 밀도와 분포에 관한 최근의 분석에 따르면, 트리톤의 표면이 5천만~6천만 년 정도 된 것으로 추정하고 있다.

트리톤은 다양한 종류의 얼음으로 구성되어 있지만, 지하는 지구와 비슷한 과정으로 용암 대신 물과 암모니아를 통해 화산과 단층이 생성되어 있을 것이다.

전체 표면은 복잡한 계곡과 골짜기로 뒤덮여 있는데, 이는 지질 작용 및 얼음 화산에 의한 것으로 보인다. 표면 대부분은 내인성이다. 즉 외부 작용보다는 내부적인 작용에 의한 것이고, 대부분은 지질 작용보다는 화산 분출에 의한 것이다.

보이저호는 몇몇 간헐천에서 질소 가스와 분출물이 표면으로부터 약 8km 높이까지 분출되는 것을 발견했다. 이에 따라 트리톤은 이오와 엔셀라두스에 이어서 활동적으로 분화가 일어나는 위성에 포함되었다.

관찰된 모든 간헐천은 남위 50도에서 57도 사이에 분포하고 있는데,

여기는 트리톤의 양지바른 지역이다. 이런 상황을 보면, 트리톤까지 도달하는 매우 미약한 태양열도 표면에 큰 영향을 끼친다는 것을 알 수 있다.

트리톤의 표면은 어두운 물질들을 반투명한 질소 얼음의 층이 덮고 있는데, 이 때문에 안정적인 온실 효과가 발생하는 것 같다. 태양 복사열은 표면의 얼음을 통과해서, 지하의 질소 가스가 지각 바깥으로 분출될 때까지 서서히 가열한다. 37K 표면 온도보다 약 4K 정도만 더 가열되어도 관측이 가능할 정도의 분출이 일어날 수 있다.

이런 모습을 보통 얼음 화산이라고도 부르기는 하지만, 이 질소 분출 활동은 트리톤의 더 큰 규모의 진짜 얼음 화산 분출과는 다른 것이고, 내부 열에 의해서 작동하는 화산 활동과도 다른 것이다.

간헐천의 각 분출은 1년가량 지속될 수도 있는데, 분출 간에 약 1억 m^3 질소 얼음이 승화하면서 이 분출을 타고 올라간 먼지가 순풍을 타면 150km 이상 날아가 퇴적될 수 있다. 보이저호가 촬영한 트리톤의 남반구 사진을 보면, 이런 퇴적물로 형성된 지형들을 많이 볼 수 있다.

보이저호가 지나간 시점부터, 트리톤이 다소 붉은색에서 좀 더 창백한 색조로 바뀌었는데, 이는 가벼운 질소 얼음들이 표면의 붉은 물질들을 뒤덮었기 때문인 것으로 보인다.

그런데 적도에서 분출이 지속해서 일어나고 이것들이 극지방에 쌓여서, 1만 년 정도의 기간을 두고 질량이 재분배되면, 극의 이동이 일어날 수도 있다.

✳ 칸탈루프 지대

트리톤의 남극 지역은 간헐천, 반사율이 높은 질소 얼음, 메탄으로 덮여있다. 북극 지역에 대해서는 알고 있는 정보가 거의 없는데, 그 이유는 보이저 2호가 통과할 당시에 북극은 밤이어서 영상 자료를 수집할 수 없었기 때문이다. 그러나 북극에도 극관은 존재할 것으로 보인다.

트리톤의 동쪽 반구에서 발견된, Cipango Planum 같은 고지대는 용암들이 분출된 구덩이들로 뒤덮여 있다. 이 용암의 조성은 암모니아와 물의 혼합물일 것으로 추측되지만, 확실히 파악된 것은 아니다.

그리고 4개의 대체로 원형인 벽 평원(Wall Plains)도 확인되었는데, 이곳은 트리톤에서 가장 평탄한 지역이며, 고도의 격차가 200m 이하이다. 이곳도 얼음 용암의 분출로 인해 형성되었을 것이라고 여겨진다.

동쪽 반구의 언저리에는, 황반이라고 불리는, 검은 점들이 찍혀있다. 각 황반은 중앙의 검은 조각 주변을 흰 물질들이 둘러싸고 있는 형태인데, 대부분 지름이 20~30km 정도로 크기가 유사하다. 황반 중 적어도 일부는 여름에 줄어드는 남극 극관의 떨어져나온 조각들로 보인다.

트리톤의 표면에는 계곡과 골짜기가 복잡한 패턴으로 펼쳐져 있는데, 이는 표면이 얼고 녹는 걸 반복해 온 결과로 보인다. 지각 변동도 활발하여, 지각의 신장(Extension)이나 수평 이동, 단층 등도 빈번하게 일어났을 것이다.

칸탈루프 지대

트리톤에는 가운데에 골이 있는, 긴 얼음 산등성이가 존재하는데, 이런 지형은 트리톤의 궤도가 안정화되기 전에 받은 기조력에 의해, 표면이 변형되어서 발생했을 것으로 추정된다.

한편, 트리톤의 서쪽 반구는 기묘한 균열과 움푹 꺼진 지형으로 이루어져 있는데, 칸탈루프 멜론의 형상과 비슷해서 '칸탈루프 지대(Cantaloupe Zone)'라는 이름이 붙여졌다. 충돌구는 거의 없지만 이곳은 트리톤에서 가장 오래된 지역으로 생각되는데, 트리톤의 서쪽 대부분을 덮고 있다.

이 칸탈루프 지대는 트리톤에만 존재하는 것으로 알려져 있다. 이 지역에 있는 30~40km 지름의 움푹 꺼진 곳들은, 대부분 크기가 유사하고 가장자리가 부드러운 곡선이어서, 충돌구는 아닌 것으로 생각된다.

비중이 작은 가벼운 덩어리들이 무거운 물질 층 사이에서 솟아올라서 돔 모양의 구조를 이루고 있는 것이라는 가설이 유력하다. 다른 가설에서는 균열이나 화산 분출에 의한 홍수로 생겨난 것으로 보기도 한다.

3. 네레이드

네레이드(Nereid)는 해왕성에서 세 번째로 큰 위성이다. 네레이드는 1949년 5월에 제러드 카이퍼(Gerard Peter Kuiper)가 맥도날드 천문대의 82인치 망원경으로 촬영한 사진에 의해 발견되었다. 이 위성에는 그리스 신화의 넵투누스 신의 시중을 드는 바다의 님프인 네레이드의 이름이 붙여졌다.

해왕성의 위성 가운데는 트리톤, 프로테우스에 이어 3번째로 크다. 매우 큰 이심률과 경사각을 가진 궤도를 가지고 있다. 궤도가 순행 방향임에도 불구하고 이심률이 지나치게 큰 것으로 보아, 원래는 원형 궤도였다가, 트리톤이 해왕성의 위성계에 유입된 후에 상호 작용으로 현재의 궤도를 갖게 된 것으로 보인다.

종전 네레이드의 관측 자료에서, 안시 등급이 불규칙하고 크게 변했다. 이는 세차 운동 또는 혼란스러운 자전이 길쭉한 모양, 표면에 나 있는 밝고 어두운 점 등이 합쳐져서 유발된 현상일 것으로 추측했었다.

하지만 2016년에 케플러 우주 망원경이 네레이드의 밝기가 그리 크게 변하지 않음을 보여주어, 기존 관측들이 잘못되었음이 증명되었다. 적외선 영역에서 관측한 자료에 기초하여 만든 열 모형에 따르면, 네레이드는 그다지 길쭉한 모양이 아니어서 그렇게 심한 세차 운동이 일어나기 어렵다.

✳ 궤도와 운동

네레이드는 해왕성의 궤도와 같은 방향으로 돌고 있다. 평균 공전 반경은 5,513,787km이지만, 0.7507의 높은 이심률로 단반경 1,372,000km, 장반경 9,655,000km인 타원 궤도를 그리고 있다. 이러한 특이한 궤도를 볼 때 네레이드는 해왕성의 인력에 사로잡힌 천체이거나, 해왕성의 가장 큰 위성인 트리톤이 사로잡힐 때 궤도에 큰 변화가 생긴 것으로 추정된다.

1991년에 위성 광도곡선을 분석한 결과, 자전 주기는 약 13.6시간으로 나타났다. 2003년 후기에 또 다른 자전 주기가 나왔는데 약 11.52± 0.14시간으로 측정되었다. 이렇게 측정할 때마다 자전 주기가 다르게 나와서, 이에 관해서는 아직도 논쟁 중이다.

1987년부터 네레이드의 밝기에 큰 변화가 관측되었는데, 이는 주로 수 개월에 걸쳐 일어났으나, 며칠 사이에 변화하기도 하였다. 이런 현상은 거리와 위상 변화에 따른 효과를 보정한 후에도 나타났다.

그러나 모든 천문학자가 이러한 변화를 관측한 것은 아니어서 변화를 전혀 발견하지 못한 학자들도 많다. 이것은 네레이드에 대한 관측이 매우 불안정하다는 것을 의미한다.

그렇다면 실제로 변화가 일어나고 있기는 한 것인가. 아직도 이것에 관한, 신뢰할 수 있는 설명은 없지만, 만약 실제로 밝기가 변화한다면, 이는 네레이드의 자전이나 공전과 관련이 있을 것으로 보인다. 이 위성의 이심률이 매우 크기에, 심한 세차 운동을 하고 있거나, 불안정한 궤도를 돌고 있을 수 있는데, 어느 쪽이든 공전은 불규칙할 것이다.

분광학적으로 네레이드의 조성은 중성이고, 표면에서 얼음 상태의 물이 관측되었다. 스펙트럼은 천왕성의 위성인 타이탄과 엄브리엘의 중간쯤에 위치하며, 이는 네레이드의 표면이 물과 얼음 및 기타 중성 스펙트럼을 가지는 물질들로 이루어져 있음을 시사한다.

이러한 스펙트럼은 태양계 외곽의 센타우루스 소행성군인 폴루스, 키론, 카리클로 같은 다른 소행성들과의 차이점이며, 네레이드가 포획된 천체가 아니라, 해왕성 주변에서 생성되었다는 근거가 될 수 있다.

한편 네레이드와 유사한 스펙트럼을 보이는 할리메데(Halimede) 위성은 충돌로 떨어져 나간 네레이드의 조각으로 추정된다.

4. 히포캠프

히포캠프(Hippocamp)는 해왕성의 소형 위성이다. 지름은 대략 35km로, 해왕성을 지구 시간으로 약 0.93일에 한 바퀴 돌고 있다. 2013년 7월에 해왕성의 위성 중 열네 번째로 발견되었다.

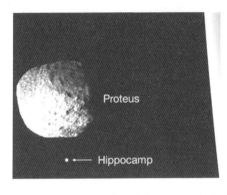

히포캠프는 너무 어두워서 1989년 보이저 2호가 해왕성계를 지나갈 때도 찾아내지 못했는데, SETI 협회 소속 마크 쇼월터가 허블 우주 망원경이 촬영한 사진들을 분석하는 과정에서 찾아냈다.

마크가 이끄는 연구팀은 NASA에서 운용하는 허블 우주 망원경을 이용해 해왕성 내측 위성 6개와 고리를 관측하면서 2004년부터 2016년까지 촬영한 영상을 특수 이미지 처리기법으로 초고감도 화질로 변환해 광도측정법을 실시했다. 그 결과, 해왕성의 제2 위성인 프로테우스와 매우 근접한 거리에서 움직이는 작은 위성을 새로 발견했다. 연구팀은 크기가 작아 눈에 띄지 않게 빠르게 움직인다고 해서 '히포캠프'로 이름 지었다. 히포캠프는 그리스 신화에서 상반신은 말이고 하반신은 물고기의 모습을 가진 해마 '히포캄포스'의 이름을 딴 것이다.

그런데 이 작은 위성은 도대체 어떻게 생성되었을까? 그 기원을 찾으려면, 위성계의 절대 강자인 트리톤의 역사부터 살펴봐야 한다.

현재 해왕성 시스템 내부가 편편한 이유는, 트리톤이 해왕성계에 들어와 행성에 포획되는 과정에서 소소한 천체들의 상당 부분을 파괴하거나 내몰았기 때문이다.

포획 시 트리톤의 궤도는 매우 이심률이 높았을 것으로 추정되는데, 이 때문에 원래 해왕성 내부 위성의 궤도에 섭동이 일어나, 일부 위성이 궤도를 이탈하여 다른 위성들과 충돌하거나 해왕성계 밖으로 튕겨 나갔을 것이다.

이런 혼란을 겪은 위성 중에는 가장 크고 가장 바깥쪽에 있는 프로테우스도 있다. 프로테우스에는 파로스(Faros)라는 이름의 거대한 충돌 분화구가 있는데, 지름이 프로테우스 몸체의 절반이 넘는 약 250km 정도이다. 프로테우스에 비해 파로스의 이 비정상적인 크기는, 분화구를 형성한 충돌 사건이 프로테우스에서 상당한 양의 잔해를 분출시켰을 것임을 시사한다.

프로테우스의 현재 궤도는 히포캠프의 궤도와 비교적 가깝게 있다. 궤도 반장축이 단지 10% 정도 차이가 나는데, 이것은 둘 다 과거에 같은 위치에서 기원했을 가능성이 크다는 사실을 시사한다. 이것은 각각의 바깥쪽 궤도 이동 비율을 설명하는 것으로 신빙성을 높일 수 있다.

일반적으로 크기가 서로 다른 인접한 두 물체는 작은 물체가 외부로 방출되거나 큰 물체와 충돌하는 결과를 낳는다. 하지만 히포캠프와 프로테우스의 이런 경우가 아니었던 것으로 보인다.

Showalter와 동료들은 히포캠프가 프로테우스의 가장 큰 분화구인 파로스를 생성한 혜성 충돌로, 프로테우스 몸체에서 분출되었을 것이라고 제안했다. 그러니까 이 시나리오에서는 히포캠프를 해왕성의 일반 위성의 충돌 사건에서 비롯된 해왕성의 제3세대 위성으로 간주하는 것이다.

해왕성의 일반 위성들은 여러 차례 혜성 충돌로 인해 부서졌을 것으로 추정되나, 프로테우스는 파로스 충돌 사건에서도 온전히 살아남은 것으로 보인다. 이때의 충돌로 분출된 파편 중 일부가 프로테우스

1,000~2,000km 거리에서 안정적인 궤도를 형성한 후에 히포캠프로 형성되어 갔을 것이다.

해왕성의 다른 작은 내 위성들과 마찬가지로, 히포캠프는 프로테우스에서 분출된 파편들로 뭉쳐진 후에도, 혜성 충돌로 인해 반복적으로 고난을 겪으며 재조성되었을 것이다. 프로테우스에 있는 대형 분화구의 형성률을 근거로 추정해 보면, 히포캠프는 지난 40억 년 동안 약 9번 정도의 큰 고난을 겪었을 것으로 보인다.

이러한 사건들은 위성의 궤도 이심률과 기울기를 많이 감소시켰기에, 프로테우스에 근접해 있음에도 불구하고, 히포캠프의 현재 원형 궤도를 유지할 수 있었을 것이다. 하지만 히포캠프는 이러한 교란 사건 동안 질량의 일부를 잃었을 것이다.

✳ 물리적 특성과 운동

히포캠프는 알려진 해왕성 위성 중에 가장 작은 위성으로 지름이 34.8km로 추정된다. 모태로 여겨지는 프로테우스에 비해 질량은 약 1/1,000, 부피는 약 1/4,000이다.

히포캠프의 겉보기 등급 26.5를 기준으로 할 때, 지름이 약 16~20km 정도일 것으로 생각했으나, 최근 관측에서는 이 값이 두 배로 상향 수정되었다. 그렇게 해도 해왕성의 내부에 있는 일반 위성 중 가장 작은 위성이고, 다양한 파장의 빛을 통해 광범위하게 연구할 수 없는, 먼 어둠 속에 있는 작은 존재여서, 표면 특성은 자세히 분석되지 않았다.

다만 히포캠프는 어두운 표면을 가지고 있다는 점에서는 해왕성의 다른 내부 위성들과 닮았다. 허블 우주 망원경의 NICMOS 기기는 해왕성의 내 위성들을 근적외선으로 조사해 왔는데, 태양계 외곽의 작은 천체들의 특징인 어둡고 붉은 물질이 그들의 표면에 존재한다는 증거를 발견했다.

히포캠프는 해왕성 주위를 22시간 48분마다 한 바퀴 공전하는데, 이 거리는 지구-달 사이 거리의 1/4을 조금 넘는다. 기울기와 편심은 모두 0에 가깝다.

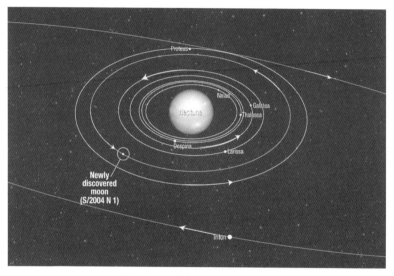

히포캠프 궤도(S/2004 N1이 히포캠프)

히포캠프의 궤도는 라리사와 프로테우스 궤도 사이에 있어서 해왕성의 규칙 위성 중 행성으로부터 두 번째로 멀다. 해왕성의 규칙 위성들은 행성에서 멀어질수록 부피가 커지나, 히포캠프는 이 법칙을 거스르는 존재다.

라리사와 히포캠프는 1% 이내의 차이로 3:5 공전 공명 비율을 보이며, 히포캠프와 프로테우스의 공명 비율은 11:13에 가깝다. 라리사와 프로테우스는 수백만 년 전 1:2의 평균운동 공명을 거쳤던 것 같다. 프로테우스와 히포캠프는 이후 라리사로부터 멀어지고 있는데, 이는 두 위성이 해

외행성계 미스터리

왕성 동기 궤도 바깥에 있어서 조석 가속 상태에 있고, 동기 궤도보다 안쪽에 있는 라리사는 반대로 조석 감속 상태에 있기 때문이다. 어쨌든 히포캠프에 관해 연구하면, 과거의 미스터리가 풀리기도 하지만 새로운 미스터리가 또 생겨나기도 한다.

프로테우스와 비교적 가까운 거리에 있는 히포캠프는 그것의 중력에 민감하다. 프로테우스와 히포캠프는 평균운동 공진 상태에 있어 그럴 수밖에 없다.

두 위성 모두 해왕성의 조수력에 의해 점차 바깥쪽으로 이동하고 있는데, 프로테우스는 덩치가 커서 히포캠프보다 더 빠른 속도로 이동하고 있다.

제 5 장

행성 X
Planet X

1. 해왕성 바깥 천체들

천왕성이 발견된 지 수십 년이 지난 1846년에 해왕성이라는 새로운 행성이 발견되자, 학자들은 마지막 행성을 찾았다고 안도하기보다는, 그 너머에 또 다른 행성이 있을지도 모른다고 의심했다. 특히 퍼시벌 로웰 (Percival Lowell)은 천왕성과 해왕성의 궤도의 모순을 설명하기 위해, 가브리엘 달렛(Gabriel Dallet)이 제안했던 '행성 X 가설'을 되살려내어, 아직 찾지 못한 행성의 중력이 외행성들의 궤도를 교란하고 있다고 주장했다.

그리고 실제로 그 미지의 행성이 발견되는 듯도 했다. 클라이드 톰보 (Clyde William Tombaugh)가 그 행성을 발견한 것 같았는데, 명왕성이 바로 그 것이었다. 로웰의 가설을 검증하는 것처럼 보였기에, 명왕성은 공식적으로 '9번째 행성'으로 명명되었다.

하지만 1978년에 명왕성의 중력은 거대한 행성들에 영향을 미치기에는 너무 작다는 결론이 내려졌다. 중력이 너무 작아서 거대 행성의 운동에 영향을 줄 수 없다는 사실이 재차 확인되자, 과학자들은 또 다른 행성을 찾기 시작했다. 그런데 이런 열정 어린 탐사는, 1990년대 초, 보이저 2호가 실제로 외행성계로 들어서서 수집한 데이터에서, 천왕성 궤도의 불규칙성이 해왕성의 질량을 과대평가했기 때문이라는 사실을 확인하게 되면서 주춤거리기 시작했다.

하지만 천체 관측 연구가 심하게 위축되지는 않아서, 명왕성과 유사하거나 심지어 더 넓은 궤도를 가진 물체들을 발견할 수 있었다. 그러자 갑자기 불똥이 명왕성으로 튀었다. 주지하다시피 명왕성과 유사한 천체가 다수 발견되었기 때문이다.

태양계의 막내로 사랑받던 명왕성의 위상이 갑자기 불안해지기 시작

외행성계 미스터리

했다. 명왕성이 행성으로 남아있어야 하는지, 명왕성과 그 친구들에게
별도의 분류를 부여해야 하는지에 대한 논쟁이 깊어져 갔다. 처음에는
이 그룹에 모두 행성의 지위를 부여하자는 의견이 우세했으나, 세드나
(Sedna)가 발견된 후로 갑자기 학계 주류의 논조가 바뀌기 시작했다.

✳ 명왕성과 세드나

세드나는 오르트 구름 가장자리에서 2003년에 발견된 천체 중 하나로, 무지막지한 궤도 이심률을 가지고 있다. 태양과 가장 가까울 때는 76AU이지만 가장 멀 때는 880AU에 달한다. 표면 온도는 영하 261℃로, 발견되어 온도가 확인된 태양계 천체 중 가장 낮으며, 약 12,000년이라는 공전 주기를 가지고 있다.

세드나

혜성의 근원으로 여겨지는 오르트 구름과의 연관성, 공전 주기와 궤도 등만 보자면, 혜성과도 다를 바가 없으나, 혜성 특유의 긴 꼬리가 관측될 만큼 태양에 가까워지지는 않는다.

처음 관측했을 때 명왕성의 3/4이나 되는 크기를 가지고 있다고 추정되었기에, 명왕성이 행성이면 세드나도 행성이어야 한다고 주장하는 사람이 생겨나기 시작했다. 더구나 에리스(Eris)와 마케마케(Makemake)까지 추가로 발견되자, 행성의 정의를 새로이 확립하고 행성 외 천체를 엄격히 나눠야 할 필요성이 대두되었다. 긴 논쟁 끝에, 결국 왜행성이라는 새

로운 분류가 만들어졌고, 명왕성은 국제천문연맹의 결의를 거쳐 행성의 반열에서 퇴출당해, 왜행성에 속하게 되었다.

그런데 정작 명왕성이 행성에서 퇴출당하는 데 빌미를 제공했던 세드나는, 마케마케나 하우메아와 달리, 왜행성으로도 대접받지 못하고 있다. 다시 크기 측정을 해본 결과, 995±80km라는 모호한 값이 나왔고, 이심률도 지나치게 높았기 때문이다.

또한, 세드나는 근일점 근처에 있어서 쉽게 관측되었으나, 태양 근처에 있지 않아서 미처 발견하지 못한, 비슷한 천체가 많이 있을 가능성이 크기에, 세드나를 '태양계 소속 왜행성'에 넣어줄 수 없었다.

세드나와 유사한 천체는 분명히 더 있을 것이기에, 평균 거리가 150AU 이상이고 근일점이 50AU 이상이면, 세드나족 천체로 분류하기로 했다. 실제로 세드나족 천체로, 2012 VP113과 렐레아쿠호누아(Leleākūhonua)가 추가로 발견되기도 했는데, 이 천체들도 100AU 이내의 근일점 근처에서 발견되었다는 사실을 고려하면, 세드나족이 더 있다고 해도 현재는 너무 멀리 있을 것이기에 쉽게 찾지 못할 것 같다.

그런데 이런 예감을 조금 더 확장해 보면, 해왕성 바깥 천체들의 궤도에 영향을 준다고 추정하고 있는 행성 X도, 우리 세대에는 못 볼 가능성이 높을 것 같다는 생각이 든다. 세드나는 발견 당시 태양에서 90.3AU 정도 떨어진 거리에 있었는데, 행성 X는 극단적일 경우에 원일점이 1,200AU에 이를 것으로 추정되기 때문이다.

어쨌든 천문학계에서는 애초에 그렸던 행성 X는 존재하지 않을지 모르지만, 태양계 외곽에서 관측된, 이상 현상들을 일으키는 천체는 분명히 있는 것으로 보고 있다. 그러니까 현재의 학자들은 새로운 모습의 행성 X를 그리고 있다는 뜻이다.

2014년에 일부 천문학자들은 해왕성 횡단 천체그룹의 궤도 유사성을 기반으로 하여, 지구 질량의 2~15배에 달하고 200AU 이상의 초지구 또는 거대 얼음 행성이 존재한다는 가설을 세웠는데, 이 행성은 원일점이 약 1,500AU 고도의 편심 궤도를 가질 수 있다고 보았다.

그리고 2016년에는 미지의 행성에 대한 궤도를 조금 제한하여, 태양으로부터 200AU 이하로 더 가까이 오지 않고, 1,200AU 이상으로 더 멀리 가지 않는, 기울어진 편심 궤도에 있을 것이라는 연구 결과를 제시했다.

2. 플래닛 나인

태양계 바깥쪽에 있는 가상의 아홉 번째 행성을 일반적으로 '행성 X'로 불렀지만, 최근에는 '플래닛 나인'이라고 부르는 이가 늘어나고 있다.

어쨌든 학자들은 그것이 있어야, 해왕성 너머에 있는 ETNO(Extreme Trans-Neptunian Objects, 극단적인 해왕성 횡단 물체들)에 대한 궤도의 군집을 설명할 수 있다고 여기는데, ETNO는 궤도가 몹시 기울어져 있고, 어떤 물체는 태양에 아주 가까이 접근하기도 한다.

이러한 정렬과 운동은 발견되지 않은 행성이 이에 영향을 미치고 있음을 암시하지만, 일부 천문학자들은 이러한 예측 자체에 반론을 제기하기도 한다.

그들은 ETNO의 궤도가 군집화되는 것은 관측 편향 때문이며, 가상 행성의 존재를 고려하는 것은, 이 물체들을 지속해서 추적하지 못하는 데서 비롯된, 착오로 보고 있다.

어쨌든 플래닛 나인의 존재를 믿고 있는 학자들은, 그 크기는 지구의 5~10배, 궤도는 태양으로부터 지구의 거리보다 400~800배 더 멀 것으로 보고 있는데, 아주 최근에는 그 범위를 460(+160, -100)AU로 좁혀서 관찰하고 있다.

이 플래닛 나인의 기원과 궤도에 대해서, 콘스탄틴 바티긴(Konstantin Batygin)과 마이클 브라운(Michael Brown)은 태양계가 탄생하는 동안 목성에 의해 원래 궤도에서 이탈한 행성일 것이라고 제안한 바 있고, 어떤 학자들은 이 행성이 포획되었거나, 먼 궤도에서 형성되어 지나가는 별에 의해 편심 궤도를 그리게 되었을 것이라고 주장한다.

이처럼 다수의 학자가 플래닛 나인의 존재를 분명히 믿고 있으나,

외행성계 미스터리

WISE(Wide-field Infrared Survey Explorer)와 Pan-STARRS와 같은, 정밀한 관측에서는 플래닛 나인을 감지하지 못하고 있다는 것은 매우 난감한 문제다.

실제로 플래닛 나인을 관측하지 못하는 한, 플래닛 나인은 여전히 가상적 존재에 머물러 있을 수밖에 없지 않겠는가.

✱ 해왕성 바깥 물체들의 궤도

광범위한 계산 끝에 퍼시벌 로웰이 해왕성 횡단 행성의 가능한 궤도와 위치를 예측하고, 이것을 찾기 위한 광범위한 탐색을 시작한 것은 20세기 초부터지만, 사실 궤도 섭동과 같은 간접적인 방법으로, 해왕성 너머의 행성을 탐지하려는 시도는 그 이전에도 있었다.

1880년에 해왕성 횡단 행성이 두 개 있을 것이라고 가정한, 조지 포브스의 탐사가 대표적이다. 그는 미지의 행성 중 하나는 태양으로부터의 평균 거리 100AU 정도 떨어져 있을 것이고, 다른 하나는 300AU 정도 떨어져 있을 것으로 가정했다. 그의 연구는, 이 행성들이 여러 물체의 궤도 군집화를 담당할 것이라고 보았다는 면에서, 플래닛 나인 이론과 유사하다. 하지만 포브스의 열정은 누구보다 강했으나 자신의 가설을 확인하진 못했다.

그 후에 천문학계의 숙원을 이루겠다고 나선 게 바로 로웰이었다. 그는 이 가상의 물체를 가브리엘 달렛(Gabriel Dallet)이 이전에 사용했던 이름인 플래닛 X라고 부르며, 그것을 찾기 위한 광범위한 관측에 들어갔다. 그리고 로웰 이외에도 여러 학자가 그 탐사에 참여했기에, 플래닛 나인 연구는 오랫동안 천문학계에 붐을 일으켰다.

하지만 1989년에 보이저 2호가 해왕성을 비행한 후, 천왕성의 예측 궤도와 관측 궤도의 차이가 부정확한 해왕성 질량을 사용했기 때문인 것으로 밝혀지자 잠시 주춤거렸다. 기존 탐사의 기반이 되었던 로웰의 계산에 수정이 필요했기 때문인데, 여기에는 외행성의 궤도 섭동을 연구의 중심으로 삼는 데 대한 근본적인 회의도 포함되어 있었다.

긴 침묵이 있었으나 다행히 2003년에 탐사에 다시 동력을 얻을 수 있는 사건이 일어났다. 세드나의 특이한 궤도 발견이 그것이었다. 세드나는 지금까지 태양계에서 발견된 대형 천체 중 공전 주기가 가장 길어 11,400년 전후로 계산됐는데, 그 궤도는 이심률이 극도로 커서 원일점 거리가 약 937AU였고 근일점 거리가 약 76AU였다.

세드나가 이런 특이한 궤도를 가졌다는 사실을 알게 되면서, 우주 공간 어디에선가 강력한 중력을 가진 천체를 만났을 것으로 추측하게 되었다. 확실히 세드나의 궤도는 뭔가에 심한 간섭받은 것으로 보였다. 태양과 함께 형성된 열린 성단의 구성원이나, 나중에 태양계 근처를 통과한 또 다른 별 같은 거대한 물체를 만났을 수도 있으나, 많은 학자가 머릿속에 그리고 있는, 거대 행성을 만났을 가능성도 적지 않았다.

2014년 3월에 유사한 궤도에서 근일점 거리가 80AU인 두 번째 세드나족(Sednoid)이 발견되자, Chad Trujillo와 Scott S. Sheppard는 세드나, 2012 VP 113, 그리고 다른 여러 ETNO 궤도의 유사성에 주목하면서, 200~300AU 사이의 궤도에 있는 미지의 행성이 그들의 궤도를 교란하고 있는 것 같다고 제안했다.

그리고 라울(Raúl)과 마르코스(Carlos de la Fuente Marcos)는 당시 알려진 13개 궤도의 유사성을 설명하기 위해서는, 궤도 공명에 있는 두 개의 거대한 행성이 필요하다고 주장했다. 그들은 39개의 ETNO로 구성된 큰 표본을 사용하여, 그 행성의 반장축이 300~400AU 범위에 있고, 이심률은 비교적 낮으며, 거의 14도의 기울기를 가지고 있을 것이라고 제안했다.

✳ 바티긴과 브라운

21세기에 들어선 후에도 플래닛 나인에 관한 많은 가설이 나왔으나, 가장 주목받은 것은, 칼텍의 바티긴(Batygin)과 브라운(Brown)이 제안한, 6개 ETNO의 유사한 궤도도 설명할 수 있는, 플래닛 나인의 궤도에 관한 가설이었다.

그들은 플래닛 나인의 이심률이 0.2~0.5이고, 반장축은 해왕성에서 태양까지의 거리의 약 13~26배인 400~800AU로 추정했다. 이 행성이 태양 주위를 한 바퀴 도는 데는 1만 년에서 2만 년이 걸릴 것이며, 황도에 대한 기울기는 15~25°로 예측했다.

그리고 원일점은 황소자리 방향이고, 근일점은 남쪽의 천칭자리 방향이며, 질량은 지구의 5~10배, 반지름은 지구의 2~4배로 추정했다.

그런데 그들의 말대로 플래닛 나인이 있다면, 그 존재와 궤도의 기원은 무엇일까? 몇 가지 가능한 추론은, 거대 행성 근처에서의 궤도 이탈, 다른 별에서의 포획, 그리고 제자리에서 형성 등이다.

바티긴과 브라운은 플래닛 나인이 성운 시대에, 태양에 더 가까이 접근하여 목성이나 토성의 근처까지 왔다가, 먼 편심 궤도로 던져졌을 것이라고 제안했다. 그런 다음, 근처 별의 중력이나 태양 성운의 가스 잔해로부터의 끌림이 궤도의 이심률을 감소시켜, 안정적인 궤도에 놓이게 됐을 것이라고 했다.

정말 그랬을까? 그런 일들이 일어났을 개연성은 분명히 있다. 그리고 그들의 말대로 플래닛 나인이 태양계의 가장 먼 곳까지 던져지지 않았더라도, 원시 행성 원반에서 더 많은 질량을 얻어 가스 거인이나 얼음 거인의 중심부로 성장했을 수 있다. 또한, 거대한 행성들의 벨트로부터의 동적 마찰이 플래닛 나인을 궤도에 자리 잡게 했을 수도 있다.

한편, 최근에 제안된 한 모델은 원시 행성 원반의 바깥 부분에서 가스가 제거됨에 따라 60~130개의 행성상 원반이 형성되었을 수 있다고 했다. 만약 그랬다면, 플래닛 나인이 이런 원반을 통과하며, 그 중력으로 개별 물체들의 경로를 변경하는 동시에, 자신의 이심률을 낮추며 궤도를 안정화했을 수도 있다.

그런데 그 정도 거리에서 행성이 형성되려면, 매우 거대하고 광범위한 원반이 필요하다. 또한, 행성이 태양이 성단 안에 있을 때 그렇게 먼 거리에서 형성되었다면, 고도로 편심된 궤도에서 태양에 묶여있을 확률이 10%밖에 되지 않는다.

한편, 플래닛 나인은 태양과 다른 별이 가까이 마주칠 때 그 별에 속했던 행성이 포획된 것일 수도 있다. 만약 한 행성이 모항성의 먼 궤도에 있다면, 다른 별을 만나는 동안에 3체 상호 작용이 행성의 경로를 바꾸어, 다른 궤도를 그릴 수 있다.

주변에 행성이 없는 시스템에서의 목성 정도 질량의 행성은, 먼 편심 궤도에 더 오래 머물 수 있어서 포획 개연성이 높아지는데, 가능한 궤도의 범위가 넓어질수록, 상대적으로 낮은 경사 궤도에서의 포획 확률은 감소할 것이다.

그런데 Amir Siraj와 Avi Loeb는, 태양이 한때 질량이 같은, 동반자를 가지고 있었다면, 태양이 플래닛 나인을 잡을 확률이 20배 증가한다는 사실을 알아냈다. 물론 태양이 동반자를 데리고 있었을 확률이 높지 않지만 말이다.

✳ 존재 증거

그런데 왜 학자들은 플래닛 나인의 존재를 그렇게까지 강력하게 믿고 있을까? 존재한다는 증거가 그렇게 뚜렷하며, 정말 그것이 있어야만 태양계 외곽 천체들의 움직임을 설명할 수 있는가?

해왕성의 영향에서 떨어져 있는 물체의 높은 근일점, 태양계 행성의 궤도와 대략 수직인 궤도를 가진 ETNO의 경사, 반장축이 100AU 미만 인 해왕성 횡단 물체 등을 설명하기 위해 플래닛 나인이 꼭 필요한가?

플래닛 나인은 처음에 세드나와 같은 물체의 높은 근일점과 궤도의 군 집화를 설명하기 위한 메커니즘 요소로 제안되었다. 설명 대상으로 삼은 물체 중 일부가 수직 궤도로 변화하는 것은 미처 예상하지 못했으나, 이 런 궤도를 가진 물체가 포착되면서, 그런 존재의 움직임을 설명하기 위 해 더 필요해졌다.

수직 궤도를 가진 일부 물체는 다른 행성들이 시뮬레이션에 포함되었 을 때, 더 작은 반장축을 향해 변화하는 것으로 밝혀졌다. 이러한 변화에 는 다른 메커니즘도 작용하겠지만, 플래닛 나인의 중력을 빼면 제대로 설명할 수 없다.

하지만 플래닛 나인이 위에서 예시된 역할을 하더라도, 그 중력은 궤 도를 가로지르는 다른 물체들의 기울기를 증가시킬 것이고, 이는 산란된 원반 물체, 50AU 이상의 반장축을 가진 해왕성 너머의 물체, 관측된 것 보다 더 넓은 기울기 분포를 가진 단주기 혜성 등을 남길 수 있다.

그래서 기존의 플래닛 나인은 행성들의 궤도에 대해 태양 축의 6도 정 도 기울었을 것으로 가정했지만, 최근에는 1도 이하로 제한하는 동시에 궤도와 질량의 범위를 새롭게 업데이트하고 있다.

한편, 반장축이 큰 TNO(Trans-Neptunian object)의 궤도 군집화는 트루히 요(Trujillo)와 셰퍼드(Sheppard)에 의해 처음 기술되었는데, 그들은 세드나와 2012 VP 113 궤도 사이의 유사성에 주목했다. 플래닛 나인이 없다면, 이 들의 궤도는 어떤 방향도 선호하지 않고 무작위로 분포되어야 한다.

그래서 추가로 분석해 본 결과, 근일점이 30AU보다 크고 반장축이 150AU보다 큰 12개 TNO 근일점 주장(Arguments of Perihelion)이 0도 근처에 모여있음을 알게 됐는데, 이는 태양에 가장 가까이 접근했을 때 황도를 통해 상승한다는 것을 의미한다.

그들은 코자이 메커니즘이 작동하는 이러한 정렬이 해왕성 너머에 있는 미지 행성에 의해 발생했다고 제안했다. 코자이 메커니즘은 장축과 비슷한 반장축을 가진 물체의 경우, 근일점에 관한 주장을 거의 0도 또는 180도로 제한한다.

그렇기에 이러한 제한이, 편심 및 경사 궤노를 가진 물체가 원일점과 근일점에서 행성 궤도 면을 가로지르거나, 궤도의 훨씬 위 또는 아래에 있을 때 행성 궤도를 가로지르기에, 행성에 가까이 접근하는 것을 피할 수 있게 한다는 것이다.

그러자 바티긴과 브라운은 트루히요와 셰퍼드가 제안한 메커니즘을 반박하기 위해, 큰 반장축을 가진 TNO의 궤도를 조사했다. 트루히요와 셰퍼드의 원래 분석에서, 해왕성에 가까이 접근하여 불안정하거나 해왕성의 평균운동 공명에 영향을 받은 물체를 제거한 후, 나머지 6개 물체 (Sedna, 2012 VP113, 474640 Alicanto, 2010 GB174, 2000 CR105, 2010 VZ98)의 근일점 인수를 살펴보니, 318°±8° 부근에 군집해 있었다. 이것은 코자이 메커니즘이 궤도를 0° 또는 180°의 근일점 인수와 정렬시키는 경향과 일치하지 않는다.

바티긴과 브라운은 반장축이 250AU를 초과하고 근일점이 30AU를 초과하는 6개의 ETNO(Sedna, 2012 VP113, Alicanto, 2010 GB174, 2007 TG422, 2013 RF98) 궤도가 근일점과 거의 같은 방향으로 정렬되어 있고, 그 결과 이들의 근일점 길이가 군집화되어 있다는 것을 발견했다. 또한, 6개의 물체의 궤도는 황도와 공전 면에 대해 기울어져 있으며, 황도를 통해 상승하는 마디의 길이가 군집을 형성하고 있다는 사실도 알게 됐다. 그들은 이러한 선형 조합이 우연에 의한 것일 가능성이 0.007%에 불과하다고 판단했다.

이 6개의 물체는 6개의 망원경에 대한 6개의 다른 조사에 의해 발견되었기에, 그 군집이 망원경이 하늘의 특정 부분을 가리키는 것과 같은 관찰 편향 때문일 개연성은 거의 없었다. 근일점과 오름차순 노드의 위치가 다양한 반장축과 이심률로 인해, 서로 다른 속도로 변하거나 세차하기 때문에, 관찰된 클러스터링은 수억 년 안에 사라질 것이다. 이것은 군집이 먼 과거의 사건, 예를 들어 지나가는 별 때문일 수 없고, 태양 주위를 도는 물체의 중력장에 의해 유지될 개연성이 높다는 것을 나타낸다.

6개의 천체 중 2개(201398 RF와 알리칸토)는 궤도와 스펙트럼이 매우 유사했다. 이것은 그들이 멀리 있는 물체와의 조우 중에 원뿔 근처에서 파괴된 쌍성 물체라는 것을 암시한다. 쌍성의 붕괴는 상대적으로 가까운 조우를 필요로 하기에, 이는 태양으로부터 먼 거리에서 발생할 개연성이 낮다.

한편, ETNO의 궤도의 군집화와 근일점 상승은 플래닛 나인을 포함한 시뮬레이션에서 재현되었다. 바티긴과 브라운이 수행한 시뮬레이션에서 무작위 방향으로 시작된, 최대 550AU의 반장축을 가진 산란된 원반 물체의 무리는, 매우 편심한 궤도에 있는 거대한 행성에 의해, 공간적으로 제한된 궤도의 공선 및 공면 그룹을 이루고 있다.

이 때문에 대부분 물체의 근일점은 비슷한 방향으로 향하고, 궤도는 비슷한 기울기를 갖게 된다. 이런 물체 중 많은 것들이 세드나처럼 높은 근일점 궤도에 진입하는데, 예기치 않게 수직 궤도에 진입한 것들도 있다.

바티긴과 브라운은 지구 10배의 질량인 행성을 사용한 시뮬레이션에서, 처음 6개의 ETNO의 궤도 분포가 가장 잘 재현되는 것은 다음과 같은 조건을 갖춘 궤도임을 알아냈다.

반장축 a ≈ 700AU (orbital 주기 700AU=18,520년)

이심률 e ≈ 0.6, (주위 ≈ 280AU, 주위 ≈ 1,120AU)

황도에 대한 ≈ 30°의 기울기

상승 노드의 경도 ω ≈ 100°

근일점 ω ≈ 140° 및 근일점 ϖ 의경도 = 240°의 인수

플래닛 나인에 대한 이러한 파라미터는 TNO의 조건에 따라 서로 다른 시뮬레이션 효과를 생성한다. 반장축이 250AU 이상인 물체는 플래닛 나인과 강하게 반 정렬되며, 근일점이 플래닛 나인의 근일점과 반대이다. 150AU에서 250AU 사이의 반장축을 가진 물체는 플래닛 나인과 느슨한 정렬을 이루며, 근일점이 플래닛 나인의 근일점과 같은 방향이다.

이 시뮬레이션에서 반장축이 150AU 미만인 물체는 거의 효과가 발견되지 않지만, 반장축이 250AU보다 큰 물체는 이심률이 낮으면 안정적으로 정렬된 궤도를 가질 수 있다는 걸 밝혀냈다.

플래닛 나인이 존재할 수 있는 다른 궤도도 조사되었는데, 반장축은 400~1,500AU, 이심률은 0.8까지, 기울기는 광범위했다. 그리고 플래닛 나인의 기울기가 더 높을 경우, ETNO의 궤도가 유사한 기울기를 가질 가능성이 더 높았고 반 정렬성은 감소했다.

한편, Becker가 실시한 시뮬레이션 결과에서는, 플래닛 나인이 이심률이 낮으면 궤도가 안정적이고, 이심률이 높으면 반 정렬 가능성이 더 높은 것으로 나타났다. 그리고 Lawler의 연구에서는, 플래닛 나인이 원형 궤도를 가질 경우, 궤도 공명에 포착된 개체 수가 더 적고, 높은 경사 궤도에 도달하는 개체 수도 더 적은 것으로 나타났다. 그리고 Cáceres의 연구에서는, 플래닛 나인의 근일점 궤도가 더 낮으면 ETNO의 궤도가 더 잘 정렬되나, 근일점이 90AU보다 더 높아야 했다.

이처럼 플래닛 나인의 궤도 매개변수와 질량에 관한 많은 가능 조합

이 제시됐지만, 대체 시뮬레이션 중 어느 제안도 원래 제시된 것보다 ETNO의 정렬을 더 잘 예측해 놓은 것은 없었다.

결과적으로 거대 행성의 이동을 포함한 여러 시뮬레이션은, ETNO 궤도 정렬을 확실하게 정리하기보다는, 도리어 느슨하게 만들어 놓았다.

✱ 플래닛 나인과 ETNO

플래닛 나인이 어디에 어떤 모양으로 존재하는지 모르지만, 존재할 가능성은 높아 보이고, ETNO의 궤도에 영향을 주는 것도 분명해 보인다. 그런데 플래닛 나인은 어떤 방법으로 ETNO의 궤도를 변화시킬까?

플래닛 나인은 매우 긴 시간 동안 ETNO의 궤도에 토크를 가하며, 이 토크는 플래닛 나인과 궤도의 정렬에 따라 달라질 것이다. 아무튼 이러는 과정에서 일어나는 각운동량의 교환으로 근일점이 상승하여, 세드나와 같은 궤도에 위치하게 되었다가, 오랜 시간이 지난 후에 원래 궤도로 되돌아가기도 할 것이다.

그리고 플래닛 나인의 평균운동 공명은 위상 보호 기능을 제공하며, 이는 물체의 준장축(Semi-major Axes)을 변경하여 궤도를 플래닛 나인과 동기화하고 근접을 방지한다.

그런데 이때 해왕성과 다른 거대 행성들의 중력과 플래닛 나인의 궤도 경사는 이런 보호 시스템을 약화시킨다. 이 때문에 물체가 백만 년 단위로 27:17과 같은 고차 공명을 포함한 공명 사이를 오가면서 장반경의 혼란스러운 변화가 발생한다.

ETNO와 플래닛 나인이 모두 경사 궤도에 있는 경우, ETNO의 생존을 위해 평균운동 공명이 필요하지 않을 수 있다. 물체의 궤도 극은 태양계 라플라스 평면의 극 주위를 세차게 움직이거나 원을 그리며 회전하고, 큰 반장축에서 라플라스 평면은 플래닛 나인의 궤도 평면을 향해 휘어진다. 이 때문에 ETNO의 궤도 극은 평균적으로 한쪽으로 기울어지고 상승 노드의 경도는 클러스터링된다.

플래닛 나인은 황도에 대략 수직인 궤도로 ETNO를 보낼 수 있다. 이미 기울기가 50°보다 크고 반장축이 250AU 이상인 물체가 여러 개 관찰되었다. 이 궤도는 일부 낮은 경사 ETNO가 낮은 이심률 궤도에 도달한 후에 플래닛 나인과 세속 공명에 들어갈 때 생성된다. 공명한 후에는 이심률과 기울기가 증가하여 ETNO가 낮은 근일점을 가진 수직 궤도로 전달된다. 그런 다음 ETNO는 이심률이 낮은 역행 궤도로 들어가며, 그 후 이심률이 높은 두 번째 단계의 수직 궤도를 통과하게 되고, 그 후에 낮은 이심률의 경사 궤도로 돌아간다.

플래닛 나인과의 영속적 공명은 궤도 인수와 근일점 경도의 선형 조합을 포함한다. 코자이 메커니즘과 달리, 이 공명은 물체가 거의 수직 궤도에 있을 때 최대 이심률에 도달하게 한다. 바티긴(Batygin)과 모르비델리(Morbidelli)가 수행한 시뮬레이션에서 이러한 진화는 일반적이었으며, 안정적인 물체의 38%가 적어도 한 번은 이러한 과정을 겪었다.

이 물체들의 근일점 인수는 플래닛 나인 근처 또는 반대편에 모여있으며, 상승 교점의 경도는 낮은 근일점에 도달할 때 플래닛 나인에서 어느 방향으로든 90° 근처에 모여있다. 이는 거대 행성과 먼 거리 조우에 대한 시뮬레이션과 대략 일치한다.

한편, 플래닛 나인과 다른 거대 행성들의 결합 효과에 의해, 반장축이 100AU 미만인 고경사 TNO의 집단이 생성될 수 있다. 수직 궤도에 진입하는 ETNO는 해왕성이나 다른 거대 행성의 궤도와 교차할 만큼 충분히 낮은 근일점을 가지고 있다.

이들 행성과의 조우는 ETNO의 반장축을 100AU 이하로 낮출 수 있으며, 여기서 물체의 궤도는 더 이상 플래닛 나인에 의해 제어되지 않고

2008 KV42와 같은 궤도에 남겨질 수 있다. 이 천체 중 오래 산 천체들의 예측된 궤도 분포는 균일하지 않으나, 대부분은 근일점이 5~35AU 범위이고 경사도가 110° 미만인 궤도를 가지고 있다. 거의 물체가 없는 듯한 틈에도 10AU 정도의 근일점과 150° 정도의 경사를 가진 물체들이 있을 개연성이 크다.

이전에는 이 물체들이 2,000~200,000AU 거리에서 태양을 둘러싸고 있는 오르트 구름에 뿌리를 두고 있다가 운동을 시작했을 것이라고 생각하고 있었다. 그러나 플래닛 나인이 없는 시뮬레이션에서는, 오르트 구름에서 생성될 수 있는 물체의 관측된 수가 상당히 부족하다.

✳ 대립 혹은 대안 가설

바티긴과 브라운이 이끄는 플래닛 나인 가설에 대해서, 많은 학자가 지지하고 있는 것은 사실이다. NASA 과학 임무국의 짐 그린 국장은 그들의 주장에 강력한 지지 의사를 표했고, 매사추세츠 공과대학의 톰 레벤슨 교수는 현재로써는 플래닛 나인이 태양계 바깥 지역에서 일어나는 일에 대해 유일하게 만족스러운 설명이라고 결론지었다.

또한, The Astronomical Journal의 연구 기사를 검토한 천문학자 알레산드로 모르비델리(Alessandro Morbidelli)는 "바티긴과 브라운이 제시한 것에 대한 대안적인 설명을 찾을 수 없다"라고 그들의 주장에 힘을 실어주었다.

하지만 회의적인 시각을 드러내는 학자들의 수도 적지는 않다. 지금부터 대표적 회의론들을 살펴보자. 우선, 외부 태양계 조사(OSSOS, outer Solar System Origins Survey)의 결과가 플래닛 나인의 영향으로 형성된 군집이 관측 편향과 소수 통계의 조합 결과일 개연성을 시사하고 있다.

편향성 있는 외부 태양계에 대한 특성화된 조사인 OSSOS는 반장축이

150AU보다 큰 8개 물체의 궤도를 관찰했다. 관측 편향을 충분히 고려해서 조사한 결과, 근일점 군집화에 대한 증거는 보이지 않았으며, 준장축이 큰 물체의 궤도 방향은 통계적으로 무작위적인 것과 같았다.

페드로 베르나르디넬리(Pedro Bernardinelli)와 그의 동료들 또한 암흑 에너지 조사(Dark Energy Survey)에서 발견한 ETNO의 궤도 요소들이 클러스터링의 증거를 보여주지 못한다는 것을 발견했다. 트루히요와 셰퍼드의 조사와 결합했을 때도 비슷한 결과가 나타났는데, 이러한 결과는 브라운이 관찰한 ETNO의 편향 분석과는 분명히 다르다.

이 조사에서는 10개의 알려진 ETNO 근일점 경도의 군집 링이 균일할 경우 1.2%의 시간만 관찰되고, 근일점 인수의 관측된 군집화 확률과 결합하면 확률은 0.025%가 된다. 플래닛 나인의 영향을 받아 진화하는 것으로 알려진 15개의 물체를 시뮬레이션한 결과도 그들의 주장과 다르게 나타났다.

그러자 코리 생크먼(Cory Shankman)과 그의 동료들은 반장축이 150AU 이상이고 근일점이 30AU 이상인 15개 물체의 클론(궤도가 비슷한 물체) 시뮬레이션에 플래닛 나인을 포함시켰다.

그들은 반장축이 250AU 이상인 물체에 대해, 플래닛 나인의 궤도와 반대되는 궤도의 정렬을 관찰했지만, 근일점 인수의 군집은 보이지 않았다. 그들의 시뮬레이션은 또한 ETNO의 근일점이 완만하게 상승하고 하강하여, 관측되지 않은 근일점 거리가 50~70AU인, 많은 물체가 남아있음을 보여주었고, 관측되지 않은 다른 물체들도 많이 있을 것으로 예측했다.

여기에는 높은 기울기의 물체가 들어있고, 너무 희미해서 관측할 수 없을 정도로 먼 근일점을 가진 개체군도 포함되어 있겠지만, 생크먼의 주장은 명확했다. 플래닛 나인이 존재할 가능성은 희박하며, 관측된 기존

ETNO의 정렬은 변할 수 있는, 일시적인 현상이라는 것이다.

한편, Ann-Marie Madigan과 Michael McCourt는 Zderic-Madigan 또는 ZM 벨트라고 가정되는, 먼 거대 벨트의 기울기 불안정성이 ETNO의 근일점 정렬에 영향을 끼친다고 가정했다.

태양과 같은 중심체 주위의 이심률이 높은 입자 원반에서 기울기 불안정성이 발생할 수 있다. 이 원반의 자기 중력은 물체의 경사를 증가시키고 근일점 인수를 정렬시켜, 원래 평면 위 또는 아래 원뿔 모양으로 형성하게 할 것인데, 이 과정에는 지구 10배의 질량과 10억 년 정도의 긴 시간이 필요하다.

Ann-Marie Madigan은 세드나와 2012 VP113과 같은, 이미 발견된 해왕성 횡단 물체 중 일부가 이 원반의 구성물일 수 있다고 주장한다. 그렇다면 이곳에는 수천 개의 유사한 물체가 있을 수 있다.

하지만 마이크 브라운은 현재까지는 어떤 조사에서도 '경사 불안정성'을 발생시킬 만큼 충분히 큰 산개 원반이 발견되지 않았다는 사실을 상기시켰다.

한편, 안트라닉 세필리안(Antranik Sefilian)과 지하드 투마(Zhad Touma)는 적당히 별난 TNO로 구성된 거대한 원반이 ETNO의 치우친 근일점 군집화를 담당한다고 제안했다. 이 원반은 이심률이 0에서 0.165 사이의 준장축과 함께, 지구 10배 질량의 TNO를 포함할 것이다.

원반의 중력 효과는 거대 행성들이 추진하는 전방 세차를 상쇄하여 개별 물체의 궤도 방향을 유지할 수 있다. 관측된 ETNO와 같이 이심률이 높은 물체의 궤도는 안정적이며, 궤도가 이 원반과 반 정렬되어 있다면 대략 고정된 방향 또는 근일점을 가질 것이다.

하지만 브라운은 제안된 원반이 관측된 ETNO들의 군집을 설명할 수 있으나, 이 원반이 오랫동안 살아남을 수는 없다고 여기고 있고, 바티긴은 나아가 카이퍼 벨트에 원반의 형성을 설명하기에 충분한 질량이 없다고 여긴다.

어쨌든 플래닛 나인 가설에는 행성의 질량과 궤도에 관한 일련의 예측이 포함되어 있고, 유사한 대안 가설은 궤도 매개변수가 다른 행성의 질량과 궤도를 예측하고 있다.

Renu Malhotra, Kathryn Volk, Xianu Wang은 가장 긴 궤도 주기를 가진 분리된 물체, 즉 근일점이 40AU를 초과하고 반장축이 250AU를 초과하는 물체는, 가상 행성과의 n:1 또는 n:2 평균운동 공명에 들어있을 것으로 예측했다.

그들이 제안한 행성은 이심률이 0.18 미만이고 경사가 $\approx 11°$인 낮은 이심률, 낮은 경사 궤도에 있을 수 있다. 이 경우 이심률은 행성에 대한 2010 GB 174 근접을 피해야 한다는 요건에 의해 제한된다.

만약 ETNO가 안정성이 향상된 세 번째 종류의 주기적 궤도에 있다면, 행성은 $i \approx 48°$로 더 높은 경사 궤도에 있을 수 있다. 바티긴이나 브라운과 달리, Malhotra, Volk, Wang은 멀리 떨어져 있는, 대부분의 분리된 물체들이 이 거대한 행성과 반 정렬된 궤도를 가지고 있을 것이라고 명시하지 않았다.

한편, 트루히요와 셰퍼드는, 평균 거리 200~300AU의 원형 궤도에 있는, 거대한 행성이 큰 준장축을 가진 12개 TNO의 근일점이 클러스터링하는 데 영향을 주고 있다고 주장했다. 근일점이 30AU보다 크고, 준장축이 150AU보다 큰 12개 TNO 궤도의 근일점이 0도에 가까운 군집성을 나타낸다는 사실을 확인했기 때문이다.

그들은 수백 천문 단위의 원형 궤도에 있는 거대한 행성이 이러한 군집화에 영향을 미치고 있다고 주장했다. 미지의 행성이 TNO의 근일점 주장축을 코자이 메커니즘을 통해 약 $0°$ 또는 $180°$ 보정하여, 궤도가 행성에서 가장 먼 지점인 근일점과 근일점 근처에서 행성 궤도의 평면을 가로지르도록 하고 있다는 것이다.

200~300AU의 원형 저 경사 궤도에 있는, 지구의 2~15배 질량체를 포함한 수치 시뮬레이션에서, 세드나와 2012 VP 113 근일점의 주장축은 수십억 년 동안 약 0°로 보정되었으며, 높은 경사 궤도에서 해왕성 질량 물체와 함께 해방 기간(Periods of Libration)을 거쳤다.

위에 제시된 시뮬레이션들은 하나의 큰 행성이 어떻게 작은 TNO를 비슷한 종류의 궤도들로 이동시킬 수 있는지에 대한 아이디어를 보여주었다. 그들은 행성이 가질 수 있는 많은 가능한 궤도 구성이 있다고 설명했다. 하지만 행성의 궤도와 ETNO의 모든 군집을 성공적으로 통합한 모델을 공식화하지는 못했다. 그래도 그들은 TNO의 궤도에 군집이 있다는 것을 처음으로 알아차렸고, 가장 가능성 있는 이유는 미지의 거대 행성 때문이라고 본 것이다.

그들의 연구는, 알렉시스 부바드(Alexis Bouvard)가 천왕성의 움직임이 특이하다는 것을 알아차리고, 그것이 알려지지 않은 8번째 행성의 중력일 가능성이 있다고 제안한 것과 매우 유사하며, 이는 해왕성의 발견으로 이어졌다.

한편, 많은 과학자가 찾으려고 하는 플래닛 나인이 사실은 플래닛이 아니라는 의견도 있다. 그러니까 태양계 외곽을 교란시키는 존재가 분명히 있기는 한데 그게 행성이 아니고, 미처 상상하지 못하고 있는 다른 천체라는 것이다.

Jakub Scholtz와 James Unwin은 원시 블랙홀이 ETNO의 궤도를 군집하고 있다고 제안했다. OGLE(Optical Gravitational Lensing Experiment, 광학 중력 렌즈 실험) 데이터를 분석한 결과, 은하 팽대부 방향에 있는 행성 질량 물체의 개체군이 지역별 개체군보다 더 많은 것으로 나타났다. 그들은 이 물체들이 자유롭게 떠다니는 행성이 아니라 원시적인 블랙홀일 것이라고 여겼다.

이들 집단의 크기에 대한 추정치는 행성 형성 모델에서 추정되는 자유 부유 행성(Free Floating Planet)의 추정 양보다 크기 때문에 가상의 원시 블랙홀(Hypothetical Primordial Black Hole) 포획이 자유 부유 행성 포획 가능성보다 더 가능성이 높다고 주장했다. 이런 주장은 ETNO 궤도를 교란시키는 물체가 존재한다고 해도, 쉽게 볼 수 없는 이유도 설명할 수 있다.

이들은 블랙홀이 너무 차가워서 CMB(Cosmic Microwave Background, 우주 배경복사)를 통해 감지할 수 없지만, 주변 암흑 물질과의 상호 작용으로 FERMILAT(Fermi Gamma-ray Space Telescope, 페르미 감마선 우주 망원경)로 감지할 수 있는 감마선이 생성될 것이라는 내용의 그 검출 방법까지 제안했다.

과연 태양계 외곽을 교란하는 미지의 천체가 행성이 아니라 블랙홀일까?

✳ 탐지 실행

플래닛 나인이 가설대로 실존한다고 해도, 평균 거리가 너무 멀어서 망원경으로 볼 수 없을 가능성이 크다. 아마 명왕성보다 600배 이상 희미할 것이다.

하지만 근일점에 다가오면 플래닛 나인을 식별할 수 있을지 모른다. 고성능 망원경이 필요하겠지만, 만약 그 행성의 근일점이 학자들이 예상하는 지점이라면, 플래닛 나인을 발견할 수 있을 것이다.

한편, 바티긴과 브라운의 검색 데이터베이스는, 이미 플래닛 나인의 예측된 궤도들 외에 하늘의 많은 부분을 조사 대상에서 제외해 놓았다. 여기에는 너무 희미해서 지상의 조사로는 도저히 포착할 수 없는 곳, 수많은 별이 배경에 있어 플래닛 나인을 도저히 구분해 낼 수 없는 은하수 부분이 포함되어 있다.

그리고 이 검색 대상에는 Catalina Sky Survey의 규모 21-22까지, Pan-STARRS 프로젝트의 규모 21.5까지 들어있고, WISE(Wide-field Infrared Survey Explorer) 위성의 적외선 데이터도 포함되었다. 그리고 2021년에는 즈위키 과도 시설(ZTF, Zwicky Transient Facility)에서 3년 동안의 데이터를 검색했는데, 이 검색만으로도 플래닛 나인의 존재 가능 공간의 56%를 배제할 수 있었다. 작은 준장축을 가진 물체들을 배제한 결과, 플래닛 나인의 예상 궤도 범위를 좁힐 수 있었다.

기존 데이터 검색만으로도 조사 범위를 줄일 수 있게 되자, 다른 연구원들도 기존 데이터에 대한 방대한 검색을 진행하기 시작했다. 물론 이런 검색 과정에 플래닛 나인을 찾는 작업도 겸하고 있다.

버클리 캘리포니아 대학의 대학원생인 마이클 메드포드와 대니 골드스타인는 서로 다른 시간에 촬영한 이미지를 결합하는 기술을 사용하여 보관된 데이터를 조사하고 있다. 그리고 슈퍼컴퓨터를 사용하여 희미하게 움직이는 물체들의 이미지를 결합해서, 더 밝은 이미지를 만들고 있다.

와이즈와 네오위즈 데이터가 수집한 여러 이미지를 결합한 검색도 진행되고 있다. 이 데이터는 W1 파장(WISE가 사용한 3.4μm 파장)으로 은하면에서 멀리 떨어진 하늘의 영역을 커버해 놓았기에, 800~900AU에서 지구 질량의 10배 정도 되는 물체를 감지할 수 있을 것이다.

Malena Rice와 Gregory Laughlin은 플래닛 나인과 후보 태양계 외부 물체를 찾는, TESS 섹터 18과 19의 데이터를 분석하기 위해, 표적 시프트 스택 검색 알고리즘을 적용했다. 그들의 연구는 먼 행성의 존재에 대한 결정적 증거를 찾지는 못했지만, 지상 망원경으로 후속 관찰이 필요한 80~200AU 범위에 있는 17개의 새로운 천체 후보를 찾아냈다.

하지만 이러한 치열한 노력에도 불구하고 플래닛 나인의 실루엣은 발견하지 못했다. 2022년까지 IRAS와 AKARI 데이터를 비교한 결과에도, 플래닛 나인은 검출되지 않았다. 하늘의 주요 부분에서 얻은 원적외선 데이터는 은하 성운의 방출로 인해 심하게 오염되어, 플래닛 나인의 열 방출 감지 방식이 은하면 근처에서는 한계를 드러내고 있는 게 가장 큰 난제였다.

헌재는 플래닛 나인이 북반구에서만 볼 수 있을 것으로 예측하기에, 희미한 물체를 볼 수 있을 정도로 큰 구경과 넓은 시야를 모두 갖춘 스바루 망원경으로 집중해서 수색하고 있다.

바티긴과 브라운, 트루히요와 셰퍼드라는 두 팀의 천문학자들이 이 탐사를 함께 진행하고 있으며, 두 팀은 이 탐사에 최대 5년이 걸릴 것으로 예상하고 있다.

바티긴과 브라운은 처음에 플래닛 나인의 탐사 범위를 오리온 근처 하늘의 약 2,000제곱 도로 좁혀서 집중적으로 탐사했다. 이는 바티긴이 스바루 망원경으로 약 20일 밤 동안 커버할 수 있다고 여기는 공간이었다.

이후 바티긴과 브라운은 다시 탐색 공간을 600~800제곱 도의 하늘로 축소했다. 그들은 같은 팀이지만 효율을 높이기 위해, 서로 다른 망원경을 사용하는 것부터 여러 우주선을 사용하는 것에 이르기까지, 서로 다른 탐지 방법을 사용하고 있다.

플래닛 나인과 같은 먼 행성은 빛을 거의 반사하지 않지만, 질량이 크기 때문에, 여전히 식으면서 열을 방출할 것이고, 그 열은 영하 226.2℃의 추정 온도에서 방출되는 적외선 파장으로 나타날 것이다.

이러한 파장 검색은 알마(ALMA, Atacama Large Millimeter/submillimeter Array)와 같은 지구 기반의 서브밀리미터 망원경으로 감지될 수 있으며, 밀리미터 파장에서 작동하는 우주 마이크로파 배경 검색으로 수행할 수 있다.

✳ 후보의 조건

아직 플래닛 나인의 실루엣을 찾지 못했으나, 어떤 학자들은 기존에 이미 알려진 천체 중에 그것이 있을지 모른다는 아이디어를 가지고 있다.

그런 관점에서 티케(Tyche)가 플래닛 나인의 후보로 떠오른 적이 있다. 티케는 태양계의 오르트 구름에 있다고 여겨지는 가상의 목성형 행성이다. 티케가 존재한다는 추측은 1999년에 존 머티지(John Murtidge), 패트릭 위트맨(Patrick Witman), 다이넬 위트머(Dynel Witmer)가 처음 제기하였고, 티케가 존재한다는 증거로서 장주기 혜성들의 궤도가 편향되어 있다는 것을 들었다. 그 이후, 머티지와 위트머는 혜성 자료를 재검토하였고 만약 티케가 존재한다면 NASA의 WISE 망원경에 감지될 것이라고 하였다.

하지만 2014년에 NASA가 WISE 데이터를 조사했으나 티케의 특징을 가진 물체는 찾을 수 없었다고 공식적으로 발표했는데, 이는 머티지, 위트맨, 위트머의 가정이 틀렸다는 뜻이다. 이외에도 여러 천체가 후보로 떠오른 적이 있으나 모두 허무한 결론이 나고 말았다.

그런데 그 미지의 행성이 존재하는 게 분명하고, 그 크기가 지구보다 훨씬 크다면, 태양계 형성의 기원을 포함한 진화의 초기 단계부터 다시 살펴봐야 할 것 같다. 특히 올리가치 이론(Oligarch theory)을 주목해 볼 필요가 있다.

행성 형성에 대한 올리가치 이론은, 태양계 진화의 초기 단계에 올리가치라고 알려진, 행성 크기의 물체가 수백 개가 있었다고 가정한다. 천문학자 유진 치앙은 이 중 일부가 오늘날 우리가 알고 있는 행성이 되었지만, 대부분은 중력 상호 작용으로 외곽으로 던져졌을 것으로 추측했다.

이 중의 일부는 태양계를 완전히 탈출하여 자유롭게 떠다니는 행성이 되었을 수도 있고, 다른 일부는 태양계 주위를 수백만 년의 주기로 헤일로 궤도(Halo Orbit)를 돌고 있을 수도 있다. 이 범위는 태양으로부터 1,000~1,500억 km 사이 또는 오르트 구름까지의 거리의 1/3~1/30일 것이다.

2015년 12월에 ALMA의 천문학자들은 350GHz 펄스의 짧은 시리즈를 발견하고, 이것들이 태양과 연관된 존재에서 나온 것이며, 일련의 독립적인 소스이거나 빠르게 움직이는 단일 소스일 것이라고 결론지었다.

그들은 후자가 가능성이 높다고 판단하고, 그 물체가 약 12~25AU 거리에 있고, 220~880km의 왜행성 크기의 지름을 가지고 있을 것으로 추측했다. 그러나 만약 이 행성이 중력으로 태양에 묶여있지 않고, 4,000AU만큼 멀리 떨어져 있다면, 이 행성은 훨씬 더 클 수 있다고 제안했다. 하지만 이 발표에 대한 과학자들의 반응은 대체로 회의적이었다.

2024년을 기준으로 볼 때, 추가해서 발견될 행성의 질량과 거리는 매우 제한적이다. WISE 망원경으로 중적외선 관측을 분석한 결과, 그 궤도의 범위가 토성 크기의 천체는 10,000AU, 목성 크기 이상의 천체는 26,000AU가 넘을 가능성은 배제되었다.

물론 WISE가 계속해서 많은 데이터를 수집하고 있고, NASA가 일반인들에게 '백 야드 월드 플래닛 9' 과학 프로젝트를 통해, 이러한 한계 밖의 행성 증거를 찾기 위해, 노력하고 있기는 하지만 말이다.

3. 니비루

'행성 X'는 태양계에 새롭게 편입할 미지의 행성이라는 의미로, 천문학적 관측의 대상으로 삼는 경우가 대부분이지만, 태양계에 대재앙을 가져다줄 공포의 대상으로 불린 적도 있다.

바로 '니비루 대격변' 시나리오의 빌런 역을 맡은 적이 있는데, 냉정하게 생각해 보면, 우리가 찾는 태양계의 새로운 구성원의 또 다른 얼굴인 것 같기도 하다.

'니비루 대격변'은 21세기 초에 발생할 것으로 믿었던, 거대한 행성 물체와 지구 사이의 재앙적인 만남을 말한다. 이 최후의 날을 두려워하는 사람들이 지구에 다가올 물체를 '니비루' 또는 '행성 X'라고 불렀다.

이 아이디어는 1995년에 웹사이트 제타톡(ZetaTalk)의 설립자인 낸시 리더(Nancy Lieder)에 의해 제안되었는데, 최초의 시나리오는 그 인트로가 다소 황당했다. 리더는 자신이 뇌에 이식된 물질을 통해, 제타 레티쿨리 항성계의 외계인으로부터 메시지를 받을 수 있는 능력을 가진 접촉자라며, 그 물체가 2003년 5월에 태양계 내부를 휩쓸게 된다는 사실을 인류에게 경고하기 위해, 그들이 자신을 선택했다고 말했다.

그 후 그의 주장은 수많은 그룹에 의해 받아들여졌다. 그러나 그 사건은 발생하지 않았고, 그의 주장은 쓸쓸히 스러졌다. 행성 X가 그렇게 사라져 버린 줄 알고 있었는데, 2012년 무렵에 갑자기 좀비처럼 되살아났다. 그 동기는 아이손 혜성의 등장이나 플래닛 나인에 관한 학계의 관심과 관련이 있다. 그러한 천체에 관한 언급이 학계에서 흘러나오자, 사이비 종교 집단이나 음모론자들 중심으로 아이손 혜성이나 플래닛 나인의 실루엣에 니비루가 덧씌워진 것이다. 물론 그것들이 실재이든 가상의 존재이든 지구에는 어떤 영향도 미치지 않았다.

사실 '니비루'라는 이름은 제카리아 시친(Zecharia Sitchin)의 작품과 바빌로니아와 수메르 신화에 대한 그의 해석에서 유래된 것이다. 하지만 그는 자신 작품과 다가오는 종말에 대한 다양한 주장 사이의 연관성을 분명하게 부인한 바 있다.

그리고 행성 크기의 물체가 가까운 미래에 지구와 충돌하거나 가까이 지나갈 것이라는 아이디어는 과학적 증거가 부족해서, 천문학자들과 행성 과학자들은 유사 과학이나 거짓말로 치부했다. 지구에 종말을 가져올 만한 물체가 있었다면, 이미 태양계 행성의 궤도에 영향을 미쳐 혼란을 일으켰을 것이기 때문이다.

물론 학자들이 미지의 행성 존재 자체를 부정하는 것은 아니다. 지구의 종말을 유발할 존재를 부정하는 것일 뿐, 해왕성 너머 어딘가에 발견되지 않은 행성이 있을 개연성은 부정하지 않고 있다.

✳ 비판론

니비루 격변에 관한 아이디어는 아직도 세상 한구석에 똬리를 치고 있고, 가끔은 미친 듯이 광풍을 일으키기도 해서, 많은 학자가 지구 외부의 천체가 지구에 큰 위협이 되지 않는다는 사실을 대중에게 알리기 위해 노력하고 있다.

사실 니비루 격변을 주장하는 이들이 니비루라며 보여주는 사진은, 렌즈 플레어, 렌즈 내 반사로 인해 발생하는 태양의 거짓 이미지이고, 그 물체가 태양 뒤에나 공간의 어둠 속에 교묘히 숨어있다는 주장도 근거가 없다.

그리고 니비루와 같은 천체의 궤도는 천체 역학과도 어울리지 않는다. NASA의 데이비드 모리슨은 그런 궤도에 니비루가 있다면, 지구 자체는 더 이상 현재와 같은 궤도에 있지 않을 것이고 달도 잃었을 가능성이 높다고 설명했다. 그리고 니비루가 행성이 아니고 갈색왜성이라면, 질량이 너무 크기 때문에 이미 지구에 해를 끼쳤을 것이라고 했다.

천문학자 마이크 브라운은 만약 이 물체의 궤도가 묘사된 대로였다면, 목성이 그것을 쫓아내기 전까지 약 100만 년 동안만 태양계에 남아있었을 것이며, 니비루의 접근이 지구의 자전을 멈추게 하거나 축을 이동시킬 것이라는 주장은 물리학 법칙에 위배 된다고 말했다.

칼 세이건은 지구의 자전이 멈추었다가 다시 시작될 수 있다고 주장한 임마누엘 벨리코프스키의 '충돌의 세계'에 대한 반박에서, "지구를 제동하는 데 필요한 에너지는 지구를 녹이기에 충분하지 않지만, 온도를 눈에 띄게 증가시킬 것이다. 바다는 물이 끓는점까지 올라올 것이다. 그런데 지구가 어떻게 다시 돌기 시작하여, 거의 같은 회전 속도로 회전할 수 있을까? 지구는 각운동량 보존 법칙 때문에 스스로 그럴 수는 없다"라고 말했다.

✳ 음모론

니비루의 접근이 임박했다고 믿는 신자들은, NASA가 그 존재에 대한 증거를 고의로 은폐하고 있다고 비난한다. 그리고 충돌을 예측하는 웹사이트들의 또 다른 비난은, 미국 정부가 니비루의 궤도를 추적하기 위해 남극 망원경(SPT)을 만들어, 그 물체를 이미 촬영해 놓고도 그 사실을 감추고 있다고 한다.

하지만 SPT는 전파 망원경이기 때문에, 광학 이미지를 촬영할 수 없다. 그리고 유튜브에 게시된, 니비루의 사진이라고 널리 알려진 이미지는, 허블 우주 망원경이 지구에서 19,000광년 이상 떨어진 별 V838 Mon 주위에서 확대되는 빛의 메아리인 것으로 밝혀졌다.

✳ 또 다른 행성 X

1894년, 보스턴의 천문학자 퍼시벌 로웰은 천왕성과 해왕성이 물리적 계산과 다르게 움직이고 있다고 확신하게 되었다. 그는 그것들이 더 멀리 떨어진 또 다른 행성의 중력에 이끌리고 있다고 결론짓고, 그 행성을 '행성 X'라고 불렀다. 그러나 여생 내내 탐색했지만, 그 물체의 실루엣조차 보지 못했다.

하지만 그와 유사한 노력은 천문학자 로버트 해링턴(Robert Harrington)이 해왕성 너머에 있는 추가 행성에 대한 가설을 제시한 1990년대까지 그런대로 유지되었다.

새로운 천 년이 다가올 무렵에야 그에 대한 회의론이 본격적으로 쏟아지기 시작했는데, 그 서문을 연 대표적인 회의론자는 천문학자 마일스 스탠디시(Myles Standish)였다. 그는 해링턴이 인후암으로 사망하기 6개월 전쯤에 행성들의 궤도에서 나타나는 불일치가 해왕성의 질량을 과대평가한 결과라고 주장했다. 그러자 행성 X의 위세에 눌려있던 비판들이 폭발하듯 쏟아져 나왔다.

현재의 천문학자들은 원래 정의되었던 행성 X는 존재하지 않는다고 본다. 그러니까 미지의 행성이 태양계에 더 존재할 수는 있으나, 그 모습이 우리가 애초에 그렸던, 태양계 행성에 영향을 줄 만한, 위력을 갖춘 존재는 아닐 것이라고 본다.

그렇지만 아직 니비루 공포에서 벗어나지 못한 이들이 많다. 과학자들이 뭐라고 하든, 그들은 지구와 그 안에 사는 인류 전체를 심판할 니비루가 분명히 있고, 그것이 언젠가 지구를 공격하러 나타날 것으로 보고 있다. 그리고 그들은 종종 그 구체적인 후보를 거론하기도 한다.

✳ 허콜루부스와 네메시스

1999년에 뉴에이지의 작가 V. M. 라볼루(V. M. Rabolú)는 바너드별이 사실 고대인들에게 허콜루부스(Hercolubus)로 알려진 행성이며, 이 행성이 과거에 지구로 다가와 아틀란티스를 파괴했고, 미래의 어느 날 또다시 지구 근처까지 올 것이라고 주장했다.

바너드별(Barnard's Star)은 현재 지구에서 5.98±0.003 광년 떨어져 있다. 하지만 11,700년 전후에 3.8광년까지 다가오는 게 가장 근접하는 거리일 것이다. 이 위치는 현재 태양에 가장 가까이 있는 별(프록시마 센타우리)보다 약간 더 가까울 뿐이다.

한편, 니비루를 믿는 사람 중 다수가 니비루와 네메시스를 혼동하고 있다. 1984년에 시카고 대학교의 고생물학자 데이비드 라우프(David Raup)와 잭 셉코스키(Jack Sepkoski)는 과거 2억 5,000만 년 동안 있었던 대량절멸에 주기성이 있으며, 대량절멸 간의 평균 간격은 약 2,600만 년으로, 생물의 주기적인 대량멸종에는 지구 외의 어떤 천체가 원인일 것이라고 주장했다.

그 후에 위트마이어(Whitmire), 잭슨(Jackson), 데이비스(Davis), 허트(Hut), 뮬러(Muller)가 독립적으로 대량절멸의 주기성을 설명할 수 있는 가설을 〈네이처〉에 기고했는데, 이들 가설을 종합해 보면, 태양계에는 아직 발견되지 않은 쌍성이 존재하며, 이 별이 주기적으로 오르트 운을 지나가기에 대량의 혜성이 발생하게 되고, 이 중에 일부가 지구와 충돌하게 된다고 한다. 그러니까 태양의 형제가 주기적인 '혜성 소나기'로 지구의 생물들을 해친다는 주장인데, 나중에 이 천체에 네메시스(Nemesis)라는 이름이 부여되면서, 그 내용에 '네메시스 가설'이라는 이름도 붙게 되었다.

하지만 현재까지 네메시스에 대한 직접적인 증거는 발견되지 않았다. 비록 네메시스 아이디어가 니비루 대격변과 비슷하게 보이지만, 사실,

그것들은 매우 다르다. 만약 네메시스가 존재한다면, 엄청나게 긴 궤도 주기를 가질 것이고, 지구 자체에는 결코 가까이 오지 않을 것이기 때문이다.

✳ 에리스, 세드나, 티케, 엘레닌

어떤 이들은 2003년과 2005년에 마이크 브라운에 의해 각각 발견된 해왕성 횡단 불체인 에리스(136199 Eris)와 세드나(90377 Sedna)를 니비루와 혼동하고 있기도 하다.

NASA의 초기 보도 자료에서 에리스가 '열 번째 행성'으로 묘사되었으나 실제로는 왜행성으로 분류되어 있다. 명왕성보다 약간 더 질량이 큰 에리스는 55억 km 이내로 지구에 다가오지 않는 궤도를 가지고 있기에, 걱정의 대상이 될 수 없다.

그리고 세드나는 명왕성보다 약간 작고, 114억 km 이내로 지구에 접근하지 않는다. 그런데도 이러한 혼동이 생긴 이유는, 세드나와 상상의 니비루가 극도로 편심한 타원 궤도를 가지고 있기 때문일 것이다.

한편, 어떤 이들은 니비루와 장주기 혜성 엘레닌을 연관시키기도 한다. 하지만 엘레닌을 그렇게 위협적인 존재가 아니다. 엘레닌은 2011년 10월에 금성보다 약간 더 가까운 0.2338AU 거리까지 접근했을 뿐이다.

그렇지만, 엘레닌이 근접하기 직전에, 음모 웹사이트에는 공포가 생산되어 퍼져나갔다. 엘레닌이 지구와의 충돌 경로에 있고, 그것이 목성만큼 크거나 심지어 갈색왜성이고, 발견자의 이름인 레오니드 엘레닌이 사실상 ELE(Extinction Level Event, 멸종 수준 사건)의 코드라는 소문이 퍼졌다. 그로 인해 일부 뉴에이지 사회에서는 큰 소동이 벌어졌다.

사실 혜성은 자세히 관찰하지 않으면 그 크기를 가늠하기 어렵지만, 엘레닌 혜성의 경우, 지름이 10km 미만일 가능성이 높다. 그런데도 태양, 지구, 엘레닌의 직선 정렬을 2011년 일본 지진, 2010년 캔터베리 지진, 2010년 칠레 지진과 연관시키려는 시도가 있었다. 하지만 지진은 지구 내부의 힘에 의해 발생하며, 지구 주변을 통과하는 물체 때문에 발생하지는 않는다.

2011년에 엘레닌 혜성의 발견자인 레오니드 엘레닌(Leonid Elenin)은 자신의 블로그를 통해, 혜성의 질량을 갈색왜성의 질량(태양질량 0.05)으로 증가시키는 시뮬레이션을 실행했다. 왜 그가 그렇게까지 그 혜성에 집착했는지 이해할 수 없으나, 지속해서 그것에 영혼을 불어넣으려 했다.

하지만 그의 노력에도 불구하고 엘레닌 혜성은 스러져가기 시작했다. 2011년 8월에 붕괴되기 시작해서, 그해 10월, 태양계에 가장 근접했을 때는 대형 망원경으로도 감지되지 않을 정도로 잘게 부서졌다.

4. 네메시스

네메시스(Nemesis)는 태양에서 약 5만~10만AU 떨어진 궤도를 돌고 있을 것이라고 예상되는 적색왜성 또는 갈색왜성이다. 이 천체는 지구상의 주기적인 대량절멸을 설명하기 위해 가정된 별이다. 니비루와 비슷한 존재로 보이시만, 네메시스는 태양에 예속된 행성이 아니고 태양의 동반성이라는 결정적인 차이가 있다.

물론 니비루가 그러하듯, 실존하는지 가상 속에만 존재하는지는 알 수 없지만 말이다.

1984년 시카고 대학의 고생물학자 데이비드 라우프(David Raup)와 잭 셉코스키(Jack Sepkoski)는 과거 2억 5,000만 년 동안의 대량절멸의 주기성을 찾았다는 논문을 발표하였다. 대량절멸 간의 평균 간격을 약 2,600만 년으로 추정했으며, 그중 백악기-제3기 멸종과 에오세의 대량절멸 시에는 지구에 큰 충돌이 있었을 것이라고 보았다.

그 후, 위트머(Whitmire), 잭슨(Jackson), 데이비스(Davis), 허트(Hut), 뮬러(Muller)가 독립적으로 라우프와 셉코스키의 대량절멸의 주기성을 설명할 수 있는 가설을 네이처에 기고했다. 이 가설을 종합해 보면, 태양에는 아직 발견되지 않은 쌍성이 존재하며, 이 별이 주기적으로 오르트 구름을 지나가기 때문에 대량의 혜성이 발생하여 (네메시스가 오르트 구름의 천체들의 궤도를 변형하는데, 그중 일부가 태양계로 들어올 때가 있다) 지구에 충돌한다. 이 가설이 나중에 네메시스 가설로 알려지게 되었다.

네메시스가 존재한다고 해도 그 성질과 특성은 전혀 밝혀진 바가 없다. 뮬러는 네메시스가 7~12등성 정도의 적색왜성일 가능성이 높다고 주장했지만, 위트머와 잭슨은 갈색왜성이라고 주장했다. 또한, 뮬러는 마지막 대량절멸이 약 500만 년 전에 일어난 사실에 근거하여 네메시스가 현재 태양에서 약 1~1.5광년 떨어져 있으며 바다뱀자리 방향에 있을 것이라고 추정했다.

만약 이런 천체가 존재한다면, 현재 진행 중인 팬스타즈나 LSST 같은 대규모 탐사계획을 통해 발견할 수도 있을 것으로 예측된다. 또, 위트머와 잭슨의 주장대로 갈색왜성이라면 2009년에 시작되는 WISE mission을 통해 간단히 발견될 수도 있다.

✳ 연구 상황

일단 이론 자체만으로는 꽤 그럴듯한 설명이다. 문제는 이 태양의 동반성 존재 여부이다. 일단 대략 1~1.5광년 내외의 거리에서 이심률이 꽤 큰 타원 궤도로 돈다는 가설까지는 나왔는데 문제는 이 네메시스가 적색왜성이거나 이보다 더 어두운 갈색왜성으로 여겨지는 상황인지라 상당히 관측하기 어렵다는 점이다.

밝기 등급으로는 적색왜성이라 하더라도 7~12등급이고, 갈색왜성이면 13~15등급까지 쭈욱 내려가기 때문에 가시광선 영역에서는 사실상 관측이 불가능하다. 다만 적외선 영역에서는 관측이 가능할 것으로 여겨졌기 때문에, 우주공간에 적외선 망원경을 띄워놓은 2009년부터는 갈색왜성도 잡아낼 수 있을 정도로 기술이 발달하였기에, 의외로 실존 여부를 이른 시일 내에 가려낼 수 있을 것으로 보았지만, 아직 누구도 그에 대한 답변을 내놓지 않고 있다.

✳ 태양은 두 개

지금으로부터 수십 억 년 전 지구에는 2개의 태양이 떠올랐을지도 모르겠다. 최근 미국 하버드 대학과 버클리 대학 등 공동연구팀은 한때 태양계에는 2개의 태양이 존재했을 가능성이 높다는 연구 결과를 발표했다.

다소 파격적인 이번 연구는 그간 가설로만 이어져 왔던 '네메시스(Nemesis)'의 존재 가능성과 맥을 같이한다. 네메시스 가설의 시작은 주지하다시피 1984년에 시카고 대학의 두 고생물학자의 주장에서 비롯됐다. 당시 데이비드 라우프(David Raup) 교수는 지구에 2억 5,000만 년 동안 여러 번의 대량멸종 사건이 일어났는데, 2,600만 년을 주기로 일어났다는 논문을 발표했다. 이 중에는 물론 소행성의 충돌로 인한 공룡의 멸종도 포함되어 있다.

이후 과학자들은 2,600만 년이라는 주기성을 만든 원인을 찾기 시작했고, 일각에서 태양계 저 너머에 있다는 주장을 펴기 시작했다. 그게 바로 네메시스다. 전문가들의 가설은 이렇다.

45억 년 전 태양은 형제로 태어났으나 이 중 하나는 어떤 이유에서인지 점점 멀어져 태양계 외곽으로 밀려났다. 태양보다 크기가 작고 빛도 약한 네메시스는 현재 극단적인 형태의 타원 궤도로 움직이는데 이 경로에 오르트 구름이 있다.

오르트 구름은 장주기 혜성의 고향으로 태양계를 껍질처럼 둘러싸고 있는 가상의 천체집단이다. 거대한 공처럼 태양계를 둘러싸고 있는 오르트 구름은 수천억 개를 헤아리는 혜성의 핵들로 이루어져 있다.

그런데 네메시스가 2,600만 년을 주기로 오르트 구름을 지나가면서 그곳을 교란해서 대량의 혜성이 만들어지고, 그중에 일부 혜성이 지구에 떨어져 대량멸종 사건을 일으킨다는 것이다. 이 때문에 네메시스의 또 다른 별칭은 '이블 트윈(The Sun's Evil Twin)'이다.

그러나 이 가설은 증명되지 못했다. 그 이유는 물론 네메시스를 아직 발견하지 못했기 때문이다. 하지만 그렇긴 해도 그것이 네메시스가 허구라는 증거가 되지는 않는다.

최근에 하버드 대학의 이론물리학자들은 지구에서 600광년 떨어진 가스 구름인 페르세우스 분자 구름(Perseus Molecular Cloud)을 통해 별이 태어나는 것을 관측했으며 이 데이터를 바탕으로 오래전 태양도 쌍성이었을 가능성이 높다는 시뮬레이션 결과를 내놨다.

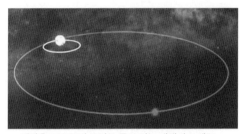

태양을 26,000년 주기로 돌고 있는 네메시스 궤도

논문의 공동 저자 스티븐 스털러(Stephen Sterler)는, 네메시스가 존재하느냐고 묻는다면, 우주의 별들은 우리의 태양과 매우 비슷하며 대부분 쌍성으로 태어나기에 그렇다고 답변하겠다고 말했다. 이어 동시에 태어난 별은 쌍성계가 되거나, 서로 분리돼 멀어져 간다며, 네메시스는 후자의 경우이고, 아마도 태양과 해왕성 사이의 거리보다 17배 더 먼 지역에 있을 것이라고 덧붙였다.

정말, 네메시스가 있을까?

제1장 목성계

1. 목성

▶ Weintraub, Rachel A. (2005년 9월 26일). "How One Night in a Field Changed Astronomy". NASA.

▶ Garcia, Leonard N. "The Jovian Decametric Radio Emission". NASA.

▶ Wall, Mike (2014년 3월 5일). "NASA Eyes Ambitious Mission to Jupiter's Icy Moon Europa by 2025". 《Space.com》

▶ Dennis Overbye (2009년 7월 24일). "Hubble Takes Snapshot of Jupiter's 'Black Eye'". 《New York Times》

▶ Lovett, Richard A. (2006년 12월 15일). "Stardust's Comet Clues Reveal Early Solar System". 《National Geographic News》

▶ Horner, J.; Jones, B. W. (2008). "Jupiter - friend or foe? I: the asteroids.". 《International Journal of Astrobiology》

▶ Overbyte, Dennis (2009년 7월 25일). "Jupiter: Our Comic Protector?". 《Thew New York Times》

▶ Grossman, Lisa (2009년 7월 20일). "Jupiter sports new 'bruise' from impact". 《New Scientist》

▶ Beatty, Kelly (2010년 8월 22일). "Another Flash on Jupiter!". 《Sky & Telescope》

▶ Heppenheimer, T. A. (2007). "Colonies in Space, Chapter 1: Other Life in Space". 《National Space Society》

▶ Falk, Michael; Koresko, Christopher (1999). "Astronomical Names for the Days ofthe Week". 《Journal of the Royal Astronomical Society of Canada》

2. 이오

▶ Anderson, J. D.; 외. (1996). "Galileo Gravity Results and the Internal Structure of Io". 《Science》

▶ McEwen, A. S.; 외. (1998). "High-temperature silicate volcanism on Jupiter's moon Io". 《Science》

▶ Porco, C. C.; 외. (2003). "Cassini imaging of Jupiter's atmosphere, satellites, and rings". 《Science》

▶ Marchis, F.; 외. (2005). "Keck AO survey of Io global volcanic activity between 2 and 5 μm". 《Icarus》

▶ Spencer, J. R.; 외. (2007). "Io Volcanism Seen by New Horizons: A Major Eruption of the Tvashtar Volcano". 《Science》

▶ Zook, H. A.; 외. (1996). "Solar Wind Magnetic Field Bending of Jovian Dust Trajectories". 《Science》

▶ Grün, E.; 외. (1996). "Dust Measurements During Galileo's Approach to Jupiter and Io Encounter". 《Science》

▶ McEwen, A. S.; Soderblom, L. A. (1983). "Two classes of volcanic plume on Io". 《Icarus》

3. 유로파

▶ Kattenhorn, Simon A. (2002년 6월). "Nonsynchronous Rotation Evidence and Fracture History in the Bright Plains Region, Europa". 《Icarus》

▶ Schenk, Paul; McKinnon, William B. (1989년 5월). "Fault Offsets and Lateral plate motions on Europa: Evidence for a mobile ice shell". 《Icarus》

▶ Kattenhorn, Simon; Louise M. Prockter(2014년 9월 7일). "Evidence for subduction in the ice shell of Europa". 《Nature Geosciences》

▶ O'Brien, David P.; Geissler, Paul; Greenberg, Richard (2000년 8월). "Tidal Heat in Europa: Ice Thickness and the Plausibility of Melt-Through". 《Bulletin of the American Astronomical Society》

▶ Hand, Kevin P.; Carlson, Robert W.; Chyba, Christopher F. (2007년 12월). "Energy, Chemical Disequilibrium, and Geological Constraints on Europa". 《Astrobiology》

▸ P. Weiss; K.L. Yung; N. Kömle; S.M. Ko; E. Kaufmann; G. Kargl (2011년 8월 16일). "Thermal drill sampling system onboard high-velocity impactors for exploring the subsurface of Europa". 《Advances in Space Research》

▸ Hsu, J. (2010년 4월 15일). "Dual Drill Designed for Europa's Ice". 《Astrobiology Magazine》

▸ Choi, Charles Q. (2013년 12월 8일). "Life Could Have Hitched a Ride to Outer Planet Moons". 《Astrobiology Web》

4. 가니메데

▸ Sohl, F.; Spohn, T; Breuer, D.; Nagel, K. (2002). "Implications from Galileo Observations on the Interior Structure and Chemistry of the Galilean Satellites" 《Icarus》

▸ Kuskov, O.L.; Kronrod, V.A.; Zhidikova, A.P. (2005). "Internal Structure of Icy Satellites of Jupiter" 《Geophysical Research Abstracts》 (European Geosciences Union)

▸ Barr, A.C.; Pappalardo, R. T.; Pappalardo, Stevenson (2001). "Rise of Deep Melt into Ganymede's Ocean and Implications for Astrobiology" 《Lunar and Planetary Science Conference》

▸ Huffmann, H.; Sohl, F. (2004). "Internal Structure and Tidal Heating of Ganymede" 《Geophysical Research Abstracts》 (European Geosciences Union)

▸ Zahnle, K.; Dones, L. (1998). "Cratering Rates on the Galilean Satellites" 《Icarus》

▸ McKinnon, William B. (2006). "On convection in ice I shells of outer Solar System bodies, with detailed application to Callisto". 《Icarus》

▸ Barr, A. C.; Canup, R. M. (March 2010). 〈Origin of the Ganymede/Callisto dichotomy by impacts during an outer solar system late heavy bombardment 《41st Lunar and Planetary Science Conference (2010)》

▸ Barr, A. C.; Canup, R. M. (2010년 1월 24일). "Origin of the Ganymede-Callisto dichotomy by impacts during the late heavy bombardment". 《Nature Geoscience》

▸ Nagel, K.A; Breuer, D.; Spohn, T. (2004). "A model for the interior structure, evolution, and differentiation of Callisto". 《Icarus》

▸ Peplow, M. (2005년 2월 8일). "NASA budget kills Hubble telescope" 《Nature》

5. 칼리스토

▶ Canup, Robin M.; Ward, William R. (2002). "Formation of the Galilean Satellites: Conditions of Accretion" (PDF). 《The Astronomical Journal》

▶ Spohn, T.; Schubert, G. (2003). "Oceans in the icy Galilean satellites of Jupiter?" (PDF). 《Icarus》

▶ Barnard, E. E. (1892). "Discovery and Observation of a Fifth Satellite to Jupiter". 《Astronomical Journal》

▶ Bills, Bruce G. (2005). "Free and forced obliquities of the Galilean satellites of Jupiter". 《Icarus》

▶ Freeman, J. (2006). "Non-Newtonian stagnant lid convection and the thermal evolution of Ganymede and Callisto" (PDF). 《Planetary and Space Science》

▶ Strobel, Darrell F.; Saur, Joachim; Feldman, Paul D. (2002). "Hubble Space Telescope Space Telescope Imaging Spectrograph Search for an Atmosphere on Callisto: a Jovian Unipolar Inductor". 《The Astrophysical Journal》

▶ Spencer, John R.; Calvin, Wendy M. (2002). "Condensed O_2 on Europa and Callisto" (PDF). 《The Astronomical Journal》

▶ McKinnon, William B. (2006). "On convection in ice I shells of outer Solar System bodies, with detailed application to Callisto". 《Icarus》

▶ Nagel, K.a; Breuer, D.; Spohn, T. (2004). "A model for the interior structure, evolution, and differentiation of Callisto". 《Icarus》

제2장 토성계

1. 토성

▶ Tiscareno, Matthew S.; Burns, J.A; Hedman, M.M; Porco, C.C (2008). "The population of propellers in Saturn's A Ring". 《Astronomical Journal》

▶ Bond, W.C (1848). "Discovery of a new satellite of Saturn". 《Monthly Notices of the Royal Astronomical Society》

▶ Lassell, William (1848). "Discovery of new satellite of Saturn" (PDF). 《Monthly

Notices of the Royal Astronomical Society》

▶ Corum, Jonathan (2015년 12월 18일). "Mapping Saturn's Moons". 《New York Times》

▶ Porco, C.; The Cassini Imaging Team (2007년 7월 18일). "S/2007 S4". 《IAU Circular》

▶ Platt, Jane; Brown, Dwayne (2014년 4월 14일). "NASA Cassini Images May Reveal Birth of a Saturn Moon". 《NASA》

▶ David Jewitt (2005년 5월 3일). "12 New Moons For Saturn". 《University of Hawaii》

▶ Sheppard, S. S.; Jewitt, D. C. & Kleyna, J. (June 30, 2006). "Satellites of Saturn". 《IAU Circular》

▶ Grav, Tommy; Bauer, James (2007). "A deeper look at the colors of the Saturnian irregular satellites". 《Icarus》

▶ Thomas, P. C. (July 2010). "Sizes, shapes, and derived properties of the saturnian satellites after the Cassini nominal mission" (PDF). 《Icarus》

▶ Murray, Carl D.; Beurle, Kevin; Cooper, Nicholas J.; 외. (2008). "The determination of the structure of Saturn's F ring by nearby moonlets". 《Nature》

▶ Schenk, P. M.; Moore, J. M. (2009). "Eruptive Volcanism on Saturn's Icy Moon Dione". 《Lunar and Planetary Science》

▶ Lakdawalla, Emily. "Methone, an egg in Saturn orbit?". 《Planetary Society》

▶ Matthew S. Tiscareno; Joseph A. Burns; Jeffrey N. Cuzzi; Matthew M. Hedman(2010). "Cassini imaging search rules out rings around Rhea". 《Geophysical Research Letters》

▶ Porco, Carolyn C.; Baker, Emily; Barbara, John; 외. (2005). "Imaging of Titan from the Cassini spacecraft" (PDF). 《Nature》

▶ López-Puertas, Manuel (2013년 6월 6일). "PAH's in Titan's Upper Atmosphere". 《CSIC》

▶ Gray, Bill. "Find_Orb Orbit determination software". 《projectpluto.com》

▶ Canup, R. (December 2010). "Origin of Saturn's rings and inner moons by mass removai from a lost Titan-sized satellite". 《Nature》

2. 타이탄

▶ Stofan, E. R.; Elachi, C.; et al. (2007년 1월 4일). "The lakes of Titan". 《Nature》

▶ Grasset, O., Sotin C., Deschamps F., (2000). "On the internal structure and dynamic of Titan". 《Planetary and Space Science》

▶ Fortes, A.D. (2000). "Exobiological implications of a possible ammonia-water ocean inside Titan". 《Icarus》

▶ Bevilacqua, R.; Menchi, O.; Milani, A.; Nobili, A. M.; Farinella, P. (1980년 4월). "Resonances and close approaches. I. The Titan-Hyperion case". 《Earth, Moon, and Planets》

▶ Lunine, J. (2005년 3월 21일). "Comparing the Triad of Great Moons". 《Astrobiology Magazine》

▶ G. Tobie, O. Grasset, J. I. Lunine, A. Mocquet, C. Sotin (2005). "Titan's internal structure inferred from a coupled thermal-orbital model". 《Icarus》

3. 엔셀라두스

▶ http://www.sciencemag.org/content/311/5766/1422

▶ http://www.jpl.nasa.gov/news/news.php?release=2014-246&2

▶ http://www.space.com/28796-hot-springs-enceladus-saturn-moon.html

▶ http://www.sciencemag.org/content/311/5766/1393

▶ http://onlinelibrary.wiley.com/doi/10.1029/JB089iB11p09459/abstract

▶ http://www.jpl.nasa.gov/news/news.php?release=2007-025

▶ http://www.esa.int/Our_Activities/Space_Science/Cassini-Huygens/Icy_moon_Enceladus_has_underground_sea

4. 테티스

▶ Cassini, G. D. (1686-1692). "An Extract of the Journal Des Scavans. Of April 22 st. N. 1686. Giving an Account of Two New Satellites of Saturn, Discovered Lately by Mr. Cassini at the Royal Observatory at Paris". 《Philosophical Transactions of the Royal Society of London》

▶ Howett, C. J. A.; Spencer, J. R.; Pearl, J.; Segura, M. (April 2010). "Thermal inertia and bolometric Bond albedo values for Mimas, Enceladus, Tethys, Dione, Rhea and Iapetus as derived from Cassini/CIRS measurements". 《Icarus》

▶ Matson, D. L.; Castillo-Rogez, J. C.; Schubert, G.; Sotin, C.; McKinnon, W. B. (2009). 〈The Thermal Evolution and Internal Structure of Saturn's Mid-Sized Icy Satellites〉. 《Saturn from Cassini-Huygens》

▶ Moore, Jeffrey M.; Schenk, Paul M.; Bruesch, Lindsey S.; Asphaug, Erik; McKinnon, William B. (October 2004). "Large impact features on middle-sized icy satellites" (PDF). 《Icarus》

▶ Stone, E. C.; Miner, E. D. (1981년 4월 10일). "Voyager 1 Encounter with the Saturnian System" (PDF). 《Science》

▶ Stone, E. C.; Miner, E. D. (1982년 1월 29일). "Voyager 2 Encounter with the Saturnian System" (PDF). 《Science》

▶ Verbiscer, A.; French, R.; Showalter, M.; Helfenstein, P. (2007년 2월 9일). "Enceladus: Cosmic Graffiti Artist Caught in the Act". 《Science》

5. 디오네

▶ http://exp.arc.nasa.gov/downloads/celestia/data/solarsys.ssc Exp.arc.nasa.gov

▶ Roatsch, T.; Jaumann, R.; Stephan, K.; Thomas, P. C. (2009). 〈Cartographic Mapping of the Icy Satellites Using ISS and VIMS Data〉. 《Saturn from Cassini-Huygens》

▶ Verbiscer, A.; French, R.; Showalter, M.; Helfenstein, P. (2007년 2월 9일). "Enceladus: Cosmic Graffiti Artist Caught in the Act". 《Science》

▶ http://adsabs.harvard.edu//full/seri/MNRAS/0008//0000042.000.html

▶ http://www.sciencemag.org/content/311/5766/1393

6. 레아

▶ Emily Lakdawalla (2015년 11월 12일). "DPS 2015: First reconnaissance of Ceres by Dawn". 《The Planetary Society》

▶ Moore, Jeffrey M.; Schenk, Paul M.; Bruesch, Lindsey S.; Asphaug, Erik; McKinnon, William B. (October 2004). "Large impact features on middle-sized icy satellites" (PDF). 《Icarus》

▸ Wagner, R.J.; Neukum, G.; 외. (2008). "Geology of Saturn's Satellite Rhea on the Basis of the High-Resolution Images from the Targeted Flyby 049 on Aug. 30, 2007". 《Lunar and Planetary Science》

▸ Jones, G. H.; 외. (2008년 3월 7일). "The Dust Halo of Saturn's Largest Icy Moon, Rhea". 《Science》

▸ Cook, Jia-Rui C. (2011년 1월 13일). "Cassini Solstice Mission: Cassini Rocks Rhea Rendezvous". NASA/JPL.

7. 이아페투스

▸ http://saturn.jpl.nasa.gov/science/moons/iapetus/

▸ https://science.nasa.gov/solar-system/

▸ http://www.planetary.org/explore/topics/saturn/iapetus.html

▸ https://apod.nasa.gov/apod/ap050201.html

▸ https://photojournal.jpl.nasa.gov/target/Iapetus

제3장 천왕성계

1. 천왕성

▸ Jacobson, R.A.; Campbell, J.K.; Taylor, A.H.; Synnott, S.P. (1992). "The masses of Uranus and its major satellites from Voyager tracking data and Earth-based Uranian satellite data". 《The Astronomical Journal》

▸ Seidelmann, P. Kenneth; Archinal, B. A.; A'hearn, M. F.; et al. (2007). "Report of the IAU/IAGWorking Group on cartographic coordinates and rotational elements: 2006". 《Celestial Mech. Dyn. Astr.》

▸ Podolak, M.; Podolak, J.I.; Marley, M.S. (2000). "Further investigations of random models of Uranus and Neptune". 《Planet. Space Sci.》

▸ Pearl, J. C.; Conrath, B. J.; Hanel, R. A.; Pirraglia, J. A.; Coustenis, A. (March 1990). "The albedo, effective temperature, and energy balance of Uranus, as determined from Voyager IRIS data". 《Icarus》

▸ Hammel, H.B.; de Pater, I.; Gibbard, S.G.; et al. (2005). "New cloud activity on Uranus in 2004: First detection of a southern feature at 2.2 μm" (PDF). 《Icarus》

▸ Sromovsky, L.; Fry, P.;Hammel, H.;Rages, K. "Hubble Discovers a Dark Cloud in the Atmosphere of Uranus" (PDF). 《physorg.com》

▸ Hammel, H.B.; Lockwood, G.W. (2007). "Long-term atmospheric variability on Uranus and Neptune". 《Icarus》

▸ Ness, Norman F.; Acuña, Mario H.; Behannon, Kenneth W.; Burlaga, Leonard F.; Connerney, John E. P.; Lepping, Ronald P.; Neubauer, Fritz M. (July 1986). "Magnetic Fields at Uranus". 《Science》

2. 티타니아

▸ Smith, B. A.; Soderblom, L. A.; Beebe, A.; Bliss, D.; Boyce, J. M.; Brahic, A.; Briggs, G. A.; Brown, R. H.; Collins, S. A. (1986년 7월 4일). "Voyager 2 in the Uranian System: Imaging Science Results". 《Science》

▸ Sheppard, S. S.; Jewitt, D.; Kleyna, J. (2005). "An Ultradeep Survey for Irregular Satellites of Uranus: Limits to Completeness". 《The Astronomical Journal》

▸ Herschel, John (1834). "On the Satellites of Uranus". 《Monthly Notices of the Royal Astronomical Society》

▸ Karkoschka, Erich (1999년 5월 18일). "S/1986 U 10". 《IAU Circular》

▸ Karkoschka, Erich (2001). "Voyager's Eleventh Discovery of a Satellite of Uranus and Photometry and the First Size Measurements of Nine Satellites". 《Icarus》

3. 오베론

▸ Thomas, P. C. (1988). "Radii, shapes, and topography of the satellites of Uranus from limb coordinates". 《Icarus》

▸ Jacobson, R. A.; Campbell, J. K.; Taylor, A. H.; Synnott, S. P. (June 1992). "The masses of Uranus and its major satellites from Voyager tracking data and earth-based Uranian satellite data". 《The Astronomical Journal》

▸ Karkoschka, Erich (2001). "Comprehensive Photometry of the Rings and 16 Satellites of Uranus with the Hubble Space Telescope". 《Icarus》

▶ Grundy, W. M.; Young, L. A.; Spencer, J. R.; Johnson, R. E.; Young, E. F.; Buie, M. W. (October 2006). "Distributions of H_2O and CO_2 ices on Ariel, Umbriel, Titania, and Oberon from IRTF/SpeX observations". 《Icarus》

4. 아리엘

▶ Thomas, P. C. (1988). "Radii, shapes, and topography of the satellites of Uranus from limb coordinates". 《Icarus》

▶ Jacobson, R. A.; Campbell, J. K.; Taylor, A. H.; Synnott, S. P. (June 1992). "The masses of Uranus and its major satellites from Voyager tracking data and earth-based Uranian satellite data". 《The Astronomical Journal》

▶ Karkoschka, Erich (2001). "Comprehensive Photometry of the Rings and 16 Satellites of Uranus with the Hubble Space Telescope". 《Icarus》

▶ Arlot, J.; Sicardy, B. (2008). "Predictions and observations of events and configurations occurring during the Uranian equinox" (pdf). 《Planetary and Space Science》

▶ Grundy, W. M.; Young, L. A.; Spencer, J. R.; Johnson, R. E.; Young, E. F.; Buie, M. W. (October 2006). "Distributions of H_2O and CO_2 ices on Ariel, Umbriel, Titania, and Oberon from IRTF/SpeX observations". 《Icarus》

▶ Hanel, R.; Conrath, B.; Flasar, F. M.; Kunde, V.; Maguire, W.; Pearl, J.; Pirraglia, J.; Samuelson, R.; Cruikshank, D. (1986년 7월 4일). "Infrared Observations of the Uranian System". 《Science》

5. 엄브리엘

▶ Thomas, P. C. (1988). "Radii, shapes, and topography of the satellites of Uranus from limb coordinates". 《Icarus》

▶ Esposito, L. W. (2002). "Planetary rings". 《Reports on Progress in Physics》

▶ Chancia, R.O.; Hedman, M.M. (2016). "Are there moonlets near Uranus' alpha and beta rings?". 《The Astronomical Journal》

▶ Karkoschka, Erich (2001). "Comprehensive Photometry of the Rings and 16 Satellites of Uranus with the Hubble Space Telescope". 《Icarus》

▶ Mousis, O. (2004). "Modeling the thermodynamical conditions in the Uranian subnebula - Implications for regular satellite composition". 《Astronomy & Astrophysics》

▶ Hussmann, Hauke; Sohl, Frank; Spohn, Tilman (November 2006). "Subsurface oceans and deep interiors of medium-sized outer planet satellites and large trans-neptunian objects". 《Icarus》

6. 미란다

▶ Thomas, P. C. (1988). "Radii, shapes, and topography of the satellites of Uranus from limb coordinates". 《Icarus》

▶ Jacobson, R. A.; Campbell, J. K.; Taylor, A. H.; Synnott, S. P. (June 1992). "The masses of Uranus and its major satellites from Voyager tracking data and earth-based Uranian satellite data". 《The Astronomical Journal》

▶ Malhotra, Renu; Dermott, Stanley F. (June 1990). "The role of secondary resonances in the orbital history of Miranda". 《Icarus》

▶ Pappalardo, Robert T.; Reynolds, Stephen J.; Greeley, Ronald (1997년 6월 25일). "Extensional tilt blocks on Miranda: Evidence for an upwelling origin of Arden Corona". 《Journal of Geophysical Research》

▶ Choi, Charles Q. "Bizarre Shape of Uranus' 'Frankenstein' Moon Explained". 《space.com》

▶ Tittemore, William C.; Wisdom, Jack (June 1990). "Tidal evolution of the Uranian satellites: III. Evolution through the Miranda-Umbriel 3:1, Miranda-Ariel 5:3, and Ariel-Umbriel 2:1 mean-motion commensurabilities". 《Icarus》

제4장 해왕성계

1. 해왕성

▶ Williams, David R. (2004년 9월 1일). "Neptune Fact Sheet". NASA.

▶ Hamilton, Calvin J. (2001년 8월 4일). "Neptune". Views of the Solar System.

▶ Lunine, Jonathan I. (1993). "The Atmospheres of Uranus and Neptune" (PDF). Lunar and Planetary Observatory, University of Arizona.

▶ Podolak, M.; Weizman, A.; Marley, M. (1995). "Comparative models of Uranus and Neptune". 《Planetary and Space Science》

▶ Munsell, Kirk; Smith, Harman; Harvey, Samantha (2007년 11월 13일). "Neptune over view". 《Solar System Exploration》 . NASA.

▶ Suomi, V. E.; Limaye, S. S.; Johnson, D. R. (1991). "High Winds of Neptune: A possible mechanism". 《Science》

▶ Airy, G. B. (1846년 11월 13일). "Account of some circumstances historically connected with the discovery of the planet exterior to Uranus". 《Monthly Notices of the Royal Astronomical Society》 (Blackwell Publishing)

▶ O'Connor, John J.; Robertson, Edmund F. (2006년 3월). "John Couch Adams' account of the discovery of Neptune". University of St Andrews.

▶ Kollerstrom, Nick (2001). "Neptune's Discovery. The British Case for Co-Prediction.". 《University College London》

▶ Rawlins, Dennis (1992). "The Neptune Conspiracy: British Astronomy's PostDiscovery Discovery" (PDF). 《Dio》

▶ Alan P., Boss (2002). "Formation of gas and ice giant planets". 《Earth and Planetary Science Letters》

▶ Scandolo, Sandro; Jeanloz, Raymond (2003). "The Centers of Planets". 《American Scientist》

▶ Varadi, F. (1999). "Periodic Orbits in the 3:2 Orbital Resonance and Their Stability". 《The Astronomical Journal》

▶ John Davies (2001). "Beyond Pluto: Exploring the outer limits of the solar system" 《Cambridge University Press》

▶ Desch, S. J. (2007). "Mass Distribution and Planet Formation in the Solar Nebula". 《The Astrophysical Journal》

▶ Cruikshank, D. P. (1978년 3월 1일). "On the rotation period of Neptune". 《Astrophysical Journal, Part 2 - Letters to the Editor》 (University of Chicago Press)

▶ Phillips, Cynthia (2003년 8월 5일). [Phillips, Cynthia (2003년 8월 5일).

"Fascination with Distant Worlds". 《SETI Institute》

2. 트리톤

▶ Craig B Agnor, Douglas P Hamilton (2006년 5월). "Neptune's capture of its moon Triton in a binary-planet gravitational encounter)". 《Nature》

▶ Moore, Patrick (1996년 4월). "The planet Neptune: an historical survey before Voyager" 《John Wiley & Sons》

▶ Jonathan I. Lunine, Michael C. Nolan (1992년 11월). "A massive early atmosphere on Triton". 《Icarus》

▶ DP Cruikshank, A Stockton, HM Dyck, EE Becklin, W Macy (1979년 10월). "The diameter and reflectance of Triton". 《Icarus》

▶ Louis Neal Irwin, Dirk Schulze-Makuch (2001년 6월). "Assessing the Plausibility of Life on Other Worlds". 《Astrobiology》

▶ Schenk, Paul M.; Zahnle, Kevin (2007년 12월). "On the negligible surface age of Triton". 《Icarus》

▶ Prockter, L. M.; Nimmo, F.; Pappalardo, R. T. (2005년 7월 30일). "A shear heating origin for ridges on Triton" (PDF). 《Geophysical Research Letters》

▶ Schenk, P.; Jackson, M. P. A. (April 1993). "Diapirism on Triton: A record of crustal layering and instability". 《Geology》

3. 네레이드

▶ Jacobson, R. A. (2009년 4월 3일). "The Orbits of the Neptunian Satellites and the Orientation of the Pole of Neptune". 《The Astronomical Journal》

▶ Grav, T.; M. Holman, J. J. Kavelaars (2003). "The Short Rotation Period of Nereid". 《The Astrophysical Journal》

▶ Grav, Tommy; Holman, Matthew J.; Fraser, Wesley C. (2004년 9월 20일). "Photometry of Irregular Satellites of Uranus and Neptune". 《The Astrophysical Journal》

▶ Jacobson, R.A. (1991). "Triton and Nereid astrographic observations from Voyager 2". 《Astronomy and Astrophysics Supplement Series》

▶ Smith, B. A.; Soderblom, L. A.; Banfield, D.; Barnet, C.; Basilevsky, A. T.; Beebe, R. F.

Bollinger, K.; Boyce, J. M.; Brahic, A. (1989). "Voyager 2 at Neptune: Imaging Science Results". 《Science》

4. 히포캠프

▶ Yeomans, D. K.; Chamberlin, A. B. (2013년 7월 15일). "Planetary Satellite Discovery Circumstances". 《JPL Solar System Dynamics web site》

▶ Showalter, M. R.; de Pater, I.; Lissauer, J. J.; French, R. S. (2019). "The seventh inner moon of Neptune". 《Nature》

▶ Kelly Beatty (2013년 7월 15일). "Neptune's Newest Moon". 《Sky & Telescope》

▶ Ian Sample (2019년 2월 20일). "'Breakneck speed' mini moon hurtles around Neptune at 20,000mph". 《The Guardian》

▶ Editors of Sky & Telescope. "A Guide to Planetary Satellites". 《Sky & Telescope web site》. Sky & Telescope.

▶ Brozovi , M.; Showalter, M. R.; Jacobson, R. A.; French, R. S.; Lissauer, J. J.; de Pater, I. (March 2020). "Orbits and resonances of the regular moons of Neptune". 《Icarus》

▶ Zhang, K.; Hamilton, D. P. (June 2007). "Orbital resonances in the inner neptunian system: I. The 2:1 Proteus-Larissa mean-motion resonance". 《Icarus》

▶ Timmer, John (2019년 2월 20일). "Hubble images show a Neptune moon that may have been repeatedly reborn". 《Ars Technica》

▶ Vincent, James (2013년 8월 16일). "Astronomers throw open the doors to the public-naming of planets". 《The Independent》

제5장 행성 X

1. 해왕성 바깥 천체들

▶ Ken Croswell (1997). "Planet Quest: The Epic Discovery of Alien Solar Systems" 《New York: The Free Press》

▶ Mark Littman (1990). "Planets Beyond: Discovering the Outer Solar System" 《New York: Wiley》

▶ Govert Schilling (2009). "The Hunt for Planet X: New Worlds and the Fate of Pluto". 《New York: Springer.》

▶ E. Myles Standish Jr. (May 1993). "Planet X: No Dynamical Evidence in the Optical Observations". 《Astronomical Journal》

▶ Raymond, Sean N.; Izidoro, Andre; Kaib, Nathan A. (2023). "Oort cloud (Exo)planets". 《Monthly Notices of the Royal Astronomical Society: Letters》

2. 플래닛 나인

▶ Brown, Michael E.; Batygin, Konstantin (31 January 2022). "A search for Planet Nine using the Zwicky Transient Facility public archive". 《The Astronomical Journal》

▶ Batygin, Konstantin; Brown, Michael E. (2016). "Evidence for a Distant Giant Planet in the Solar System". 《The Astronomical Journal》

▶ Meisner, A.M.; Bromley, B.C.; Kenyon, S.J.; Anderson, T.E. (2017). "A 3π Search for Planet Nine at 3.4μm with WISE and NEOWISE". 《The Astronomical Journal》

▶ Hand, Eric (20 January 2016). "Astronomers say a Neptune-sized planet lurks beyond Pluto". 《Science》

▶ Browne, Malcolm W. (1 June 1993). "Evidence for Planet X Evaporates in Spotlight of New Research". 《The New York Times》

▶ Kenyon, Scott J.; Bromley, Benjamin C. (2016). "Making Planet Nine: Pebble Accretion at 250-750 AU in a Gravitationally Unstable Ring". 《The Astrophysical Journal》

▶ Crocket, Christopher (31 January 2016). "Computer Simulations Heat up Hunt for Planet Nine". 《Science News》

▶ Siegel, Ethan (14 September 2018). "This Is Why Most Scientists Think Planet Nine Doesn't Exist". 《Forbes》

▶ Beatty, Kelly (26 March 2014). "New Object Offers Hint of "Planet X"". 《Sky & Telescope》

3. 니비루

▶ Ratner, Paul (23 April 2020). "New study deepens the controversy over Planet Nine's existence". 《Big Think》

▶ Bernardelli, Pedro; et al. (2020). "Testing the isotropy of the Dark Energy Survey's extreme trans-Neptunian objects". 《The Planetary Science Journal》

▶ Brown, Michael E. (2017). "Observational Bias and the Clustering of Distant Eccentric Kuiper Belt Objects". 《The Astronomical Journal》

▶ Brown, Michael E.; Batygin, Konstantin (2019). "Orbital Clustering in the Distant Solar System" (PDF). 《The Astronomical Journal》

▶ Wall, Mike (21 January 2016). "How Astronomers Could Actually See 'Planet Nine'". 《Space.com》

▶ Wood, Charlie (2 September 2018). "Is there a mysterious Planet Nine lurking in our Solar system beyond Neptune?". 《The Washington Post》

▶ Socas-Navarro, Hector (2023). "A Candidate Location for Planet Nine from an Interstellar Meteoroid: The Messenger Hypothesis". 《The Astrophysical Journal》

4. 네메시스

▶ Kaine, T.; et al. (2018). "Dynamical Analysis of Three Distant Trans-Neptunian Objects with Similar Orbits". 《The Astronomical Journal》

▶ Bailey, Elizabeth; Brown, Michael E.; Batygin, Konstantin (2018). "Feasibility of a Resonance-Based Planet Nine Search". 《The Astronomical Journal》

▶ Fesenmaier, Kimm (20 January 2016). "Caltech Researchers Find Evidence of a Real Ninth Planet". 《Caltech》

▶ Iorio, L. (2017). "Preliminary constraints on the location of the recently hypothesized new planet of the Solar System from planetary orbital dynamics". 《Astrophysics and Space Science》

▶ Mosher, Dave (7 June 2018). "Is It Planet 9 or Planet X? Scientists Spar over What to Call the Solar System's Hypothetical Missing World". 《Business Insider》

▶ Paul Abell; et al. (29 July 2018). "On The Insensitive Use of the Term 'Planet 9' for Objects Beyond Pluto". 《Planetary Exploration Newsletter》

외행성계 미스터리

THE MYSTERY OF EXOPLANET SYSTEMS

초판 1쇄 발행 2024년 06월 25일

지은이 김종태

펴낸이 류태연
펴낸곳 렛츠북
주소 서울시 마포구 양화로11길 42, 3층(서교동)
등록 2015년 05월 15일 제2018-000065호
전화 070-4786-4823 **팩스** 070-7610-2823
이메일 letsbook2@naver.com **홈페이지** http://www.letsbook21.co.kr
블로그 https://blog.naver.com/letsbook2 **인스타그램** @letsbook2

ISBN 979-11-6054-710-8 13440